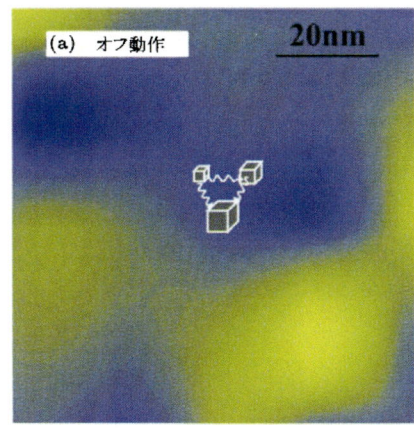
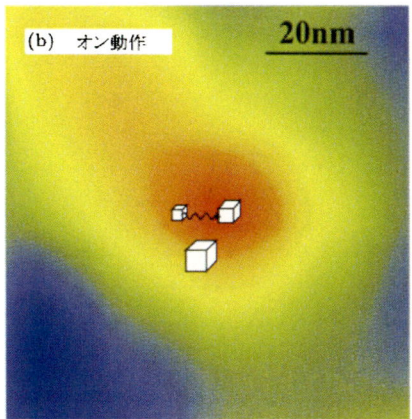

口絵 1　CuClの量子箱によるナノフォトニックスイッチの出力端子からの発光強度の空間分布の測定結果 (図 3.3, p.47)

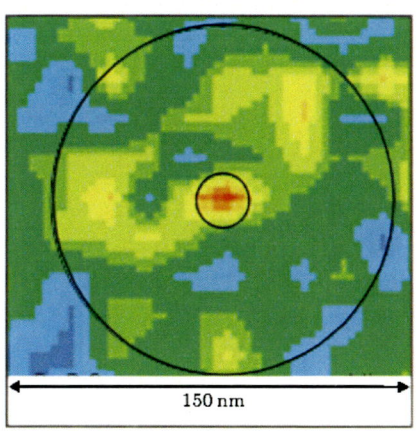
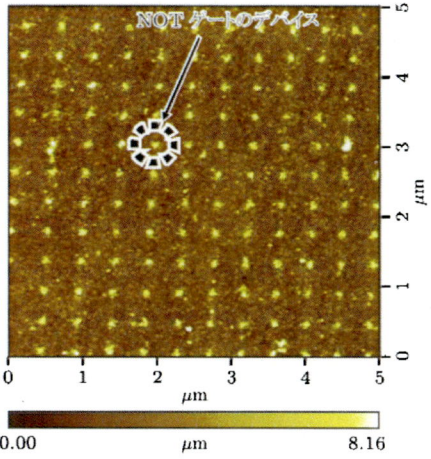

口絵 2　CuClの量子箱により伝搬光エネルギーを近接場光エネルギーに変換した実験結果 (図 3.8, p.55)

口絵 3　InAsの量子ドットによるNOTゲート (図 3.9, p.56)

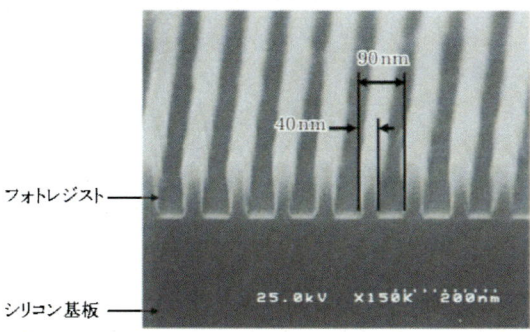

口絵 4　図 3.22 の装置により作製された形状の例 (図 3.23, p.70)

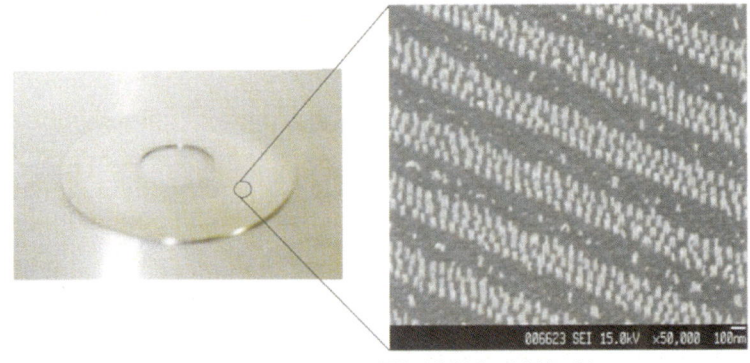

口絵 5　Co/Pd 系の直径 20 nm の微粒子を配列した円盤（図 3.32, p.78）

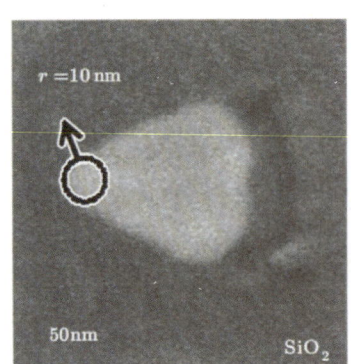

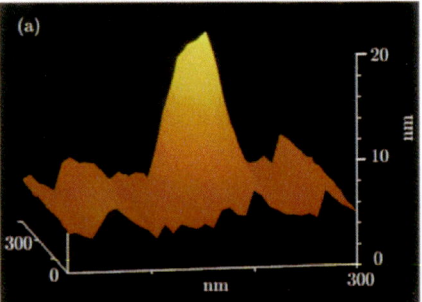

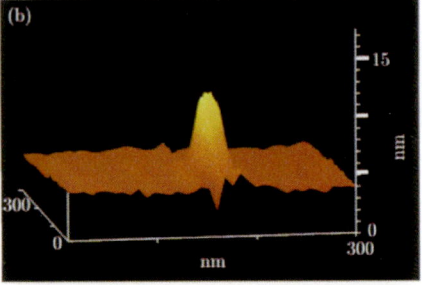

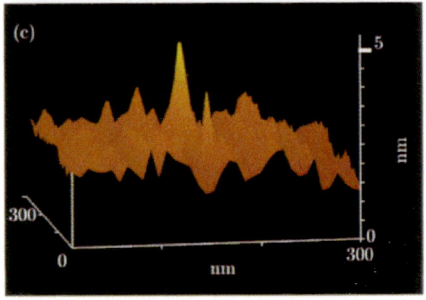

口絵 6　近接場光の発生デバイスと磁気記録結果（図 3.33, p.79）

口絵 7　近接場光 CVD により堆積された Zn のナノ微粒子の形状像（図 4.28, p.112）

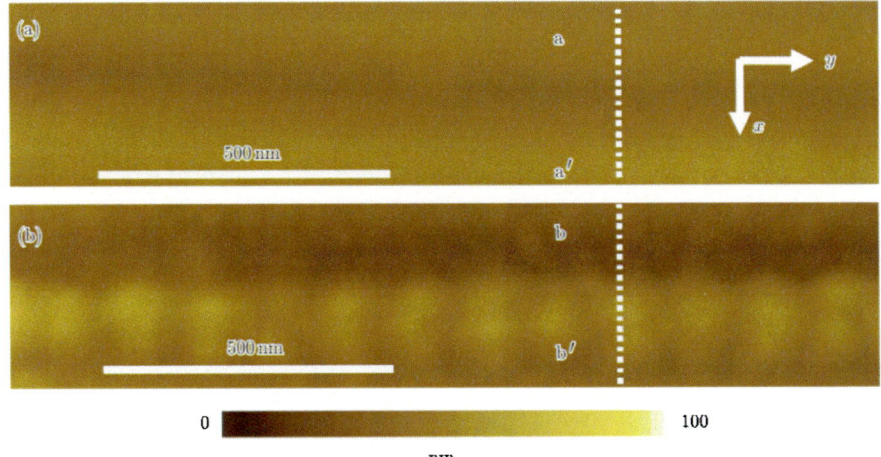

口絵 8　Al の (a) 堆積前および (b) 堆積後の AFM 像 (図 4.31, p.115)

口絵 9　FDTD 法によって求められた電界強度分布 (図 4.32, p.116)

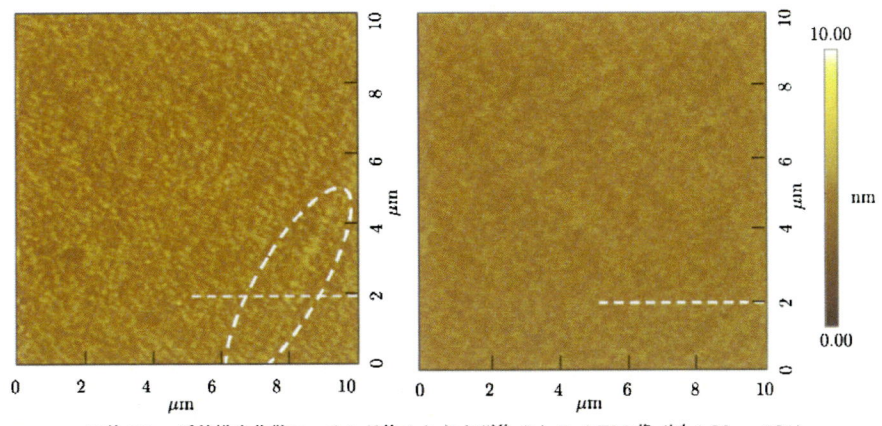

口絵 10　近接場光化学エッチング前 (a) および後 (b) の AFM 像 (図 4.39, p.121)

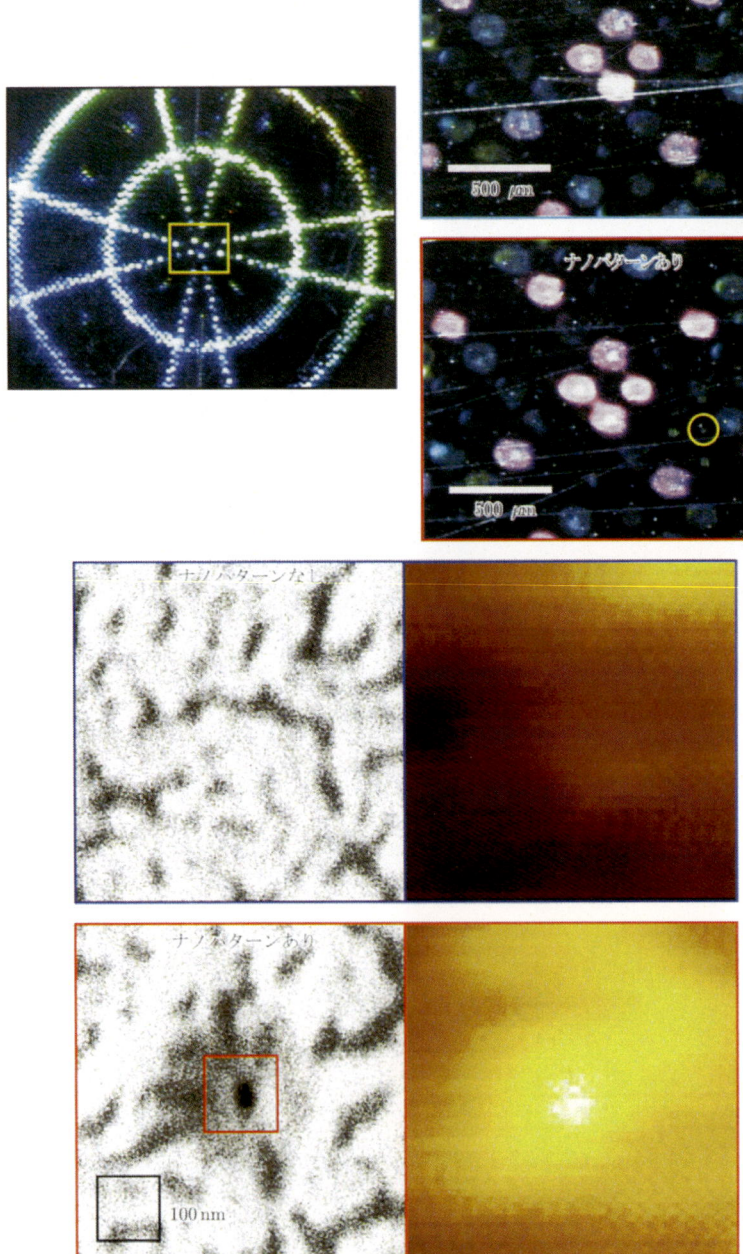

口絵 11　階層的光学素子 (図 5.10, p.143)

先端光技術シリーズ 3　大津元一　編集

先端光技術入門
−ナノフォトニクスに挑戦しよう−

大津元一・成瀬　誠・八井　崇
著

朝倉書店

序

　本書は先端光技術シリーズの最終巻であり，第1巻，第2巻で学んだ内容をもとに先端光技術について学ぶことを目的としている．先端光技術の事例としてナノフォトニクスを取り上げる．第1巻で述べたように光は回折という性質をもっているが，ナノフォトニクスはこの性質に起因する光技術の限界を超えるために提案された日本発の革新技術である．これによりデバイス，加工，システムが回折限界を超えて微小化，高分解能化，大容量化するという「量的変革」が実現している．

　ナノフォトニクスには近接場光と呼ばれる特殊な光が使われている．これは微小な寸法をもつ光であり，その性質を理解して使いこなすには第1巻の序文に述べたように「光とは何か？」についてよく考える必要がある．第1巻で取り扱った光と本書で取り扱う近接場光との間には「自由光子」vs「物質励起の衣をまとった光子(ドレスト光子)」，エネルギーの流れが「一方向」vs「双方向」などの対立する概念がある．また従来の光が遠方まで「伝搬」するのに対し，近接場光は物質表面のみに発生する光なので「非伝搬」である．さらにその物質が光波長以下のナノ寸法の場合，近接場光は物質との相互作用において従来の光にはない特異な性質を発揮する．したがって近接場光について考えるとき，第2巻で扱った物質の光学的特性についてもあらかじめ勉強しておく必要がある．すなわち従来の光技術(フォトニクスと呼ばれている)では光と物質とは明確に分けて考えることができたのに対し，ナノフォトニクスではそれができず，いわば「光・物質融合工学」である．

　以上のように近接場光を使ったナノフォトニクスは従来の光を使ったフォトニクスと対立する新しい概念に基づく技術であるが，この新しい概念が従来の光を使っていたのでは不可能であった新規なデバイス，加工，システムを創出する．すなわち「無」から「有」を生む「質的変革」が可能となる．この質的

変革こそがナノフォトニクスの本質であり，これに比べると上記の量的変革は副次的な効果にすぎない．読者諸兄にはこのような質的変革を推進する旗手となっていただくことを願っており，そのためには第1巻の序文でも述べたように，光技術についての基礎知識を増やすのみではなく，むしろ知恵を深める学習が必要である．筆者らが組織した特定非営利活動法人(NPO)ナノフォトニクス工学推進機構における「ナノフォトニクス塾」ではこの方針に従って啓蒙教育活動を進めている．

ナノフォトニクスは日本発の革新技術なので他国にその先例を学ぶのは困難であり，すべて研究者技術者自身が手探りで考えていかざるをえない．そのためには技術の基礎概念や技術開発の捉え方について学び，研究開発の方法に関して「人のまねはしない」という確固たる姿勢を確立する必要がある．これこそが知恵を深める学習に他ならない．

手探りで学ぶのは暗闇を一人で歩くのと同様に不安であり，前方を照らす灯火があればどんなに心強いであろう．そのような灯火として本書の「コラム」欄の冒頭には筆者がかつて読み感銘を覚えた「忘れ得ぬ言葉」を引用した．引き続く本文には筆者の研究開発上の体験や意見を記した．一助としていただければ幸いである．なお，掲載した「忘れ得ぬ言葉」は筆者が長年にわたり記録してきた読書メモから拾い出したものであるが，今回の本書執筆に際して正確を期すために改めて岩波文庫編集部編『世界名言集』(岩波書店，2002)を再読し，そこから引用させていただいた．

次に本書の構成について説明しよう．まず第1章では先端光技術としてナノフォトニクスを取り上げた理由について述べる．第2章ではナノフォトニクスに使われる近接場光について説明する．近接場光は物質中の励起と光子が結合した場なので「物質励起の衣をまとった光子(ドレスト光子)」という概念として捉えるのが最も正確である．実際，ドレスト光子の概念に基づき各種の実験結果が説明され，デバイスや装置設計が可能となり，質的変革が実現している．第3章ではナノフォトニクスによって可能となる新規なデバイス，加工，システムの原理や実際について述べる．第4章では材料と加工の実際，第5章ではシステムの詳細について述べる．第6章では先端光技術シリーズのまとめとして将来展望を記す．

本書の第1〜3章，第6章，付録は大津が執筆した．第4章は八井が，第5章は成瀬が執筆したが，全編を通じて大津が査読した．なお，紙数の制限のために短い説明で終わらざるをえなかった個所もある．また，筆者が浅学非才であることなどのために思わぬ個所に不適当な記述があるかもしれない．これらに関しては読者諸兄のご批評をいただければ幸いである．出版に際しご協力とご援助を賜った朝倉書店編集部の皆様に感謝致します．

　2009年3月

大 津 元 一

目 次

1. 本書で扱う先端光技術 ………………………………………… 1
   1.1 光の正体 ………………………………………………… 1
   1.2 レーザーがもたらした光技術の革新 ……………………… 3
   1.3 なぜ光の微小化が必要か ………………………………… 6

2. ナノフォトニクスの原理 ………………………………………… 15
   2.1 近接場光とは …………………………………………… 15
      2.1.1 電磁気学による部分的な説明 ……………………… 16
      2.1.2 正確な描像 ………………………………………… 20
   2.2 近接場光が関与する独特な遷移過程 ……………………… 29
      2.2.1 光による気体分子の解離 …………………………… 30
      2.2.2 非断熱過程：近接場光固有の現象 ………………… 32

3. ナノフォトニスの事例 …………………………………………… 43
   3.1 デバイスへの応用 ………………………………………… 43
      3.1.1 デバイスに対する要求 ……………………………… 43
      3.1.2 デバイスの例 ……………………………………… 44
   3.2 加工への応用 …………………………………………… 56
      3.2.1 光化学気相堆積法 ………………………………… 57
      3.2.2 光リソグラフィ …………………………………… 66
   3.3 システムへの応用 ………………………………………… 77

4. ナノフォトニクスのための材料と加工 87
4.1 光で可能となる低温結晶成長 87
4.1.1 窒化ガリウム (GaN) の室温成長 88
4.1.2 酸化亜鉛 (ZnO) ナノロッドの低温成長 93
4.2 近接場光化学気相堆積法 99
4.2.1 近接場光化学気相堆積装置 99
4.2.2 フッ素樹脂コートファイバー 101
4.2.3 Zn 堆積における寸法共鳴効果 104
4.2.4 ナノ微粒子中における寸法依存共鳴を用いた粒径制御 107
4.3 大面積加工技術 113
4.3.1 レーザー照射スパッタリング法による自己組織的配列 113
4.3.2 非断熱光化学反応によるオングストローム平坦化 117

5. ナノフォトニクスのシステムへの展開 127
5.1 システムから見たナノフォトニクス 127
5.1.1 システムへの新しい要求条件 127
5.1.2 システムアーキテクチャの重要性 129
5.1.3 ナノフォトニクスが提供する新しい設計自由度 130
5.2 ナノフォトニックシステム I —エネルギー移動を活かす— 132
5.3 ナノフォトニックシステム II—階層性を活かす— 142
5.3.1 近接場光と伝搬光の「区別」とシステム機能 142
5.3.2 近接場光のなかの階層性 144
5.4 今後の展開 149

6. 将来展望 155
6.1 基礎概念について 155
6.2 技術と産業について 160

付　　録 ……………………………………………………………… 171
　A. 量子力学の基本事項 ………………………………………… 171
　　A.1 量子力学の要請 ………………………………………… 171
　　A.2 定 常 状 態 ……………………………………………… 172
　　A.3 演算子のエルミート性 ………………………………… 173
　　A.4 不確定性原理 …………………………………………… 176
　　A.5 運動の恒量 ……………………………………………… 177
　　A.6 状態関数の偶奇性 ……………………………………… 177
　　A.7 状態関数の展開係数 …………………………………… 178
　　A.8 具体例1　井戸型ポテンシャル中の粒子の振る舞い ……… 179
　　A.9 具体例2　光の量子化 ………………………………… 181
　　A.10 具体例3　励起子ポラリトン ……………………… 185
　　A.11 行列を用いた計算法 ………………………………… 188
　B. 電気双極子の作る電場 ……………………………………… 193
　C. 湯川関数の導出 ……………………………………………… 197

索　　引 ……………………………………………………………… 205

Chapter 1

本書で扱う先端光技術

1.1 光 の 正 体

　第1巻で記したとおり，光が空間を進む波であることはよく知られており，波長とは図1.1(a)のようにその光の波が振動しながら空間を伝わるときの繰り返しの1周期の長さである．光の色を区別するのに波長の値が使われており，たとえば青，赤の色の波長は各々480 nm，680 nm程度である．人間の目で見える光(可視光)の波長は約390 nm～760 nmであり，これより短い波長の色は紫外光，長い波長の色は赤外光と呼ばれている．

　しかし正しくは光の色を決めるのは波長ではなく周波数である．ここで周波数とは図1.1(b)のように光の波が時間とともに振動するときの繰り返しの数である[*1]．波長は空間的な繰り返しの周期であり，周波数は時間的な繰り返しの

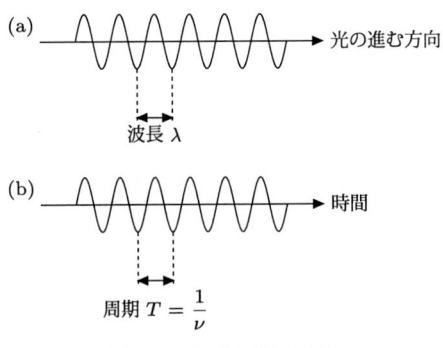

図 1.1　光の波の振動の様子
(a) 空間的変化，(b) 時間的変化．

[*1] 波は空間を振動しながら伝わるのと同時に時間的にも振動している．この時間的な繰り返しの長さT(秒)は周期と呼ばれている．繰り返しの数とはその逆数$1/T$で，これは周波数νと呼ばれている．

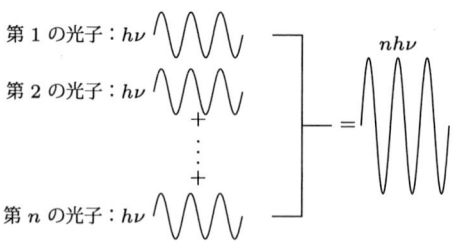

図 1.2　光のエネルギー $h\nu$ とその総和 $nh\nu$ (n は光子の数)

頻度なので，互いに同等と思われるかもしれない．確かに周波数 ν と波長 λ とは $\nu = c/\lambda$ という公式で表され，互いに反比例の関係にあることが知られている．ここで c は光が空間を進む速度である (空間が真空の場合，$3 \times 10^8\,\mathrm{m\,s^{-1}}$)．したがって光の色を区別するには波長と周波数のどちらを使っても同じように思える．ちなみにこの公式によると青，赤の色の周波数 ν は各々約 $770\,\mathrm{THz}$，$440\,\mathrm{THz}$ という大きな値である．ところで原子，電子などの非常に小さい物質の振る舞いを記述する基礎理論である量子力学によると (付録 A の (A.74) 式参照)，光のエネルギーの最小単位は $h\nu$ であることがわかっている (h はプランクの定数であり，その値は $6.63 \times 10^{-34}\,\mathrm{Js}$)．青，赤の光の場合，$h\nu$ は各々約 $5.1 \times 10^{-20}\,\mathrm{J}$, $2.9 \times 10^{-20}\,\mathrm{J}$ という非常に小さな値である．このような最小単位のエネルギーをもつ，いわば光のエネルギーの粒は光子 (photon) と呼ばれている．実際の光は図 1.2 に示すようにこの光子の集まりであり，光のエネルギー W は $nh\nu$ である (n は光子の数)．なお，光子はあくまでもエネルギーの最小単位の粒であり，空間的な寸法が小さい粒ではないことに注意されたい．光子は光源から発した後には空間の端から端まで，いわば宇宙空間全体を満たすので，その寸法は巨大である．

　さて，光の色を見分けるのは人間の目である．つまり，色について考えるとき人間の目の働きについて考えなければならない．色というものは光が眼に入り，それによって神経が興奮し，それが大脳に伝えられたときに初めて生じる感覚である．そして神経が興奮するというのは眼の中の神経細胞に光が当たり，光子のエネルギー (その値は $h\nu$) が神経細胞に吸収され，神経細胞から電気信号が発生することを意味している．したがって光の色は波長 λ ではなく周波数 ν によって区別しなければならない．

量子力学が出現する 20 世紀初頭よりはるか昔，17 世紀にニュートンは光のエネルギーの粒子説を唱えた．この考え方は当時，光の波動説を主張して光を波として捉えるフックやホイヘンスとの間で論争になった．これらの論争がもとになり現代の量子力学が作られ，光子という概念が生まれた．この概念は 1905 年にアインシュタインの光量子説により姿を表した．この理論では，「光のエネルギーを測定すると粒子性が現れ，波長や位相などを測定する波動性が現れる．どちらが現れるかは，光のどのような性質を測定するかに依存する」と主張している．そのような 2 面性をもつ光が光子と呼ばれる．量子力学によって光の色は周波数で区別されるということがわかったが，日常生活ではそこまで詳しい議論は不要なので，昔から用いられている便法，つまり波長を使って光の色を区別している．

それではなぜ光の色を区別するのに波長が使われてきたのだろうか？ それは昔から波長を測定する方が周波数を測定するよりもずっと簡単だったからである．光の周波数は上記のように数百 THz という非常に大きな値なので，それを精密に測定する方法はなかった (ただし，1980 年代以降はレーザーの技術を駆使して精密に測れるようになっている)．一方，光の波長は光の干渉という性質を利用することにより割と簡単に測ることができる．そこで昔から容易に測定可能な物理量である波長の値を使って光の色を区別してきたのである．光を扱う様々な装置でも色の区別をするのに波長の値の刻まれた目盛りが便宜的に使われている．

さて，以上で述べた光の色についての性質には注意を払う必要があまりないように感じるかもしれない．しかしどんな色の光のエネルギーが物質に吸収されたか，物質から出てきたかを議論するには光の周波数を使う必要が生じる．つまり，物質に吸収されるのは特定のエネルギーをもつ光子，発光するのも特定のエネルギーをもつ光子なのである．

1.2 レーザーがもたらした光技術の革新

光についての科学と技術は現代に至るまで着実に進歩している．その中で 1960 年には量子力学の産物として夢の光源であるレーザーが発明され，電灯

などから出てくる光とは異なった性質をもつ人工の光が誕生した[1]．これはトランジスタとともに 20 世紀最大の発明とされている．レーザーはこれまでにない特殊な光を出す光源装置であり，そこから出てくる光は広がらない (高指向性)(ただし第 1 巻および本書 1.3 節で記す回折限界の範囲内において)，なめらか (高コヒーレント性)，鮮やか (単色性)，輝く (エネルギー集中性と高輝度性) など，すぐれた性質をもつ．しかしそれらに比べ卓越した性質は制御性に富むことであろう．すなわち光の振幅，パワー，波長，位相，周波数，偏光などを人為的に操ることができるという性質である[2]．この制御性の高さを利用して，レーザーは情報記録，情報通信，加工など，各種の応用の光源として使われている．これらの応用技術は光エレクトロニクス (opto-electronics)，フォトニクス (photonics) などと呼ばれている．これらの技術を一層進展させるために，光の性質を向上させる努力が続けられている．たとえば光の高パワー化，短波長化，短パルス化，量子揺らぎの制御などである．一方，材料開発による光の性能向上の試みとして，フォトニック結晶[3]，プラズモニクス[4]，メタマテリアル[5]，シリコンフォトニクス[6]，量子ドットレーザー[7] などが挙げられる．

　これらに対し，本書では「光の微小化」という試みを先端光技術として取り上げる．これが「先端」の光技術であることの根拠は次のとおりである．

　① 従来の技術は伝搬光を扱っている．伝搬光とは光波長より大きな巨視的寸法の真空中や物質中を飛んでいく光である．これは第 1 巻で記したように光線光学，波動光学などの古典光学，さらには光子の振る舞いを扱う量子光学 (付録 A.9 参照) で記述される．それに対して「光の微小化」は光波長に比べて小さい微視的寸法の物質にエネルギーが集中し，かつ伝搬しない光を扱う．したがって上記の理論体系とは矛盾しないものの，別の観点に基づいた見通しのよい理論体系が必要となる (図 1.3)．

　② 従来の技術ではレーザーなどの光源から出た光が伝搬して別の物質に入射し，それを透過，反射，散乱して光検出器に到達するといった例を扱い，そこでは物質 (光源，光検出器も物質に他ならない) と光とは分けて考えることができた．また，光エネルギーの流れはレーザーから別の物質へ，さらには光検出器へと一方向であった．さらに，光が物質に入射すると，物質中では光波長以上の巨視的な領域にあるほとんどすべての電子が励起される (図 1.4(a))．そ

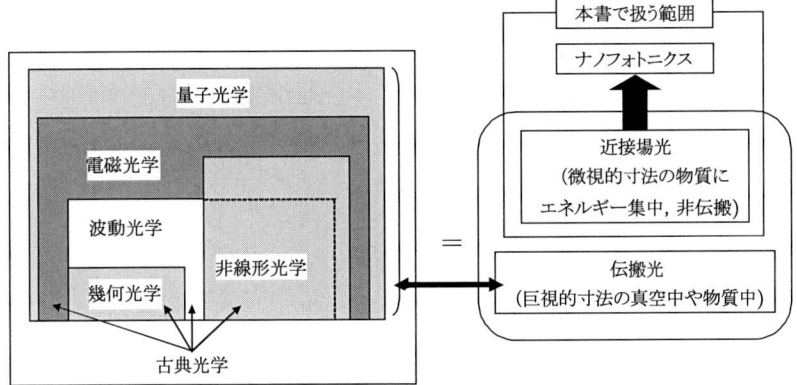

図 1.3　各種の光学理論の分類，体系

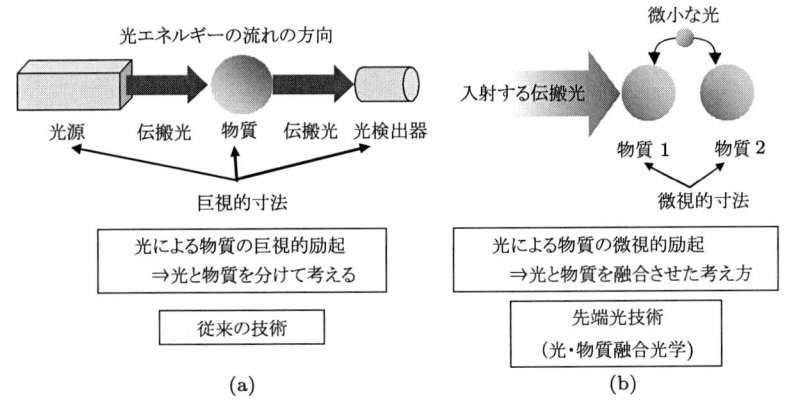

図 1.4　従来の光技術と本書で扱う先端光技術の比較
(a) 従来の光技術，(b) 先端光技術．

れに対して「光の微小化」では，微小な光と，それが発生する物質とを分けて考えることができない (図 1.4(b))．いわば「光・物質融合工学」なる技術である．また複数の物質がある場合，微小な光のエネルギーの流れはそれらの間で一方向ではなく双方向である．また，物質中の微視的領域にある電子のみが励起される．

③　従来の技術で扱う伝搬光は「自由光子」(free photon) であるが，「光の微小化」では「物質励起の衣をまとった光子」(dressed photon：以下では「ド

表 1.1 伝搬光と微小な光との比較

	伝搬光	微小な光
空間的振る舞い	巨視的寸法の真空中や物質中を伝搬	微視的物質表面にあり非伝搬
物質との相互作用	・光と物質を分けて考える	・光と物質を分けて考えられない
	・物質を巨視的に励起	・物質を微視的に励起
	・光エネルギーの流れは双方向	・光エネルギーの流れは一方向
光子の姿	自由光子	物質励起の衣をまとった光子
		(ドレスト光子)

レスト光子」と記す) を扱う (詳細説明は第 2 章，付録 C 参照[*2])．ドレスト光子の場合にはそれをどのような環境で，どのように観測するかという問題が重要となる．これは上記②とも関連している．

以上の比較を表 1.1 にまとめるが，このように従来の光の概念や技術とは不連続な一線を画する差異が見られる．これが本書で「光の微小化」を「先端」の光技術として取り上げる根拠である．

微小化された光は近接場光 (optical near field) と呼ばれており[8]，表 1.1 に示された特異な性質を使う技術がナノフォトニクス (nanophotonics) である．すなわち，ナノフォトニクスとは「近接場光を使い，その特徴を活かしてナノメートル寸法の微小な光デバイス，加工を実現する技術」[9, 10]，さらに詳しくは「近接場光により駆動される励起エネルギーを活用して光デバイス機能を発現したり，微細な光加工を行う技術」[11] と定義されている．ここで表 1.1 および第 2 章によると，上記の定義の中の「近接場光」は「ドレスト光子」に置き換わる．

1.3 なぜ光の微小化が必要か

光エレクトロニクス，フォトニクスに関する各種技術の基本概念はレーザー発明直後に提案されたが，その産業的応用は 1980 年代になって急進展した．本節では情報記録，情報通信，微細加工を取り上げ，その代表的技術の例の現状と将来の問題について記そう．

① 情報記録の一例は光ディスクメモリである．たとえば読み出し専用の CD (compact disc) ではその表面にピット (pit) と呼ばれる小穴が多数分布し，

[*2)] 光と物質を分けて考えることができないので，第 2 章に記すようにドレスト光子は「仮想ポラリトン」と呼ばれることもある．

1.3 なぜ光の微小化が必要か

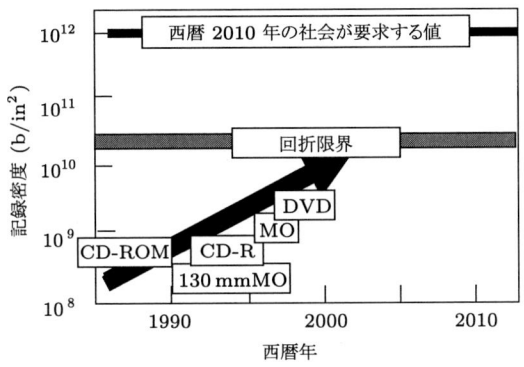

図 1.5　光情報記録における記録密度の変遷[12]

各々のピットが1ビットの情報に相当する．この情報を読み出すにはレーザー光を凸レンズで集光してディスク表面に照射し，反射光強度を測定する．一方 DVD(digital versatile disc) への情報記録のためにもやはりレーザー光を集光し表面を局所的に加熱してピットを形成する．光産業の将来動向に関する技術ロードマップによると西暦 2010 年の社会は面積1平方インチあたり1テラビット ($1\,\mathrm{Tb\,in}^{-2}$) の記録密度が必要であると予測されているが (図 1.5)[12]，ピットが円形の場合，この記録密度に対応するピットの直径は $25\,\mathrm{nm}$ と非常に小さく，光の回折限界のために記録，読み出しは不可能である．一方，磁気記録技術を用いた HDD(hard disc drive) では光ディスクメモリより高い記録密度が達成されているが，これも磁気記録媒体の熱不安定性による記録密度の上限があり，$300\,\mathrm{Gb\,in}^{-2}$ 以上の高密度化が困難といわれている．上記の $1\,\mathrm{Tb\,in}^{-2}$ という値はこの上限値よりさらに大きい．

② 情報通信の一例は長距離光ファイバー通信システムであり，光ファイバーケーブルが太平洋，大西洋の海底に敷設されている．これらは LAN(local area network) などの中〜短距離通信システムにも使われるようになったが，このことは有線通信システムにおいて次第に電気技術が光技術に置き換えられることを意味している．さらに将来は電子機器の消費電力を低減させたり，集積回路の集積度を向上することを目的とし，電子機器内の回路基板間，集積回路間，デバイス間の信号の授受といった，いわば超短距離の通信にも光技術を使うことが望まれている (図 1.6)[13]．これらの信号伝送路として光ファイバーまたは

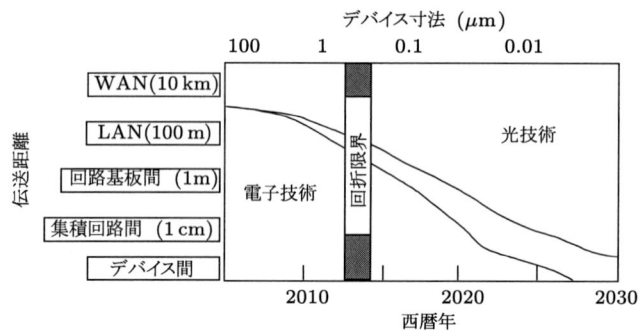

図 1.6 情報通信における伝送距離の変遷[13]

光導波路が使用されるが，そのためには送信側，受信側の電子デバイスを光デバイス (レーザー，光変調器，光検出器など) に置き換える必要がある．この置き換えのためには光デバイスの寸法を電子デバイス程度まで小さくし集積度を上げる必要があるが，光の回折限界のためにこれは不可能である．

③ 微細加工の一例は光リソグラフィ (lithography) である．これは DRAM (dynamic random access memory) などの半導体デバイスの大量生産を実現している唯一の微細加工技術である．加工のためにはフォトレジスト薄膜に光を照射し，薄膜に化学反応を誘起することにより所望のパターンを形成する．近い将来 64〜256 Gb の容量の DRAM が必要とされており，加工可能寸法を小さくるために光源の短波長化技術が急進展している．この容量に対応する加工線幅は約 30〜70 nm であるが (図 1.7)[14]，光の回折限界のためにこの値を実現することは困難になりつつある．回折限界の枠組みの中で加工寸法を小さくするために極端紫外光，シンクロトロン放射光，X 線などを発生する特殊な光源が開発されているが，これらは大型，大消費エネルギー，高価格のために一般の工場などに導入するのは容易ではない．一方，将来は DRAM のような少品種多量生産デバイスの他に新規電子デバイスや光デバイスを多品種少量生産する必要性が一層高まる．それに答えるには新しい実用的な加工技術の開発が急務である．

上記の 3 例は 21 世紀の社会が数十 nm の寸法の空間での制御，加工を可能とする新しい光技術を要求していることを如実に物語っている．しかし既存の光技術ではこの要求を満たすことができない．それは光の回折限界のためであ

1.3 なぜ光の微小化が必要か　　　　　　　　　　　　　　　9

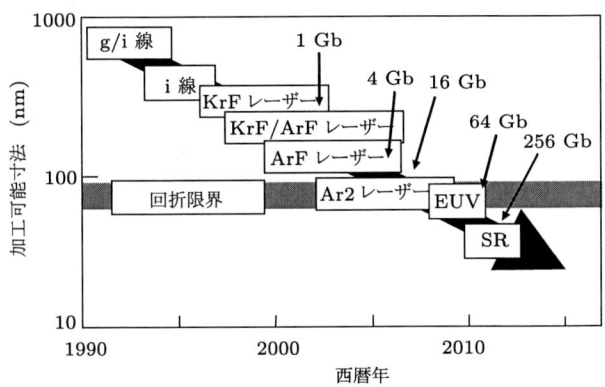

図 1.7　光リソグラフィにおける加工可能寸法の変遷[14]

る．これは光の波がもつ回折という現象に起因する．第1巻で記したように，光の波 (光波と呼ばれている) を平面に設けられた開口に照射すると開口を中心とする球面波となって発散しながら透過し，一部は平面の裏側に回り込む．この現象は回折と呼ばれており，光波のもつ基本的性質である．開口が円形の場合，発散角はほぼ λ/a(ラジアン) である．ここで λ, a は各々入射光の波長，開口の半径である．この回折のために，光を凸レンズで集光しても焦点面での光のスポット径は 0 ではなく λ/NA なる値で表される結像のぼけを生ずる．ここで NA は開口数と呼ばれており，その値はレンズの特性によって決まるが 1 未満である．したがってたとえば 2 つの点光源が互いに λ/NA 以下の距離にあるとき，これを凸レンズを通して観測しても分解できない．これは回折限界と呼ばれている．このことは凸レンズを組み合わせて作られた光学顕微鏡によって観測可能な寸法の最小値 (分解能と呼ばれている) が λ/NA によって決まることを意味し，また光ディスクメモリの場合にも λ/NA 以下の寸法のピットの記録，読み出しは不可能である．回折限界の枠組みの中でピット寸法をできるだけ小さくするために青色や紫外線の発光ダイオードなど，短波長光源の開発が急進展しているが，数十 $Gb\,in^{-2}$ の記録密度が事実上の限界で，西暦 2010 年の社会が要求する $1\,Tb\,in^{-2}$ の値はこの限界以上である．

　半導体レーザー，光導波路などでは光のエネルギーをこれらのデバイス中に閉じ込める必要があるので，半導体レーザーの活性層 (光を発生する半導体層) の体積は回折限界によって決まる値以上，すなわち λ^3 以上にする必要がある．

同様に光ファイバーの場合にはコア直径が λ 以上必要である．これらは光デバイスの寸法が波長以下にはならないことを意味しており，一方図 1.6 によると西暦 2015 年頃に必要とされる寸法はこれよりずっと小さい．

光リソグラフィによって加工可能な寸法の最小値も回折限界により決まっている．この値を小さくするために上記のような特殊な短波長光源の開発が進んでいるが，これらは実用的ではない．

以上をまとめると，伝搬光を使う限り光技術の微小化は不可能であることがわかる．これは回折限界によって規定された技術の限界である．新しい光技術を切り開くにはこれを超える必要があり，そのような技術がナノフォトニクスである[*3]．次章以降の内容を深く理解いただくために，光の微小化とそれを利用したナノフォトニクスが「先端光技術」であることの意義について，それがもたらす技術の変革の量と質の観点から説明しよう．ナノフォトニクスによれば光の回折限界を超えて「大」から「小」を実現することができる．これは「量的変革 (quantitative innovation)」と呼ばれている．これが社会から強く求められていることは上記のとおりである．しかしもっと重要な変革がある．すなわち，ナノフォトニクスでは近接場光によって引き起こされる固有の現象を用いて新規のデバイス，加工，システムを実現することである．これは従来の伝搬光を使っていたのでは到底不可能なので「質的変革 (qualitative innovation)」と呼ばれている．すなわち，「無」から「有」を生む変革である（図 1.8）．実はこの質的変革こそがナノフォトニクスの本質であり，これに比べると量的変革は副次的な効果にすぎない．第 2, 3 章で説明する質的変革と量的変革の例を簡単に列挙すると，

- デバイスについて：
    質的変革：光学禁制のエネルギー準位を使ってデバイスを動作させる．
    量的変革：デバイス寸法は光の回折限界以下である．

[*3] 「ナノフォトニクス」は大津が 1993 年に提案したものであり，従来の光技術において伝搬光のエネルギー移動を利用して加工，デバイス機能を発現させるのが「フォトニクス」であることと対比できる．このアイデアに基づき，同者が代表幹事となり（財）光産業技術振興協会では 1995 年〜2003 年にわたり「ナノフォトニクス懇談会」が運営され，ナノフォトニクスに関連する技術の基礎，応用，実用化に関する産官学の活動があった．この活動が元になり我が国のナノフォトニクスの研究開発が諸外国に先駆けて急進展した．

1.3 なぜ光の微小化が必要か

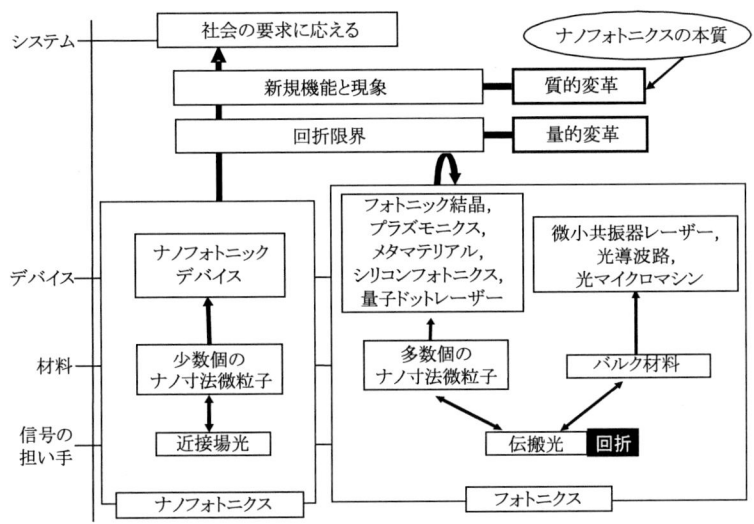

図 1.8 ナノフォトニクスの本質である質的変革

- 加工について：

    質的変革：非断熱過程という光化学反応に基づき，光学不活性な物質を加工する．

    量的変革：加工可能な寸法は光の回折限界以下である．

などである．本書の執筆構想は質的変革が本質であると説明することであり，次章以下でその事例を示す．

コラム 1　もう 1 つの根拠：「習った学問」と「作った学問」

〈忘れ得ぬ言葉〉

他の人から学ぶ場合には，自分自身で発見する場合ほどはっきりものを捉えることができず，またそれを自分のものとすることができない．

R. デカルト著，谷川多佳子訳『方法序説』(岩波文庫)

● ● ●

1.2 節の根拠①〜③に加え，もう 1 つの根拠をここで述べたい．農耕民族である日本人は材料を扱う「ナノテクノロジー」が得意であり，現にその技術開発に関し世界を先導するすぐれた成果を挙げている．しかしナノテクノロジーの技術を駆使して材料をナノ寸法まで小さくしても，それだけでは回折限界を

超えた光技術は実現しない．これを実現するには光の新しい概念が必要である．特に重要なのは，その概念が日本発であること，「習った学問」ではなく「作った学問」を構築し利用しなければ先端光技術は開発できない．しかし現在流行している概念や技術は借り物の概念，「習った学問」の成果であることが多い．類体論を創始した数学者の高木貞治はドイツから輸入された論文や本を精読して研究課題を探していたが，第1次大戦により輸入が停止されたとき，やむをえず「学問をしようというなら，自分で何かやるより仕方がないのだ」と考えて自分の頭で研究課題を考えた．この考えは「学問は作るべきもの」であることを指摘したもので，極めて当然である[15]．

人材育成も重要である．「作った学問」を実践し，それを使う人材が必要である．これに関し，平成18年度より5年間にわたり筆者の属する東京大学にNEDO特別講座が設置された[16]．「作った学問」を実践すると，周囲からの風当たりが強くなることは想像に難くない．「日本人の研究は，むしろ独創性に富んでいる．問題は，多くの画期的な日本人の研究成果を評価しないまま歴史に埋もれさせてきたことにあると思えるのである．つまるところ，乏しいのは，日本人の独創性ではなく，同じ日本人による独創的な研究を正当に評価しようとしない，という点にこそあるのではないだろうか」[17]というコメントは今後聞かずに済む学術風土が定着することを望む．

コラム2　ナノフォトニクスにたどりつくまで

〈忘れ得ぬ言葉〉

だからねえ，コペル君，あたりまえのことというのが曲者なんだよ．わかりきったことのように考え，それで通っていることをどこまでも追っかけて考えてゆくと，もうわかりきったことだなんて，言っていられないようなことにぶつかるんだね．

　　　　　　　　　　　吉野源三郎著『君たちはどういきるか』(岩波文庫)

●　　　●　　　●

筆者がナノフォトニクスにたどりついたきっかけを紹介しよう．大学の4年生に進級して卒業研究を始めるときに，何か人とは違うことをやりたいと思い，その当時国立研究所から転勤されレーザーとその応用を研究していた田幸敏治教授の研究室に入れていただき，そこでずるずると博士課程までお世話になってしまった．進路に対する展望もなく呆然としていたところ，博士課程修了の

間際に田幸先生から助手として残るよう勧められ，さらにずるずると今日の職業に至っている．上記に「ずるずる」が2回も現れたように，まことに主体性のない人生である．

さて，1970, 1980年代の私の研究テーマは恩師の田幸教授のご指導の下，レーザーの光の周波数を自動制御し，なめらかな光の波を発生することであった．レーザーは光通信などをはじめとして多くの分野に使われるので，その周波数を制御することは応用上重要である．一方レーザーは量子力学的効果によって発光する装置なので，その周波数を制御することは光の基礎科学としても重要である．現に1960年のレーザー発明以降，ノーベル物理学賞でレーザーに深く関わる受賞が6回ある (1964, 1981, 1989, 1997, 2001, 2005年)．しかしレーザーの光の周波数を自動制御して安定にすればするほど，その光は古典的な電磁波 (たとえばマイクロ波) の特徴に近づき，科学的なおもしろさがなくなってしまうことがわかった．そこで私は「どうせ光を制御するのならば，何か新しいことはないか」と考えるようになり，これが光の微小化，ナノフォトニクスへとつながった．

光を微小化するにはどうしたらよいだろうか？　回折限界が光の波の示す本質的な制限である以上，基本に立ち返り，光についてよく考えなくてはならない．1.1節にも述べたように，光は波と粒子の両方の性質を示すので，今までのように光の波を使うのではなく，光の粒子を使えばよいのではないかと考えるかもしれない．しかしこれは適当ではない．1.1節で述べた「粒子の性質」とは光が空間中の限られた範囲のみにある小さな粒を意味しているのではなく，光のエネルギーが原子，電子のような本当の粒子のもつエネルギーとよく似ているといっているにすぎない．すなわち，これまでの光はあくまでも広い空間を飛び，空間に満ちている．それは決して原子や電子のように小さな粒ではないので，空間のある位置を指して，光の粒子がここにある，ということはできない．

そうであるならば，なんとか光の小さな粒を作ることは本当にできないのだろうか？　1.1節に述べたようにレーザーは人工の光源なのでその光の周波数，パワー，偏光，パルス幅などを多様に制御できる (ただしそれらの方法の基本的概念は欧米の研究者によるものであり，コラム1の「習った学問」にすぎない)．ところが光の微小化は国内外を通じて未着手のようであった．私は1980年代初頭に田幸教授から独立し，研究室をもたせていただいたのでそろそろ独自の研究テーマをもちたいと思い，この問題に挑戦することにした．それ以降今日に至っているが，何を間違ったかこのような分野を始めることになり，こ

れが全く表にでない 1980 年代の苦労を経て現在に至るきっかけである.

文　献

1) C.H. タウンズ (著), 霜田光一 (訳): レーザーはこうして生まれた, 岩波書店 (1999).
2) 大津元一: 入門レーザー, 裳華房 (1997).
3) K.M. Ho, C.T. Chan and C.M. Soukoulis: *Phys. Rev. Lett.*, vol.65, p.3152 (1990).
4) V.A. Podolskiy, A.K. Sarychev and V. M. Shalaev: *Optics Express*, vol.11, p.735 (2003).
5) L. Venema: *Nature*, vol.420, p.119 (2002).
6) H. Rong, A. Liu, R. Nicolaescu and M. Paniccia: *Appl. Phys. Lett.*, vol.85, p.2196 (2004).
7) Y. Arakawa, H. Sakaki: *Appl. Phys. Lett.*, vol.40, p.939 (1982).
8) 大津元一・小林　潔: 近接場光の基礎, オーム社 (2003).
9) 大津元一 (監修): ナノフォトニクスへの挑戦, 米田出版, p.8 (2003).
10) ナノフォトニクス工学推進機構 (編), 大津元一 (監修): ナノフォトニクスの展開, 米田出版, p.29 (2007).
11) 大津元一・小林　潔: ナノフォトニクスの基礎, オーム社, p.15 (2006).
12) (財) 光産業技術振興協会編: 光技術ロードマップ報告書—光情報記録分野—(1998).
13) MIT Microelectronics center: *Communication Technology Roadmap* (2005).
14) Semiconductor Industry Association: *International Technology Roadmap for Semiconductors* (2006).
15) 高木貞治: 近世数学史談 3 版 (共立全書 183), 共立書店, pp.182–183 (1933).
16) NEDO「ナノフォトニクスを核とした人材育成, 産学連携等の総合的展開」, 2005 年度開始, http://uuu.t.u-tokyo.ac.jp/nedolab-j.html
17) 上田明博: ニッポン天才伝 (朝日選書 829), 朝日新聞社, p.246 (2007).

Chapter 2

ナノフォトニクスの原理

2.1 近接場光とは

　表 1.1 に記した微小な光は近接場光と呼ばれている．その性質について前著で詳説してあるが[1]，多くの読者諸氏にはあまりなじみがないかもしれない．なぜならそれは表 1.1 に示すように，従来使われている伝搬光とは著しく異なるからであり，その本質は物質励起の衣をまとった光子 (ドレスト光子) だからである．すなわち近接場光，ナノフォトニクスを理解する際の最も重要な用語は「物質励起の衣をまとった (ドレスト)」である．

　ドレスト光子の性質のいくつかは電子のトンネル効果と似通っている．電子のトンネル効果については多くの著書で説明されており，よく理解されているようである (付録 A.8 参照)．電子ならば理解されるのに光子では理解されにくいのはなぜか？　それは，もともと粒子性をもつ電子と波動性をもつ光とを扱う理論が各々力学と光学であるため，多くの部分では対応がとれているものの，粒子性，波動性についての取り扱いには表 2.1 に示すように互いにずれているからである[3]．光は波として扱われることが多く，それを量子化して初めて光子と捉えることができる．

　1.1 節で記したように光子はそのエネルギーを議論する場合には粒子と見な

表 2.1　光学理論と力学理論との比較

	光学	力学
粒子性	幾何光学	初等力学および解析力学
	↑ (波長 → 0)	↓ (量子化)
波動性	波動光学	量子力学 (波動関数の概念)
	↓ (量子化)	↓ (第 2 量子化)
粒子性	量子光学 (光子の概念)	粒子場の概念

される．それに加えドレスト光子を議論する際に空間的広がりが問題になるのはなぜか？　この点が混乱の原因であろう．注意すべきは，量子化の結果として議論できる光子は空間的には決して「粒」ではないということである．近接場光のみが物質中とその表面にエネルギー集中した粒 (あるいは物質表面を覆う薄い膜) であり，これらがドレスト光子の空間的性質である．ナノフォトニクスではこの性質を利用することにより従来の光技術の限界を打破し，多様な応用が可能になる．理論の詳細は他著にゆずり[1,2,3]，本章ではできるだけ式を使わずにナノフォトニクスの原理を説明したい．

2.1.1　電磁気学による部分的な説明

図 2.1 に示すように光の波長 λ に比べずっと小さな，半径 a のナノ寸法の物質 (ナノ物質 1 と記す) に光を入射すると，ナノ物質 1 中の多数の原子の中に振動する電気双極子が発生する．その振動数は入射光の周波数と同じである．これらの電気双極子が源となって新たな光が発生する[*1]．その一部は四方八方に散って伝搬していくが，これは光の散乱と呼ばれる現象である．ここで散乱された光を散乱光 1 と呼ぼう．一方，ナノ物質 1 の表面を注意深く観察すると，表面に薄い膜のようにまとわりついた近接場光が発生している．

なお，ナノ物質 1 は入射光の波長よりずっと小さいので，発生する電気双極子の空間的配列は入射光の波の位相によらず，主にナノ物質 1 の半径 a によって決まる．したがって近接場光エネルギーの空間分布の大きさ (物質表面への近接場光のしみ出し長) も a 程度であり，これは 1.2 節で問題となった回折限界の値以下である．散乱光 1 の電気力線は図 2.1 では閉曲線になっている．すなわちこの光は遠方に伝搬する．したがって遠方に光検出器を置けばそれにエネルギーが流入するので散乱光 1 を観測できる．ただし散乱光 1 は回折するので，これを用いる限り光技術の回折限界を超えることはできない．一方，近接場光は伝搬しない．図 2.1 ではその電気力線は電気双極子の正の電荷 (電気双極子モーメントを表す矢印の頭) から発し，負の電荷 (矢印の尾) に終端している．すなわち閉曲線ではないので，近接場光が遠くに伝搬しないことを意味する．したがって遠方に光検出器を置いても，そこにエネルギーは流れ込まず，観

[*1]　振動する電気双極子から発生する電磁場については付録 B 参照．

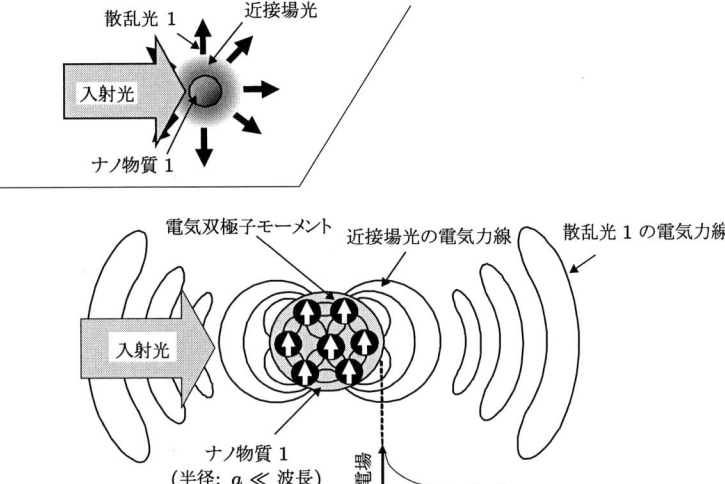

図 2.1　半径 a のナノ物質 1 からの近接場光の発生の様子

測できない.

　観測するには図 2.2 のようにもう 1 つのナノ物質 (ナノ物質 2 と記す) を近接場光の中に置く. すると近接場光が乱されて新たな散乱光 (散乱光 2 と記す) を発生する. 散乱光 2 は散乱光 1 と同様に遠方に伝搬するので，光検出器により観測できる. これにより近接場光を観測したことになる. ただし，ナノ物質 2 を置くとナノ物質 1 中の電気双極子の配列は変化し，電気力線の一部はナノ物質 2 へと向かう. つまり観測のためにナノ物質 2 を置くと，ナノ物質 1 の物理的状態を変化させてしまう. このことは近接場光が「仮想」電磁場であることを意味する[*2)].

　図 2.2 のようにナノ物質 1 の電気双極子の配列が変化することは，電磁気学ではこのナノ物質 1 の屈折率が変化することを意味する. その変化の様子はナ

[*2)] 「仮想」とは観測不可能であるか，観測しようとするとその物理的状態が変化する系を表すのに使われている. その例は 2 つの電荷に働くクーロン力である. クーロン力は電磁相互作用なので光子が相互作用を担う. しかしこの光子は観測できない「仮想」光子である. なぜならばこれを観測するためには第 3 の電荷を使い，これが受ける力の大きさを測定する必要があるが，第 3 の電荷が発生する電磁場が元の 2 つの電荷の間の電磁相互作用を変化させてしまうからである.「仮想」については 2.1.2b 項も参照.

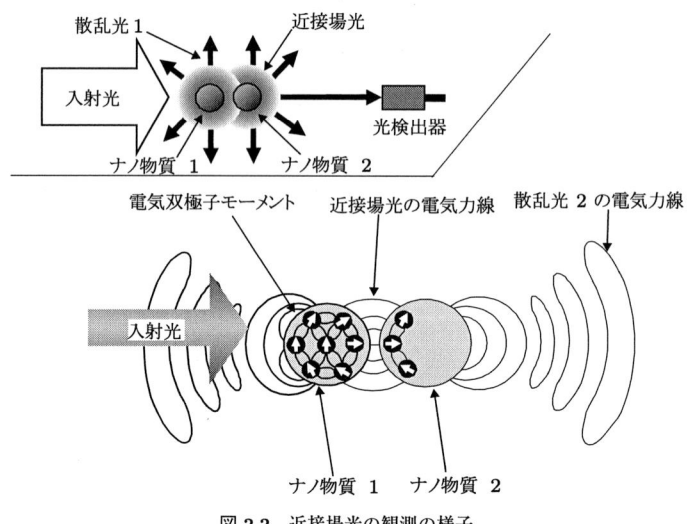

図 2.2 近接場光の観測の様子

ノ物質 2 の位置，寸法，構造に依存する．従来の電磁気学では屈折率は物質固有の量であり，他の物質との距離によって変化するようなものではない．これは電気双極子，電気力線などの概念に基づいた電磁気学により近接場光の振る舞いを見通しよく記述することが困難であることを意味する．

コラム 3	近接場光：ストローの先のシャボン玉

〈忘れ得ぬ言葉〉

　人が新しい事実を発見と呼ぶとき，発見をして発見たらしめるものは事実そのものではなくて，それから出てくる新しい思想である．
　　　　　　C. ベルナール著，三浦岱栄訳『実験医学序説』(岩波文庫)

● ● ●

　近接場光の膜の厚みはナノ物質 1 の半径 a とほぼ同じである．ナノ物質 1 を卵の黄身に例えるならば，この近接場光は黄身を取り巻く白身のようなものである．この光の膜のエネルギーは半径 a が小さくなるほど散乱光 1 のエネルギーに比べ大きくなる．逆に半径 a が光の波長より大きくなると散乱光 1 のエネルギーの方がはるかに大きくなる．

　さてナノ物質 1 の代わりに，板に開けた小さな円形の穴 (その寸法は光の波長よりずっと小さい．ただし穴の形は円でなくともかまわない) を使ってもこ

2.1 近接場光とは

のような近接場光を作ることができる．つまりそのような穴の前面に光を照射すると，穴の後ろにはあたかもストローの先に作りかけの半球形のシャボン玉がぶら下がるように近接場光が発生する．その半径は穴の半径と同等である．この場合，穴のあいた板が先の例の卵の黄身に相当する．ストローを吹く人をレーザーなどの光源，ストローの中を進む空気を光源から発する伝搬光に例えると，ストローの先の口が板に開けた小さな穴，またはナノ物質 1 である．そのときストローの先の口にできる作りかけのシャボン玉が近接場光であるが，その大きさはストローの直径によって決まる．

ところでシャボン玉を作るために息を吹き続けると，シャボン玉はストローを離れてふわふわと空に舞い上がっていき，一方ストローの先には次の作りかけのシャボン玉が顔を出す．空に舞い上がるシャボン玉が散乱光 1 に相当する．散乱光 1 は遠くまで飛んでいくので，波としての光の性質をもっている．ナノフォトニクスではこの光ではなく，近接場光を利用したいのである．

シャボン玉を例にとり，本文中の観測の方法をもう一度考えよう．我々はストローの口にぶら下がっている作りかけのシャボン玉を観測したい．人間が観測するにはそれを目で見ればよいが，それでは近接場光を観測するたとえ話にはならない．なぜならば目に入るのはシャボン玉を作る石鹸水の一部ではなく，シャボン玉にあたって反射散乱した照明の光のエネルギーだからである．ここでは照明の光のない暗闇で作りかけのシャボン玉を観測することを考える．1 つの方法は手に針をもってそれを作りかけのシャボン玉に突き刺し，パチンと割ることであろう．このとき割れたシャボン玉のシャボン液がわずかに飛び散るので，この飛び散ったシャボン液のしずくは少し遠くにおいた手で受けることができ，冷たいと感じる．このように感じたことが観測したことになる．つまり石鹸水が実際に指に触れ，そのエネルギーが指に伝わる．

図 2.2 はこのような針で膜を割ることを意味している．ここではナノ物質 1 の周りにできた近接場光の中に，針ではなくナノ物質 2 を置くことによって，この膜を壊す様子を示している．壊された膜の一部は飛び散ったシャボン液と同様に振る舞う．つまりそれは散乱光 2 となって飛んでいく．そこで遠くに光検出器を置けばその散乱光のエネルギーが単位時間あたり流れ込む量 (それはパワーと呼ばれている．言い換えると単位時間あたりの光子の数 n の流れの量である) を測定でき，確かに近接場光があることが認識できる．

以上のように近接場光の観測方法は近接場光を破壊することである．さらに重要なことはナノ物質 2 をナノ物質 1 に近づけると，卵の白身の中の黄身はもはや 1 つではなく，2 つある状態に変わるということである．つまり白身に守

られて2つの黄身がなかよく生きているように，光の膜の中で2つのナノ物質が互いに独立でない状態になっているといえる．ただしこの蜜月状態は光源からの光が切れ，光の膜がなくなると終わってしまい，2つのナノ物質が互いに近くにあったとしても，それらは無関係になる．このように近接場光はこれを観測しようとすると，2つのナノ物質の間に独特の結合状態を作るという特徴がある．

2.1.2 正確な描像

近接場光とは物質中の励起と光子とが結合した場であり，「物質励起の衣をまとった光子」(ドレスト光子) と呼ぶべき状態になっている．これは光学，固体物理学，場の理論の融合から生まれた概念であり，これら既存の分野単独の概念で表すことは困難である．これを正確に表す概念・理論は付録Cに記されているが，a項ではその概要を記す．次にb項では物質の立場から見た描像を説明する．この立場は多くの読者にとって慣れているものと思われるので，より理解しやすいであろう．これらの描像はナノフォトニクスの多くの実験結果を解釈したり，デバイスや加工装置を設計するためによく使われるようになっている．

a. 光の立場から見た描像

ナノフォトニクスでは図2.1に示すナノ物質1とその表面の近接場光を使うが，ここでは光と物質とが切り離せない状態になっている．これを物質表面に存在する場としての光の立場から見ると，光は物質励起の衣をまとった状態となっているので，ドレスト光子という概念で近接場光を取り扱うのである．ここで図2.2のようにナノ物質2が近づくと，2つのナノ物質間でのドレスト光子の交換により両物質間でエネルギーが移動する．

ナノフォトニクスではこのエネルギー移動を利用するので，2つのナノ物質と近接場光からなるナノ系の振る舞いを理論的にうまく取り扱いたい．ただし実際には，このナノ系は入射光と散乱光，さらには基板からなる巨視系に囲まれていて複雑な電磁相互作用をしている．そこで付録Cに示している新しい理論的手法を用いてナノ系があたかも巨視系から孤立していると見なし，その際の相互作用の大きさを見積もる．これにより多数のエネルギー準位からなる

ナノ系を簡単な2準位系と見なすことができる．この相互作用は有効相互作用と呼ばれており，ここでは近接場光に関係しているので近接場光相互作用と呼ばれている．すなわちナノ系と巨視系との間の相互作用を繰り込み，繰り込まれた近接場光相互作用があたかも孤立した2つのナノ物質の間に働くと見なす．これにより近接場光を「ナノ物質表面に局在している光」と考えることができる．

この局在した光子はナノ寸法物質中の励起と融合したドレスト光子であり，有効質量をもつ．近接場光相互作用はドレスト光子がナノ物質間で交換されることにより生ずる．近接場光はこのように相互作用を媒介する粒子なので仮想光子とも呼ばれている．この相互作用は湯川関数(付録 C)で表され，その及ぶ範囲はナノ物質の寸法程度であり，これは近接場光のしみ出し長が入射光波長によらず物質の寸法程度であることに相当する．

b. 物質の立場から見た描像

電磁気学(光学と読み替えてもよい)や量子力学などに支えられる現代科学技術では，光子・電子の波動性に起因する現象に焦点が当てられているのに対し，「ドレスト光子」のように波長より小さな領域での光・物質融合の科学技術は未踏分野である．したがって国内外を通じ，上記 a 項のように光の立場から見た描像になじんでいる読者は少数である．多数の読者は物質の立場から考えることに慣れていると思われるので，本項では固体物理の術語による描像を与えよう．

従来のように物質の立場から見ると，ドレスト光子を物質中の励起と光子の混合状態であるポラリトンとして取り扱い，これがナノ物質間での相互作用を媒介すると考えることができるので，仮想ポラリトンと呼ぶこともある．さらに本書ではナノ物質として半導体の量子ドットを頻繁に取り扱うことから，量子ドット中の励起子と光子との混合状態を仮想励起子ポラリトンと称して説明する．

近接場光は物質表面に発生するので，その物質のエネルギー状態を考慮することにより正しく直感的な描像が得られる．ここでは図 2.2 に対応し，近接場光の観測について考える．特に図 2.3 のようにナノ物質 1 として半導体でできた立方体の量子ドット(量子箱と呼ばれているので，これを量子箱 1 と記す)を

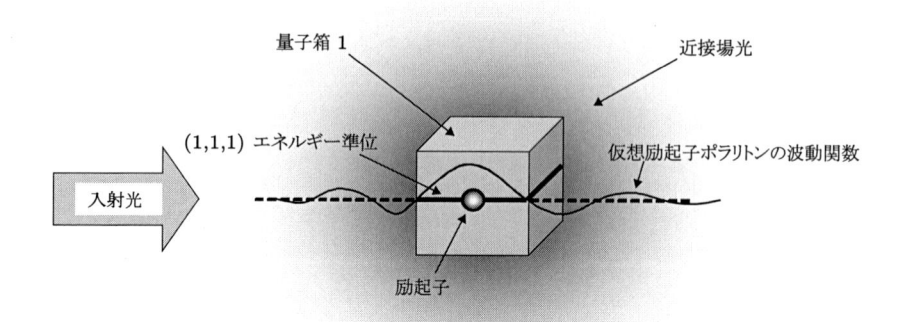

図 2.3 仮想励起子ポラリトンとその波動関数

考える*3).この中には励起子*4)が存在しうるが,そのエネルギーは量子化されており,とびとびのエネルギー値をとる.すなわち一辺 L の量子箱の中の励起子のエネルギー値は

$$E_{nx,ny,nz} = E_B + \frac{\pi^2 \hbar^2}{2ML^2}\left(n_x^2 + n_y^2 + n_z^2\right) \tag{2.1}$$

で与えられる (付録 A.8 参照).ここで E_B はバルク結晶における励起子のエネルギー,$\hbar$ はプランクの定数 h を 2π で割った値,M は励起子の有効質量,$n_x, n_y, n_z (= 1, 2, 3, \ldots)$ は各々立方体の 3 軸 (x, y, z) 方向の量子数である.これら 3 つの量子数の組み合わせで表される離散的なエネルギー状態はエネルギー準位 (n_x, n_y, n_z) と呼ばれている.

---

*3) 巨視的寸法をもつ物質中の電子の取りうるエネルギーの値はほぼ連続的である.しかし,物質の寸法が小さくなるとその中に閉じ込められた電子,正孔,さらに励起子はとびとびの値のエネルギーしかとれなくなる.すなわち電子のエネルギー準位が離散化されるという,いわゆる量子効果が現れる.このような量子効果を示す微小な微粒子は量子ドットと呼ばれている.量子ドットの詳細については第 2 巻参照.
*4) 物質中の 1 つの原子の中の電子が励起され,その電子が原子核の周りをあたかも水素原子中の電子と同じような軌道を回っている状態は励起子と呼ばれている.また,半導体を例にとると価電子帯の正孔と伝導帯の電子との間にはクーロン力が働いているので,このクーロン力によって正孔と電子は互いに結びついた 1 つの粒子のように振る舞う.この正孔と電子の対を 1 つの粒子のように見なしたものは励起子と呼ばれている.励起子の詳細については第 2 巻参照.

この量子箱に光を照射し，エネルギー準位 $(1,1,1)$ に励起子を生成する．この励起子はやがて光子を発生する (発生するまでの時間は発光寿命と呼ばれている．たとえば NaCl の母結晶中に作製した一辺数 nm の立方体の CuCl 量子箱の場合は約 2 ns)．これは散乱光 1 に相当し，遠方に伝搬していく．もちろん量子箱 1 の表面には近接場光が存在するが，その周辺に何もなければ遠方から確認できるのは散乱光 1(したがってその源となった量子ドット 1 の中の励起子)のみである．近接場光は量子箱 1 の表面に発生するので，そこでは近接場光と励起子が混ざり合った状態が発生している．この状態は仮想励起子ポラリトンと呼ばれる量子で表すことができる*5)．

ナノフォトニクスではこのように光と物質とが混ざり合った状態を光技術に応用する．これは表 1.1 の内容に他ならず，「光・物質融合工学」と呼ぶべき技術である．

図 2.3 には仮想励起子ポラリトンの波動関数も記載してあるが，それは量子箱 1 の外にしみ出しており，そこでは振幅は指数関数的に減少する．このしみ出し領域に近接場光が存在し，その寸法は伝搬光の波長に比べずっと小さい．仮想励起子ポラリトンは光と励起子が混ざり合った状態の性質を有し，量子箱 1 周辺に集中する．その広がりは量子箱 1 の寸法程度である．したがって近接場光が存在する領域内にナノ物質 2 としての量子箱 (量子箱 2 と記す．ここでは量子箱 1 と同等のものを考える) を置くと (図 2.4)，励起子は量子箱 2 のエネ

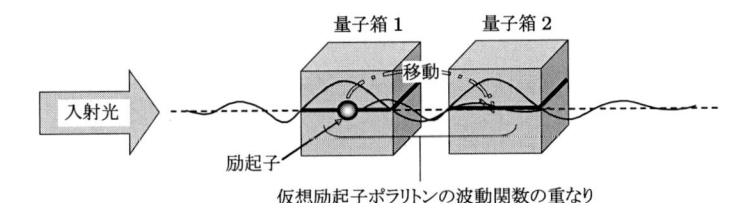

図 2.4　仮想励起子ポラリトンを介したエネルギー移動

---

*5)　「仮想」の意味は 2.1.1 項の脚注 2 のとおりである．また，「励起子ポラリトン」とは光と励起子の混合状態を表す．すなわち光子が物質中に入射すると，物質に吸収され励起子が作られる．その次にはこの励起子が消えてまた光子が作られ，この繰り返しが物質中を伝搬する．いわば光子と励起子との間に次々に生成，消滅の変換が生じている．この状態つまり両者の混合状態が励起子ポラリトンである．励起子ポラリトンについては付録 A.10 参照．

ギー準位 $(1,1,1)$ に移動する．すなわち量子箱 1 の励起子が消滅し量子箱 2 に励起子が生成される．これは仮想励起子ポラリトンを介した移動であり，トンネル効果である（付録 A.8 参照）(a 項の描像で表すと，これは量子箱間でのドレスト光子の交換である)．移動に要する時間は 2 つの量子箱の間の距離などに依存するが，上記の CuCl 量子箱の場合，その寸法程度まで 2 つを近づけると約 130 ps であり，散乱光 1 が発生するまでの時間 2 ns に比べ短い．したがって量子箱 1 に生成された励起子は散乱光 1 を発生する前に量子箱 2 に移動することができる[*6]．このようにエネルギー移動を起こす近接場光相互作用の大きさは

$$U = A\frac{\exp(-\mu r)}{r} \tag{2.2}$$

なる湯川関数で表されることがわかっている[1,2,3]（導出の詳細は付録 C 参照）．ここで r は量子箱間の距離，A は量子箱の電気双極子の大きさに比例する係数である．μ は仮想励起子ポラリトン（ドレスト光子）の有効質量に比例し，この値は量子箱とそれを取り囲む母結晶の性質によって決まる．$1/\mu$ が近接場光のしみ出し長に相当する．

湯川関数とは，湯川秀樹博士が原子核中の陽子と中性子の間の相互作用を説明するために中間子という量子を導入し，その相互作用の大きさを表すために導出した式である．そこでは μ は中間子の有効質量に比例している．それと同様にここでは仮想励起子ポラリトン（ドレスト光子）の概念を導入することにより量子ドット間の近接場光による相互作用が説明できる．

さて，2 つの量子箱の寸法が同じであれば，上記のエネルギー移動は可逆的である．すなわち，量子箱 1 から 2 へ移動後，また逆戻りする可能性がある．これは表 1.1 の「双方向」に他ならない．後述の光デバイスへの応用のためには，この逆戻りを防いで使う場合が多い（これを防がず，双方向性を積極的に利用するデバイスもあるが，ここでは省略する）．そのために図 2.5 に示すよう

[*6] 量子箱 1 に存在する励起子は高いポテンシャル障壁に阻まれているので外に出ることができない．したがって励起子のみの描像では量子箱 1 から 2 へのエネルギー移動は説明できない．量子箱 1 の外に飛び出すには光子に変わる必要がある．これは散乱光 1 に他ならず，これは回折しながら遠くへ飛んでいくので近くに量子箱 2 があってもそこに励起子を生成しない．したがって励起子と光子とを別々に扱う描像ではエネルギー移動を説明できない．仮想励起子ポラリトン（ドレスト光子）の描像のみがエネルギー移動を説明できるのである．

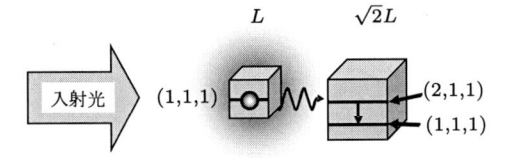

図 2.5 　一辺の寸法が各々 $L, \sqrt{2}L$ の量子箱 1,2 の間のエネルギー移動と移動後の高速緩和

に，たとえば量子箱を 2 つ用い，量子箱 1,2 の一辺の寸法が各々 $L, \sqrt{2}L$ となるようにする．その場合，(2.1) 式からわかるように量子箱 2 中の励起子のエネルギー準位 $(2,1,1)$ のエネルギー値 $E_{2,1,1}$ は量子箱 1 のエネルギー準位 $(1,1,1)$ のエネルギー値 $E_{1,1,1}$ と同じ値をとる．すなわち共鳴する．ただし，このエネルギー準位 $(2,1,1)$ は光学禁制なので，伝搬光を入射させてもここに励起子を生成することはできない．しかし近接場光相互作用によるエネルギー移動では伝搬光が関与しないので，光学禁制か否かは問題にならず，量子箱 2 のエネルギー準位 $(2,1,1)$ に励起子が生成する．

ここで光学禁制の意味について説明しておこう．一辺 L の量子箱の中心が xyz 座標軸上の位置 $(L/2, L/2, L/2)$ にあり，それに伝搬光が入射したとき，量子箱がこの光を吸収してエネルギー準位 $(2,1,1)$ に励起子を生成する確率 P は

$$P = \left| \iiint_0^L C\boldsymbol{E}\Phi_{2,1,1} dxdydz \right|^2 \tag{2.3}$$

と表される[4]．$C\boldsymbol{E}$ は伝搬光の電場 $\boldsymbol{E}$，量子箱の電気双極子モーメント $\boldsymbol{\mu}$ を用いて表され，価電子帯から伝導帯へ電子を励起する確率である．この中で $\boldsymbol{E}$ 以外は本議論に直接関係しない量なので定数 C により表した．$\Phi_{2,1,1}$ はエネルギー準位 $(2,1,1)$ の励起子の波動関数である．なお，L は伝搬光の波長 λ にくらべずっと小さいので $\boldsymbol{E}$ の値は量子箱の中では一定と考えてよく，(2.3) 式は

$$P \simeq \left| C\boldsymbol{E} \iiint_0^L \Phi_{2,1,1} dxdydz \right|^2 \tag{2.4}$$

と近似できる．

波動関数 $\Phi_{2,1,1}$ は

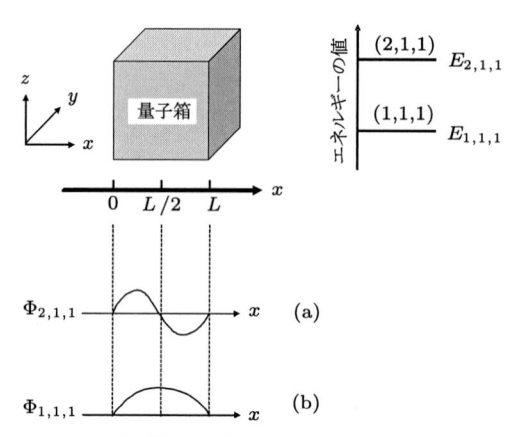

図 2.6 量子箱中の励起子のエネルギー値と波動関数
(a) 波動関数 $\Phi_{2,1,1}$. (b) 波動関数 $\Phi_{1,1,1}$.

$$\begin{aligned}\Phi_{2,1,1} =& c_1 \sin\left(\frac{2\pi x}{L}\right) \sin\left(\frac{\pi y}{L}\right) \sin\left(\frac{\pi z}{L}\right) \\ &+ c_2 \sin\left(\frac{\pi x}{L}\right) \sin\left(\frac{2\pi y}{L}\right) \sin\left(\frac{\pi z}{L}\right) \\ &+ c_3 \sin\left(\frac{\pi x}{L}\right) \sin\left(\frac{\pi y}{L}\right) \sin\left(\frac{2\pi z}{L}\right) \end{aligned} \tag{2.5}$$

であり (導出の詳細は付録 A.8 参照), c_1, c_2, c_3 は比例係数である. (2.5) 式右辺第 1 項中の $\sin(2\pi x/L)$ は図 2.6(a) に示すように $x = L/2$ を中心に x 軸上で左右反対称なので (2.4) 式の積分の値は 0 になる. 同様に第 2 項, 第 3 項は各々 $\sin(2\pi y/L), \sin(2\pi z/L)$ を含んでいるので各々 $y = L/2, z = L/2$ を中心に y 軸, z 軸上で左右反対称であり, 積分の値は 0 になる. 以上により (2.4) 式の P の値は 0 であることがわかるが, これは伝搬光ではエネルギー準位 (2,1,1) に励起子を生成できないこと, 光の吸収も発光も起こらないことを意味する. これは光学禁制と呼ばれている.

一方, エネルギー準位 (1,1,1) の励起子の波動関数 $\Phi_{1,1,1}$ は

$$\begin{aligned}\Phi_{1,1,1} =& c_1 \sin\left(\frac{\pi x}{L}\right) \sin\left(\frac{\pi y}{L}\right) \sin\left(\frac{\pi z}{L}\right) \\ &+ c_2 \sin\left(\frac{\pi x}{L}\right) \sin\left(\frac{\pi y}{L}\right) \sin\left(\frac{\pi z}{L}\right) \\ &+ c_3 \sin\left(\frac{\pi x}{L}\right) \sin\left(\frac{\pi y}{L}\right) \sin\left(\frac{\pi z}{L}\right) \end{aligned} \tag{2.6}$$

であるが，この右辺の3項は図2.6(b)に示すようにいずれも量子箱の中心 $(L/2, L/2, L/2)$ の周りに各々 x 軸，y 軸，z 軸上で左右対称である．したがって (2.4) 式の $\Phi_{2,1,1}$ の代わりにこの $\Phi_{1,1,1}$ を代入すると積分の値は0にはならず，有限の値をとる．これは伝搬光ではエネルギー準位 $(1,1,1)$ に励起子を生成できること，光の吸収と発光が起こることを意味する．これは光学許容と呼ばれている．

ところで近接場光の場合にはそのエネルギーの空間的広がりの寸法は量子箱の寸法程度なので，電場 E の値は量子箱の中で一定と考えることはできない[*7]．したがって (2.4) 式の近似は使えず (2.3) 式を用いて計算しなければならない．その場合，(2.3) 式の被積分関数 $E\Phi_{2,1,1}$ は量子箱の中心の周りに左右反対称ではなくなり，P の値は0にならず，有限の値をとることがわかる．このことは近接場光を用いるとエネルギー準位 $(2,1,1)$ に励起子を生成できること，光の吸収や発光が起こることを意味する．これは上記の「光学禁制か否かは問題にならない」という記述を，従来よりよく知られている確率 P を用いて説明したものである．

以上のようにして量子箱2のエネルギー準位 $(2,1,1)$ に励起子が生成されるが，その後この励起子は量子箱1に逆戻りする前に量子箱2のエネルギー準位 $(1,1,1)$ に高速で緩和する．CuCl 量子箱の場合，この緩和に要する時間は 10 ps 以下であり励起子が逆戻りするのに要する時間 (130 ps) より十分短い．したがって逆戻りを防ぐことができるのである．この緩和により励起子はエネルギー準位 $(2,1,1)$ とエネルギー準位 $(1,1,1)$ とのエネルギー差に相当するエネルギーを散逸するが，この散逸によって量子箱2へのエネルギー移動が完了するのである．

このように小さな量子箱から大きい量子箱への非可逆なエネルギー移動が実現すれば，その大きさ，速さなどを制御することによりナノフォトニックデバイスを動作させることができる．これは電子が陽極から陰極へと流れることを利用して動作する電子デバイスと同様である．電子デバイスでは電子が抵抗を通り，アースに流れることによりエネルギーを散逸し，電子が移動したことを

[*7] より詳しくは C の中の電気双極子モーメント μ も一定とはならない．

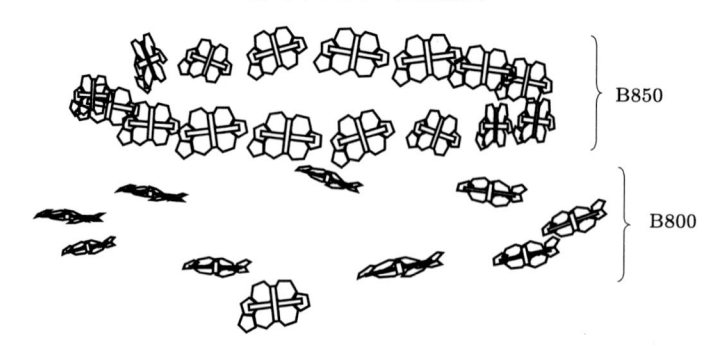

図 2.7 紅色光合成細菌 *Rhodopseudomonas acidophila* のアンテナ系 LHII を構成する外環 (B800) と内環 (B850)[5]

確定し，電子デバイスを動作させている．

コラム 4　光合成細菌と似ていること，異なること

〈忘れ得ぬ言葉〉
学問上の「達成」は常に新しい「問題提出」を意味する．それは他の仕事によって「打ち破られ」，時代遅れとなることをみずから欲するのである．学問に生きるものはこのことに甘んじなければならない．
　　　　　M. ウェーバー著，尾高邦雄訳『職業としての学問』(岩波文庫)

● ● ●

　近接する 2 つの微小物質の間の相互作用によって光学禁制なエネルギー準位に励起子を生成する例として，紅色光合成細菌がよく知られている[5]．この細菌は反応中心とアンテナ系をもち，それは立体状のタンパク質・色素複合体からなる．アンテナ系が太陽光エネルギーを捕獲して反応中心に伝達する役割を担っている．これを構成する色素分子はバクテリオクロロフィル (BChl) である．またアンテナ系は生体膜に埋め込まれた 2 種類の環，LHI と LHII からなる．*Rhodopseudomonas acidophila* と呼ばれている紅色光合成細菌の場合，その LHII は図 2.7 に示すように外環と内環とからなり，各々BChl の円形配列である．外環，内環を構成する BChl の配列は各々波長 800 nm, 850 nm 付近の光を吸収するので各々B800, B850 と呼ばれている．BChl 間の距離は非常に短く 0.9 nm である．これにより BChl 間相互作用が大きくなり，励起子のエネルギー移動が容易になる．ただし，LHII の内環における励起子の最低エネルギー準位は光学禁制であることが知られている．

アンテナ系において，太陽光エネルギーを捕獲することにより作られた励起子のエネルギーは 1 ps 程度の短時間で次々と伝達され，反応中心に集められるが，このような高速エネルギー移動は従来この研究分野で使われてきた Förster による理論[6]，すなわち電気双極子間の静電的相互作用では説明できない．なぜなら移動に関与するエネルギー準位は上記のように光学禁制だからである．なお，このように光学禁制なエネルギー準位が関与することは，2.1.2 項に記した量子箱間のエネルギー移動とよく似ている．

上記の高速エネルギー移動は BChl の円形配列の中での励起子の量子力学的空間コヒーレンスの考え方により説明されている．すなわち，量子力学的空間コヒーレンスによって励起子は円形配列全体に広がっているが，エネルギーはその中の 1 つの色素のみを介して伝達されるので，励起子状態が光学禁制であるか否かに関係なくなるというものである．すなわち，励起子は円形配列に広がると同時に各色素にある程度の局在を許すというモデルである．ただし，この説明はあくまでも電気双極子相互作用に基づいており，光子はそのままにしておき，物質の状態を実験結果に合うように変化させるいわば「実」励起子ポラリトンの概念に留まっている．この方法では考察対象の相互作用ごとに物質の状態を変化させる必要があり，物質の正しい状態を求めることは難しい．一方 2.1.2 項では相互作用「仮想」励起子ポラリトンの概念を導入している．これは物質の寸法や配置などのパラメータを相互作用に付与する方法であり，光などの有無にかかわらず物質の状態を量子力学的に表現することが可能になる．この点が光合成細菌の話題との相違点であり，2.1.2 項の議論の先行性が理解される．

2.2 近接場光が関与する独特な遷移過程

2.1.2 項では近接場光を使えば光学禁制なエネルギー準位へも励起子を生成できることを示した．この他にも近接場光固有の現象がいくつか見いだされている．これらはすべて仮想励起子ポラリトン（ドレスト光子）の描像をもとに考察できるものである．

物質に入射した伝搬光は電子，正孔，励起子など（これらは素励起と呼ばれている）を励起する．言い換えると光は素励起へと変貌する．これは光と物質の相互作用において一般的に見られる過程なので，本節で扱う物質として，2.1.2

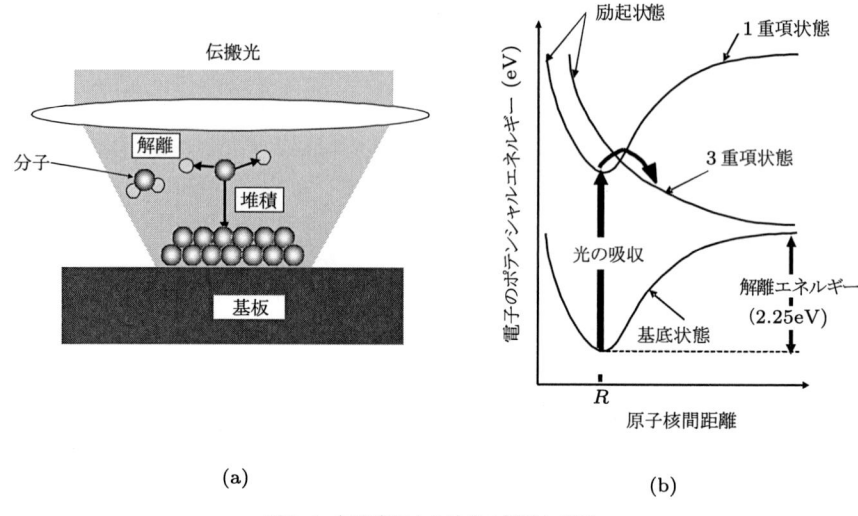

図 2.8 伝搬光による分子の解離と堆積
(a) 実験の様子, (b) 電子のポテンシャルエネルギー.

項の量子ドットの代わりに気体中の分子を取り上げ[*8]，光により誘起される分子のエネルギー準位間の遷移について考える．

2.2.1 光による気体分子の解離

図 2.8(a) に示すようにまず伝搬光を用いて気体中の分子を分解 (以下では「解離」と記す) する方法の原理を概説する．分子が伝搬光を吸収すると，分子内に素励起が生成される．分子は原子核と電子から構成されるが，原子核は重いので高周波数の光電場 (波長 $1\,\mu{\rm m}$ の伝搬光の周波数は 300 THz に達する) には追随できず，軽い電子のみが追随し励振されてエネルギーの高い状態に遷移する (電子遷移と呼ばれている)．これが分子の光吸収過程であり，熱的なエネルギーを担う原子核の運動が関与しないので断熱過程と呼ばれている．断熱過程ではこのようにして分子は光のエネルギーを電子のエネルギーに変換して蓄える．電子にエネルギーを蓄えた分子は化学反応性が高まり，解離する．

この断熱過程は図 2.8(b) を用いて議論することができる．断熱過程では原子核の運動は考慮せず，分子のもつすべてのエネルギーを電子のエネルギーに

[*8] 本節での議論は基板表面に吸着した分子に対してもほぼ同様に成り立つ．

よって代表しているので，この図の縦軸は電子のポテンシャルエネルギーの値を表す．横軸は分子を構成する原子核の間の距離である．光が照射されない場合，電子はエネルギーの基底状態にあるが，その中で原子核の間の距離が適当な値 R を保つと電子のエネルギーは最小となる．距離がこの値より小さくなると，電子間または原子核間のクーロン力などにより電子のエネルギーは急速に増大し，距離を増大させる復元力が働く．一方，この値より大きくなると，原子の電気親和力により距離を減少させる復元力が働く．この結果，原子核の間の距離は常に R という値に維持される．このことは分子の寸法と形が安定に保たれることを意味する．

ここで分子が光を吸収すると電子は励起状態へと遷移する．電子の励起状態には電子の軌道とスピンの状態によってエネルギーの異なる 1 重項状態と 3 重項状態の 2 つが存在する．このうち光によって遷移可能な励起状態は 1 重項状態であり，また，遷移の際，原子核の間の距離は変わらないので，図 2.8(b) の ↑で表されるように横軸に垂直な方向に遷移する．励起された電子はやがてエネルギーの一部を失い安定な状態に緩和する．この緩和過程には 2 つあり，そのうちの 1 つは発光を伴ってもとの基底状態に戻るものであるが，これは今回の議論には直接関係はない．関係があるのはもう 1 つの過程で，それは励起状態のうちの 3 重項状態に遷移した後，3 重項状態の右下がりの曲線に沿って滑り落ちるように原子核の間の距離を増加させ緩和するものである．その結果遂には原子核の間の距離は無限大になる．これは分子が解離することを意味するが，以上の励起と緩和過程が光化学反応に他ならない[7]．

このような断熱過程により分子を解離するには紫外光を使う．なぜなら紫外光の光子エネルギー $h\nu$ は電子の基底状態から励起状態への遷移を引き起こすのに必要なエネルギーと同等またはそれ以上の値をもつからである．言い換えると光子エネルギーの小さい可視光や赤外光では解離することはできない．

この反応を利用すると光化学気相堆積法 (光 CVD: chemical vapor deposition) と呼ばれる加工法が可能となる．すなわち，上記の方法で気体中の分子を解離し，析出した原子を基板上に堆積する方法である．これは適用可能な物質の多様性，基板の低損傷性，高い加工速度などの点で最も有力な「積み上げる」技術と考えられ，各種の物質を堆積するのに使われてきた．しかし伝搬光

を使う限り，光の回折限界のために加工精度は光の波長程度であり，高い分解能は達成できなかった．この限界を打破するのが近接場光を用いた光CVDである[8]．近接場光を使えばその分解能は近接場光エネルギーの空間的広がりの寸法で決まり，また堆積の位置は近接場光の発生する位置によって決まるので，回折限界を超えた高い寸法，位置精度が実現する．これらは1.3節に記した加工の量的変革に相当する．

上記の光化学反応は物質を削る加工法である光リソグラフィにも適用できる．これにも従来は伝搬光が用いられてきたが，最近では回折限界を超えた分解能を実現するために，近接場光が用いられている．

2.2.2 非断熱過程：近接場光固有の現象

2.2.1項で記した断熱過程は分子が光を吸収し電子が励起状態へ遷移することを表すが，それは原子核が電子に比べ十分重いことによって保証されている．しかし本項では近接場光を使うと断熱過程とは異なる遷移が起こりうることを示そう．

一例として図2.9に示すようにファイバープローブと基板との間を気体中の分子が通過する場合について考える．ファイバープローブからは近接場光が発生しており，分子はその中を通過する．この場合，分子はファイバープローブ，基板の表面に誘起した寸法の小さな分極が源となって発生する近接場光のエネルギーを受ける．さらに分子自身にも分極が誘起される．したがって近接場光中の分子は伝搬光の中の場合とは全く異なる振る舞いをする．たとえば2.1.2項で説明した量子ドットの場合と同様，光学禁制遷移が許容される．さらには仮想励起子ポラリトン（ドレスト光子）の描像で説明されるような独特のエネルギー状態間の遷移が起こる．本項ではそれらの現象のうち非断熱過程，およびそれを用いた非断熱的な光化学反応について説明する．これは近接場光により分子の振動が励起され，その振動エネルギーに補助された光化学反応である．

まず，理解を助けるために図2.10に示す分子のバネモデルを使って説明する．これは分子中の原子同士がバネで結びついた古典的な描像である．なお通常は原子核間をバネでつなぐことが多いが，ここでは電子の励起が重要であることに注意し，原子を原子核と電子とによって表した後，それらの原子核と電子をす

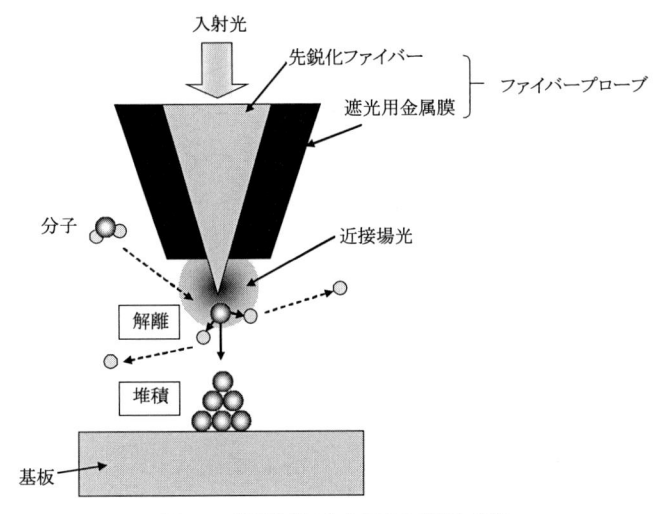

2.2 近接場光が関与する独特な遷移過程　　33

図 2.9　近接場光による分子の解離と堆積

べてバネで結んでいる．この分子に伝搬光が入射した場合には重い原子核は動かず，軽い電子のみがバネを通じて振動する (図 2.10(a))．これが断熱過程に相当する．しかし近接場光の場合にはそのエネルギーの空間的寸法がファイバープローブの先端寸法と同程度なので，近接場光の振動電場の振幅と位相は分子の右端と左端では著しく異なる．すなわち，このバネの右端の原子核と電子は左端の原子核と電子に比べて各々異なる振幅と位相で励振される (図 2.10(b))．これは原子核の振動運動が励振されること，すなわち分子が振動することを意味する．このような原子核の振動はフォノン (phonon) と呼ばれる量子として扱われている．すなわちフォノンの衣をまとった光子が生成される．以上のように近接場光を使うと分子中の原子核を直接励振できるので，これは非断熱過程と呼ばれている．

図 2.11 を用いることによりこの分子振動の誘起について説明しよう．この図は図 2.8 に振動エネルギー準位を付加したものである．もちろんこれらの振動エネルギー準位は電子の基底状態のみでなく励起状態の中にも存在する．各々の振動エネルギー準位 (その量子数 $v = 0, 1, 2, \ldots$) の間のエネルギー間隔はほぼ同等であり，数十 meV 〜100 meV 程度であるが，それは室温での熱エネルギーの値より大きいので，室温ではほとんどの分子は最低の振動エネルギー準

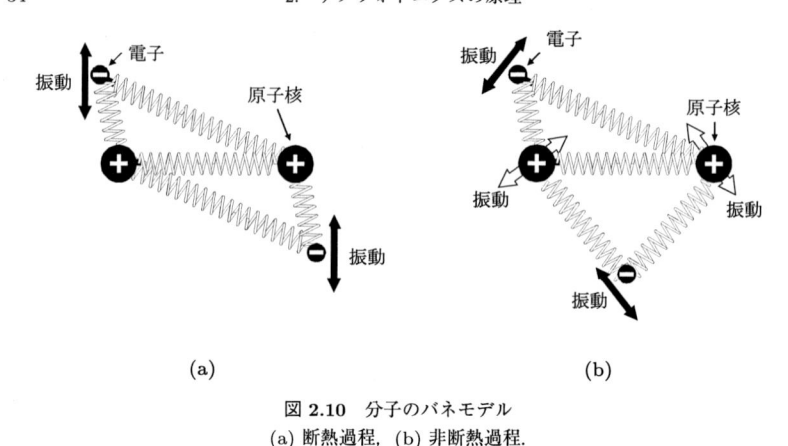

図 2.10 分子のバネモデル
(a) 断熱過程, (b) 非断熱過程.

位 ($v = 0$) に存在する.

図 2.11 はファイバープローブと基板との間を通過する分子の中の電子のポテンシャルエネルギーを表しているので，図 2.8 とは様子がずいぶん異なることに注意されたい．すなわち，ファイバープローブと基板との間隔は数 nm なので，横軸はこの値を超えることはない．さらにファイバープローブや基板の影響によりポテンシャルエネルギー曲線は歪んでいる．したがってポテンシャルエネルギー曲線は上記の位置 R のみでなく，もう 1 つの位置 R' でも極小値をとりうる．また，ファイバープローブと基板の表面に仮想励起子ポラリトンとしての近接場光が存在するので，分子とファイバープローブとの近接場光相互作用の様子は伝搬光の場合とは全く異なる．ここでは近接場光はファイバープローブ，基板に励起される励起子ポラリトンとフォノンが混じり合った仮想励起子・フォノン・ポラリトンとなる．2.1.2 項では励起子ポラリトンとして記述したが，それは量子ドット間のエネルギー移動に関連する現象へのフォノンの寄与が小さいからであった．一方，本項で扱う分子の場合にはフォノン，すなわち分子振動の影響が強く現れるので[9,10]，物質の素励起と結合した光である近接場光が分子に与える効果を考える場合にはフォノンまで含めた仮想励起子・フォノン・ポラリトンとしての記述が必要となる．フォノンの寄与の大きさは上記のバネモデルで説明したように近接場光の振動電場の振幅と位相の空間的不均一性の大きさに比例して顕著になる．

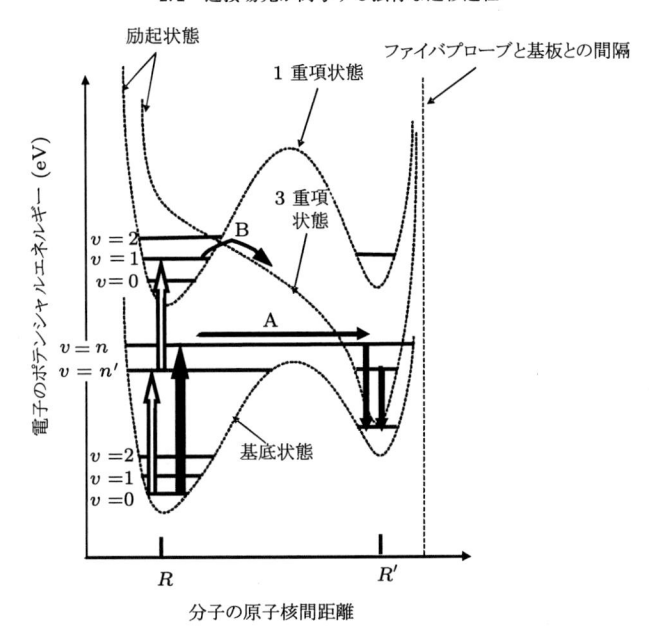

2.2 近接場光が関与する独特な遷移過程　　　35

図 2.11　非断熱過程を説明するための電子のポテンシャルエネルギーと分子の振動エネルギー

　近接場光を仮想励起子・フォノン・ポラリトンとして記述できることは，近接場光を分子にあてるとフォノンに起因する独特の遷移が起こりうることを意味する．それらの遷移を図 2.11 に示すが，たとえば電子の基底状態中の最低の振動準位 ($v = 0$) から高い振動準位 ($v = n$ の準位 ($n \gg 1$)) にも励起可能である．この高い準位のエネルギーは分子が解離するのに必要なエネルギーより大きいので，その後図中の矢印 A の方向に移動すると原子核の間の距離が増大し遂には解離する．さらに図中の⇧で示すように，上記の $v = n$ の準位 ($n \gg 1$) よりも低い振動準位 n' を経由して 2 段階の遷移が起こり最終的に電子の励起状態に到達し，その後は図中の矢印 B に示す緩和過程を経て解離することも可能である[*9]．これらの振動準位間の遷移を引き起こすのに必要なエネルギーは電子の励起状態への遷移に必要なエネルギーに比べて小さいので，可視光や赤外光などの光子エネルギーで十分である．すなわち紫外光を使わなくとも分子

[*9] 図 2.10 では省略したが，3 段階の遷移も可能である．これについては 3.2.1 項 b, 図 3.17 を参照されたい．

は解離する.

　非断熱過程は近接場光が物質のいろいろな状態と結合し新たな自由度を獲得した結果生じたものであり，これを使うと伝搬光では不可能であった新規な現象を発生することができる．すなわち光化学反応の質的変革をもたらす．この反応は 2.2.1 項で述べたように光 CVD，光リソグラフィなどの加工技術に応用できるので，近接場光は 1.3 節に記した加工の質的変革をも引き起こす.

コラム 5　　近接場光の事始め

〈忘れ得ぬ言葉〉
　失敗をこわがる人は科学者にはなれない．科学もやはり頭の悪い命知らずの死骸の山の上に築かれた殿堂であり，血の川のほとりに咲いた花園である.
　　　　小宮豊隆編『寺田寅彦随筆集 (四)』「科学者とあたま」(岩波文庫)

● ● ●

　板にあけた小さな穴から近接場光が発生し，それを使うと高い分解能の顕微鏡ができることは 1928 年に英国のシンゲ (A. Synge) によって示唆された[11]．しかしシンゲは，「私はこのアイデアを実現出来ないが，著名な研究者から発表しておいた方がよいと助言されたので (it has been suggested to me by a distinguished physicist that it would be of advantage to give it publicity, even though I was unable to develop it in more than an abstract way)」，本論文を書いたという意味の非観的な意見も述べている．実際に近接場光についての研究はそれ以降半世紀以上も進展しなかった．また，その論理展開は波動光学の枠組みの中に留まっており，顕微鏡としての計測への応用のみを想定していた．したがって近接場光の本質的特性について言及するものではなく，さらにデバイス，加工などへの発展性を示唆するものではなかった．筆者は 1980 年代初期に近接場光の研究を始めたとき，近接場光を発生，観測するデバイスとしてファイバープローブを作って使おうと考えた．ただし「考えるは易く，行うのは難し」を地でいくような苦労が長い間続いた.
　「ファイバー先端を小さくすればファイバープローブができるはずだ」と 1980 年当初に軽率に考えたのが苦労の始まり．その当時私はシンゲが半世紀以上も前に似たようなことを考えていたことは知らなかった．私はとにかく，先の鋭い針で光を散乱させれば，小さな物質を加工する装置が作れるかもしれないと

いうこと (この考え方がナノフォトニクスにつながった),そして針としてはガラス製のファイバーで作るとよいだろうということを考えていた.一方,顕微鏡への応用は研究の副産物と見なしていた.

　加工機や顕微鏡などは多くの人が簡単に使えないと意味がないので,ファイバープローブを作る方法としては,同じものが繰り返し何本も,かつ短時間にできあがるような効率のよいものでなくてはならない.そのためにはファイバーを酸性の溶液 (フッ酸,フッ化アンモニウム,水の混合液) に浸して溶かし,針のような形にするのがよさそうだということがわかってきた.その後すぐに作るための実験を始めた.初期のころの試行錯誤の様子が図 2.12 に示す私の研究ノートのに走り書きに見られる (日付けは 1982 年 2 月 26 日).走り書きの中に,「なかなか思うように尖らない」とあるが,今になって思い返すとその理由としてファイバーの性能があまりよくなかったこと,また,尖ったことを確認するための電子顕微鏡の倍率が低かったこと,などが考えられる.それでこのノートにはさらに,「ファイバープローブを作るのは難しいので,学生に与える研究テーマとしては不適当.自分一人でしばらくはやっていこう」という意味のことも書いてある.そのとおり,その後は私一人でファイバープローブの作り方を引き続きのろのろと気長に試みていくことにした.一方,1983～4 年頃になると,欧米でも板に小さな穴をあけたものやファイバープローブを作り,それを使って顕微鏡を作る研究が始まった.その研究の論文を読んでみると,ファイバープローブを作る方法として,ファイバーの一部を熱して柔らかくし,引きちぎるという乱暴な方法がとられていた.あたかも七五三のときに子供たちがもらう千歳飴をあたためて引きちぎるようなものである.この方法

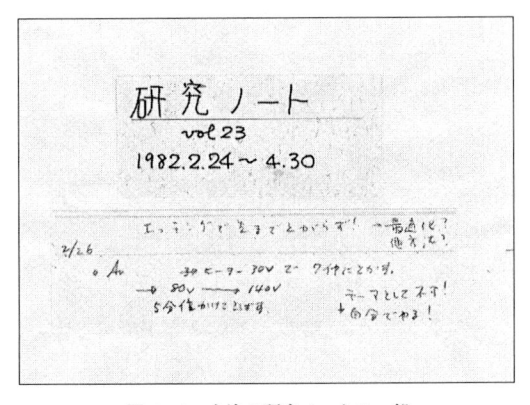

図 2.12　大津の研究ノートの一部

は簡単だが，引きちぎった先がきれいに尖るとは限らない．またそれが毎回同じような形にはならない．私はこれを読んだとき，これでは多くの人が使えるファイバープローブは作れないと実感し，酸性の溶液で溶かす方法の優位性を確信した．

その後，私は1986～7年，米国のAT&Tベル研究所で研究員として研究する機会を得た．ベル研究所はファイバーを用いた光通信の研究に関して世界の中心的存在だったので，ファイバーの専門家が多数いた．そこで私は彼らに私の方法でファイバープローブを作ることを提案し，協力を求めたところ，答えは「ノー」であった．なぜなら，彼らは酸性の溶液で溶かしても鋭く尖らないだろうと考えていたからである．実際私が試みても確かに尖らず，かえって窪んでしまうようなことが起こった．しかし帰国後さらに実験すると，日本製のファイバーを使うと尖りそうな結果が得られはじめた．米国製では不可能なのになぜ日本製では尖るのだろうと思って調べてみると，ファイバーの作り方の差によることがわかった．特に日本ではその当時，性能の極めて高いファイバーを製造するVAD法と呼ばれる方法が完成し，それによって作られたファイバーを私たちも使うことができるようになってきたからである．このように考えると，私の方法がうまくいったのはその当時開発されたファイバー製造法が優秀であったためということになる．現に日本のファイバー製造技術は優れており，現在の世界中の光通信用のファイバーのほとんどは日本製である．私は日本のファイバーは現代技術が実現した宝石だと思っている．

以上のようにファイバープローブができそうな段階に達したので，1990年ごろにはいよいよ学生に研究テーマとして与えることを決意した．学生諸君は若く，すなおで意欲的なので，私が一人でのろのろと実験するよりも要領よく結果を出す場合がある．ファイバープローブ作成についてはまさにそのとおりで，しばらくすると図2.13に示すような非常に鋭く尖ったファイバープローブができあがった．先端の曲率半径は1nm程度であり，電子顕微鏡の分解能の限界ギリギリのところで測っているので，本当の値はもっと小さいかもしれない．一方，この時期になっても欧米では依然として上記の飴細工で作っていたので，先端の曲率半径は非常に大きく，したがって図2.13のように尖ったファイバーを使って作った我々のファイバープローブの性能は世界最高であった．

なお，なぜ酸性の溶液につけるだけでこのように尖るのか，また繰り返し行ってもなぜ毎回同じように尖るのかはいまだに完全にはわかっていない．ファイバープローブ先端のような小さな物質については，その性質を説明する理論がまだできていない．今後はこのようなナノ寸法物質の性質を説明する理論の開

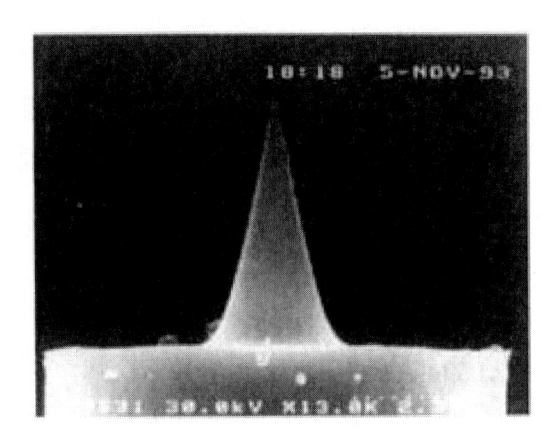

図 2.13　ファイバープローブの電子顕微鏡写真

拓が望まれる．しかし理論ができるまで待っているわけにもいかず，とにかくすぐれたファイバープローブを作る必要がある．ということでさらに試みると，いろいろなファイバープローブが作れるようになった．たとえばファイバープローブの後端から入れた光のエネルギーのうち，10%が近接場光として発生するような高効率型のものもできた．この効率は他のファイバープローブより1000倍程度大きな値である．この結果「ファイバープローブの効率が低い」という通説は遠い昔話となった．この他にも，先端に色素の分子がついたファイバープローブ，金属や半導体の小さな粒子がついたファイバープローブなど，いろいろな変わり種が高い精度でできるようになり，これらをうまく使い分けることにより，いろいろな応用が実現するようになった．

　近接場光を扱う研究分野は近接場光学 (near field optics) と呼ばれている．なお，1992年にフランスのブザンソン市でこの分野の第1回目の国際会議が開催されたとき，参加者は極めて少数で，そのすべてが主催団体からの招待者であった．日本からは私だけが招待されたが，共同研究者の堀裕和博士 (現在，山梨大学教授) にも特別に参加していただいた．帰国後，出席報告記事を応用物理学会誌 (1993年3月号) に寄稿したが，そのときは会議名を「近視野光学」と書いた．第2回目は1993年に米国のノースカロライナ州ラレイ市で開催され，そのときから招待ではなく一般参加方式に切り替わり，約80名が出席した．私はその出席報告を再び上記の学会誌に寄稿したが (1994年1月号)，このときから名前を「近接場光学」と呼び変えた．なぜなら「近視野光学」では当時活発になりはじめた近視眼の矯正手術などと混同してしまう印象を与える

と思ったからである．これを境にその後は「近接場光学」という日本語名が定着した．

　酸性の溶液によりファイバーを尖らせてファイバープローブを作ることは今となっては当たり前のように思われるかもしれない．しかしそれまではファイバープローブを作ること自体，したがって近接場光を発生させることが難しかったため，近接場光にかかわる研究は敬遠されていた．中には「近接場光などは実は存在しないのだ．存在しないことを証明してみせる」という主張まで現れた．

　以上のような研究に私が挑戦したのはそれが当時流行のテーマであったからではなく，また理論家が結論したことであったからでもない．将来の光科学技術にとって必要であり，かつこの分野の研究が欠落していると判断したからである．いわば，多くの人たちとは全く別の方向に向かって，独断と偏見をもって着手した研究であり，無謀にも研究費，実験装置，マンパワーがほぼ0の状態から始めたものである．したがって，世に出して発表して恥ずかしくない成果が得られはじめたのは1990年代初頭になってからである．しかしその間，1980年代中頃には欧米でも類似の研究成果が発表されはじめたこともあり，この独断と偏見が決して的はずれでないことを知って勇気づけられた．ただしその当時は，また依然として現在でも，欧米で流行していることを輸入して研究すること(これが「習った学問」である)に意義を見いだす人からは本節表題のように「何て変なことをやっているのだ．そんなことをやっている奴は欧米にはいないぞ」というコメントも届けられた．

　世界の研究の進展の様子を表2.2にまとめるが，シンゲが示唆してから半世紀の空白期の後に1980年代に入って近接場光の研究開発が始まったといえるであろう．すなわち1982年に私はファイバープローブの開発を始めた．一方，1984年にはスイス(IBMチューリッヒ研究所)から石英結晶を流用したプローブを用い，近接場光学顕微鏡に応用する実験が発表された．そして1986年には米国(コーネル大学)でも同様の研究発表があった．1980年代の研究開発の方向は顕微鏡，走査プローブ顕微鏡などの計測の枠組みの中に留まっており，現に欧米ではその当時から現在に至るまで有機化学，生物などの試料を計測するための応用としての限定された研究分野に留まっている観がある．

　しかし私はファイバープローブ開発を開始した1980年初頭の時点ですでに近接場光の応用としては計測でなく，むしろナノフォトニクスが重要であると感じていた．そしてまず日本のファイバー製造技術の質の高さに支えられてファイバープローブ加工に成功し，引き続き顕微鏡に応用してファイバープローブの優越性を実証することができた．このすぐれたファイバープローブを使うこ

表 2.2 ナノフォトニクスの研究開発の歴史的経緯

分類	年代	トピックス
示唆期	1928 年	微小開口により発生する光を用いた高分解能顕微鏡の示唆
開拓期	1980～1983 年	大津 (日) の他,IBM チューリッヒ研究所 (スイス),コーネル大学 (米国),マックスプランク研究所 (独),で独立に実験開始,特許取得 初期の特許競争 日本では選択エッチングによるファイバーをプローブとして使用 欧米では微小開口,毛細ガラス管,加熱引っ張り法によるファイバー,などをプローブとして使用
移動期	1980 年代中期	上記欧米の若手研究者が大学やベル研究所 (米) などに移動し,特に米国で研究推進 (分解能は低いが各種特許取得,研究機関間での特許抗争) 欧米でのプローブ開発技術の停滞.日本でのプローブ性能の進展 (光エレクトロニクス,ファイバー技術の支援を受ける) 欧米では顕微鏡として有機化学,バイオ分野が進展
成長期	1980 年代後期～1990 年代初期	研究人口の増加 日本では各種応用が進展し,かつ量子光学分野の実験と理論が出現 大津 (日),ベル研究所 (米),による光メモリの原理実験 大津によるナノフォトニクスの提案 米国の民間研究機関での応用志向研究方針によりベル研究所などで研究グループの消滅
発展期	1990 年代中期～	日本ではナノフォトニクスを光関連ナノテクノロジーと捉えて研究開発が進展.ナノ光加工,ナノ光デバイスの研究が進む.特に産業界では光メモリ応用に興味集中 欧米でのプローブ製作関連のナノテクノロジーの出遅れによる技術の沈滞.しかし,2000 年に入り,米国政府のナノテクノロジー技術重点化始まる
実用期	2000 年代初期～	米国政府のナノテクノロジー技術重点化始まる 日本では光リソグラフィ装置,記録密度 $1\,\mathrm{Tb\,in}^{-2}$ の HDD システムを世界に先駆けて開発 世界各国でナノフォトニクスの研究センターなど発足.国際会議での発表件数も急増

とにより,その後ナノフォトニクスが進展している.また,ナノフォトニクスよりもさらに微小寸法の極限的な科学技術として,真空中を飛行する中性原子を 1 つずつ操作するアトムフォトニクスの研究も私が 1990 年代初期に開始し,現在に至っている.

文　　　献

1) 大津元一・小林　潔: 近接場光の基礎, オーム社, p.132 (2003).
2) 大津元一・小林　潔: ナノフォトニクスの基礎, オーム社, p.49 (2006).
3) 大津元一: ドレスト光子, 朝倉書店 (2013).

4) 大津元一・川添　忠・八井　崇・成瀬　誠: ナノフォトニックデバイス・加工, オーム社, p.23 (2008).
5) 垣谷俊昭・三室　守 (編): 電子と生命 (シリーズ・ニューバイオフィジックス II–1), 共立出版, p.38 (2000).
6) Th. Förster: *Ann. Phys.*, vol.427, p.55 (1948).
7) P.W. Atkins(著), 千原秀昭・中村亘男 (訳): アトキンス物理化学 (下) 第 6 版, 東京化学同人, p.548 (2001).
8) 大津元一・小林　潔: ナノフォトニクスの基礎, オーム社, p.195 (2006).
9) 田中郁三編: 励起分子の化学 (分子化学講座 11), 共立出版 (1987).
10) 伊藤道也: レーザー光化学——基礎から生命化学まで——(化学サポートシリーズ), 裳華房 (2002).
11) E.A. Synge: *Phil. Mag.*, vol.6, p.356 (1928).

Chapter 3

ナノフォトニスの事例

3.1 デバイスへの応用

1.3 節では将来の光情報通信システムを支えるために必要な光デバイスの性能 (小型化，高度集積化，低消費電力化など：図1.6) を指摘した．近接場光を情報の担い手として動作するデバイスはナノフォトニックデバイスと呼ばれているが，本節ではこのデバイスの実際について記す．なおこのデバイスは光情報通信システムのみでなく，多様なシステムに応用可能であることも指摘する．

3.1.1 デバイスに対する要求

図3.1にはナノフォトニクスの概念を用いたナノフォトニックデバイスおよびそれからなる光集積回路の基本構成を示すが，それは次の2つの部分からなっている．

① ナノフォトニックデバイス：発光素子，光増幅器，光スイッチ，光検出器などである．その動作原理は2.1.2項に記したように近接場光相互作用によるエネルギー移動とその後の高速な緩和に基づくので，1.3節で述べたように回折限界を超えた寸法の微小化 (量的変革) のみでなく新規機能 (質的変革) が実現する．このデバイスを光集積回路に，さらにはシステムに用いるときに重要となるのは単に寸法が小さいことのみでなく，高速性，低消費エネルギーなどの複合した性能である．これらの性能を表す物理量を組み合わせて性能指数を定義し，その値を最大にするようなデバイスを探索する必要がある．性能指数については3.1.2項に記す．

② インターフェース：図3.1右下隅の光入力端子，光出力端子である．こ

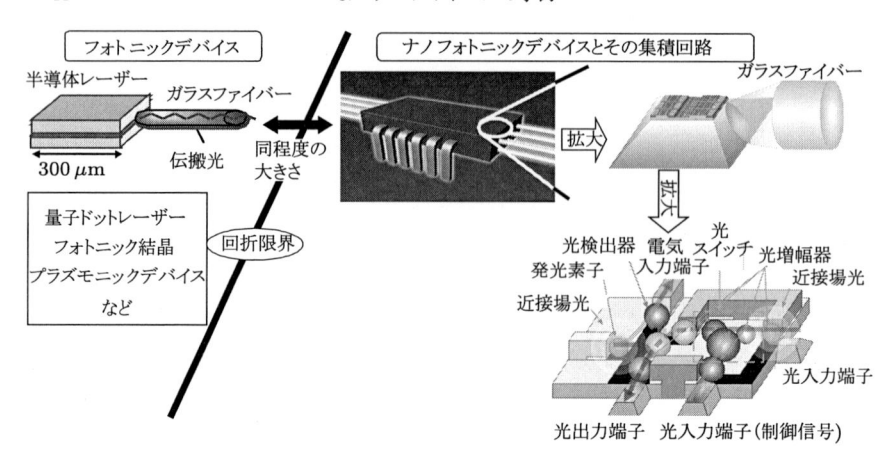

図 3.1 ナノフォトニックデバイスとそれらからなる光集積回路の概略

れはナノフォトニックデバイスと外部のフォトニックデバイス (光ファイバーなどのように伝搬光を信号の担い手として使う既存のデバイス) との間で光エネルギーの授受を行うために，伝搬光を近接場光に，または近接場光を伝搬光に変換する働きをする．このインターフェースは上記①のナノフォトニックデバイスとあたかも車の両輪のように連携し，光集積回路を構成するための必須素子である．特にその性能 (微小性，低損失性，低反射性) がシステムへの貢献可能性を左右するので，このインターフェースは重要である．すなわちナノフォトニクスをシステムに応用するためには，このような変換機能をもつデバイスを開発することが必須である．

3.1.2 デバイスの例

ナノフォトニックデバイスは光信号を加える入力端子用のナノ物質と，それに近接する出力端子を構成するナノ物質からなる．このデバイス中での信号処理には近接場光相互作用によるエネルギー移動が使われ，その後の出力信号の値の確定にはエネルギーの高速緩和を用いる．

a. ナノフォトニックスイッチ

光スイッチは入力光信号を出力端子に伝送または非伝送 (オンまたはオフ) する演算を第 2 の光信号によって制御するデバイスである．そのためには光に関

3.1 デバイスへの応用

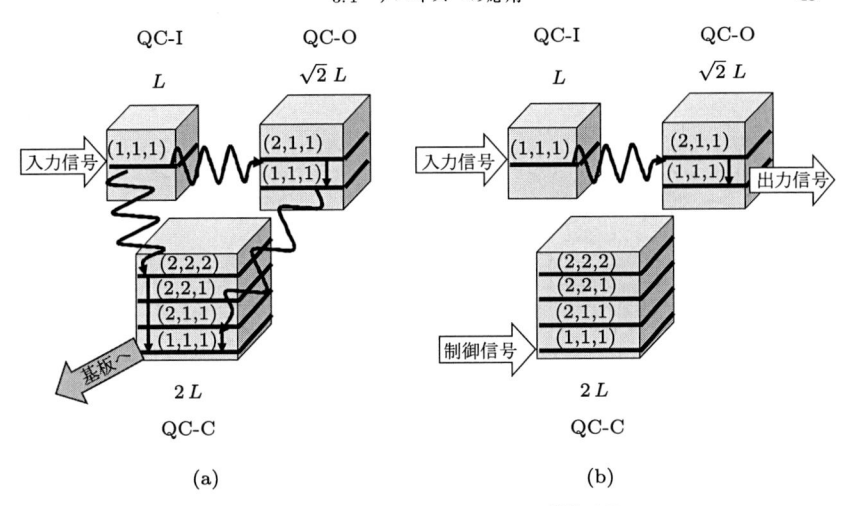

図3.2 ナノフォトニックスイッチの動作原理
(a) オフ動作.(b) オン動作.

する基本的な機能 (発光,変調など) のほぼすべてを使うので,光デバイスの代表例と考えられる.その動作原理を図 3.2 に示す.ここでは 3 つの半導体量子箱の各々を入力端子 (QC–I),出力端子 (QC–O),制御端子 (QC–C) として用いる.また,互いの間隔を各量子箱の寸法程度まで近接させて配置する.3 つの量子箱の一辺の寸法を各々 $L, \sqrt{2}L, 2L$ とする.

第 2 章の (2.1) 式において L を各々 $\sqrt{2}L, 2L$ に置き換えると QC–I のエネルギー準位 (1,1,1) のエネルギー値 $E_{1,1,1}$,QC–O のエネルギー準位 (2,1,1) のエネルギー値 $E_{2,1,1}$,QC–C のエネルギー準位 (2,2,2) のエネルギー値 $E_{2,2,2}$ は互いに等しいことがわかる.すなわちこれらのエネルギー準位は互いに共鳴する.さらに QC–O のエネルギー準位 (1,1,1) と QC–C のエネルギー準位 (2,1,1) も互いに共鳴することがわかる.

なお,2.1.2 項に記したように QC–O と QC–I のエネルギー準位 (2,1,1) は光学禁制である.しかし近接場光相互作用によりエネルギー準位 (1,1,1) からのエネルギー移動が可能となる.このようにして図 3.2 の波状の矢印で示す方向にエネルギー移動が生ずる.その後同図の下向き矢印で示すように下方のエネルギー準位へ高速に緩和する.以上をもとにナノフォトニックスイッチのオフ (off),オン (on) の動作は次のように説明される.

オフ動作 QC–I に光の入力信号を加えエネルギー準位 (1,1,1) に励起子を生成する．その後ただちに図 3.2(a) の波状矢印，下向き矢印で示す方向にエネルギー移動して緩和し，遂には励起子は QC–C の最低のエネルギー準位 (1,1,1) に到達する．その後，基板との相互作用などにより励起子は消滅する．これは QC–O には励起子が生成しないことを意味するので，出力信号は発生しない．すなわちこのスイッチはオフの状態になる．

オン動作 図 3.2(b) のように QC–C にも光の制御信号を加えエネルギー準位 (1,1,1) に励起子を生成させると，この励起子がすでに存在するために (これは充填効果と呼ばれている) QC–I のエネルギー準位 (1,1,1) に生成した励起子は QC–C のエネルギー準位 (1,1,1) に到達できない．その結果 QC–I から QC–O のエネルギー準位 (2,1,1) へのエネルギー移動のみが許される．その後ただちに QC–O の中のエネルギー準位 (1,1,1) に緩和するが，QC–C へのエネルギー移動が不可能である限り，そこから発光せざるをえない．このようにして発生した光が出力信号に対応する．すなわちこのスイッチはオンの状態になる．

ここで NaCl 結晶中の CuCl の量子箱を用いた実験結果を紹介しよう[1]．図 3.3 は一辺 3.5 nm, 4.6 nm, 6.3 nm の CuCl 量子箱を各々 QC–I, QC–O, QC–C として用いた実験結果を示す (温度 15 K)．ここで QC–O の量子準位 (1,1,1) からの発光波長は 383 nm であるが，この図はその発光強度の空間分布の測定結果を表す．図 3.3(a) はオフ動作の状態を示し，QC–O の周辺は暗い．一方図 3.3(b) はオン動作の状態を示し，QC–O の周辺は明るく，出力信号があることがわかる．また，このナノフォトニックスイッチのデバイス寸法は 20 nm 以下であることもわかる．図 3.4(a) は QC–C に制御信号パルス (パルス幅 10 ps) を加えた直後の QC–O からの発光強度，すなわち出力信号の時間変化を表す．急峻に立ち上がっており，その立ち上がり時間[1]は 90 ps であるが，この値は近接場光相互作用の大きさによって決まっている．制御信号パルスが消滅すると出力信号は小振幅で振動しながら減衰していく．この振動は QC–O から QC–I へわずかにエネルギーが逆戻りし，その後再び QC–O に移

---

[1] 本書では，立ち上がり，立ち下がりの現象を示す曲線を各々指数関数 $\exp(t/\tau_r), \exp(-t/\tau_f)$ によって近似的に表し，その時定数 τ_r, τ_f を各々立ち上がり時間，立ち下がり時間と定義した．

3.1 デバイスへの応用   47

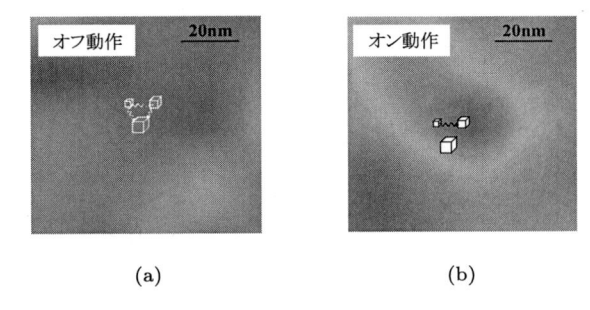

(a)   (b)

図 **3.3** CuCl の量子箱によるナノフォトニックスイッチの出力端子からの発光強度の空間分布の測定結果 (口絵 1 参照)[1]
(a) オフ動作. (b) オン動作.

動することを繰り返すことに起因する．この繰り返しの現象は章動と呼ばれており，その周期は図から約 400 ps である．また減衰時間 (これは立ち下がり時間[*1]とも呼ばれる) は励起子寿命によって決まり 4 ns である．図 3.4(a) 中の曲線は 2.1.2 項に記した仮想励起子ポラリトンの考え方にもとづき湯川関数を使って計算した結果を示す．これは実験結果とよく一致しており，理論の正当性，実験の精密さを表している．図 3.4(b) は繰り返し動作の例である．制御信号パルスを繰り返し加えることによりオン・オフの動作が繰り返されていることがわかる．

繰り返し周波数を増加させるためには，図 3.4(a) における立ち上がり時間と立ち下がり時間を短くする必要がある．たとえば立ち上がり時間を短縮するために量子箱間の距離を小さくすること，立ち下がり時間を短縮するためにナノ金属微粒子を QC–O に近接させ，発光の寿命を短くすること[2]，などが試みられている．

次に，ナノフォトニックスイッチの性能指数について検討しよう．このデバイスをナノフォトニクスのシステムに使うときに要求される性能はその体積 V，スイッチング時間 T_{sw}(立ち上がり時間)，1 回のオンおよびオフに必要な制御信号のエネルギー E，オンおよびオフのときの出力信号値の比 C(これはコントラストと呼ばれる．実際のデバイスではオフのときも若干の漏れ信号があるので，この比を評価する必要がある) である．これらを用いると性能指数 F は

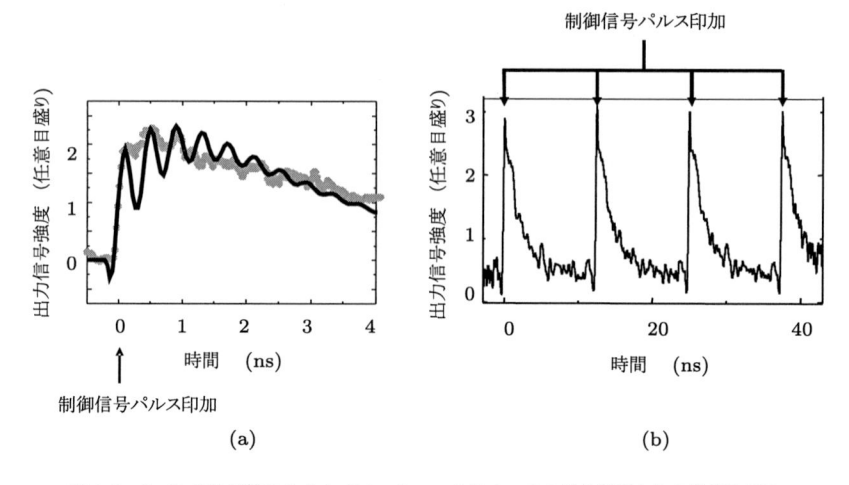

図 3.4 CuCl の量子箱によるナノフォトニックスイッチの出力端子からの発光強度の時間変化の測定結果[1]
(a) 丸印は実験結果. 曲線は計算結果. (b) 繰り返し動作の様子.

$$F = \frac{C}{VT_{\mathrm{sw}}E} \tag{3.1}$$

と定義できる. 伝搬光を用いたフォトニックデバイスとしての既存の光スイッチの代表的なデバイスについての性能指数を比較すると表 3.1 のようになる. なお, ここで記した数値は既存の光スイッチ用各フォトニックデバイスがすべて完備しているわけではなく, 各数値の原理的な最大値を意味している. したがってこれらの性能指数の値は原理的最大値である. その値と比較しても上記の CuCl を用いたナノフォトニックスイッチの性能指数は 10～100 倍大きく, 優れていることがわかる.

上記の性能指数で考慮していない重要な要素はデバイスの発熱の問題である. デバイス動作時の発熱量が大きいと多数のデバイスを共通基板の上に近接して並べることが不利となり, 集積化の妨げとなる. 図 3.2 の場合, 発熱の原因となるのはエネルギー準位の間での緩和のみであり, CuCl を用いると 1 回のオン・オフ動作を終了した時点で約 10 meV のエネルギーに相当する. したがって繰り返し周波数が 4 GHz の場合, 消費電力は 4 pW となる. 一方, コンピュータの CPU などに使われている既存の電子デバイスとして, 10^8 個のトランジスタからなる繰り返し周波数 4 GHz, 消費電力 100 W の半導体集積回路を例に

3.1 デバイスへの応用

表 3.1 各種の光スイッチの性能指数の比較

デバイスの種類	体積 V^{**}	スイッチング時間 T_{sw}^{***}	制御信号のエネルギー E	コントラスト C	性能指数 F^{*}
光 MEMS	$(n\lambda)^3$	$1\mu s$	10^{-18} J	10^4	10^{-5}
マッハ・ツェンダー干渉計型	$(n\lambda)^3$	10 ps	10^{-18} J	10^2	10^{-2}
非共鳴の第 3 次非線形型	$(n\lambda)^3$	10 fs	$10^6 E_p$	10^3	10^{-3}
共鳴の非線形光学型	$(n\lambda)^3$	1 ns	$10^3 E_p$	10^4	10^{-4}
量子井戸中の量子化エネルギー準位利用	$(n\lambda)^3$	100 fs	$10^3 E_p$	10^3	10^{-1}
ナノフォトニックスイッチ	$(n\lambda/10)^3$	100 ps	E_p	10〜25	1

* ナノフォトニックスイッチの値を基準に規格化.
** n は 1 より大きな実数. λ は光の波長.
*** E_p は光子 1 つ分のエネルギー.

とすると，各トランジスタの消費電力は $1\mu W$ となる．したがってこの値に対し上記の CuCl を用いたナノフォトニックスイッチの消費電力は約 10^{-5} であることがわかる．さらにまた，図 3.2 のデバイスをはじめとするナノフォトニックデバイスでは出力端子から光子 1 つずつを発生させることも可能であることが確認されており[3]，極めて小さなエネルギーで動作することがわかっている．すなわち消費電力および動作エネルギーが小さいので，半導体集積回路に比べて高い集積度が可能となることがわかる．この集積度はもちろん伝搬光を用いたフォトニックデバイスの場合よりも非常に高いので，図 3.2 に示す新規の動作と合わせて，電子デバイスおよびフォトニックデバイスでは実現しえない新しいシステムが構築できる可能性を示している．すなわち従来の技術の常識であった「光は速いので通信に使い，電子は小さいのでコンピュータに使う」という枠組みから解き放たれることが可能となる．その一例としては光による順序論理演算を行うデジタルデバイスを組み合わせたコンピュータ，すなわちフォトンコンピュータが考えられる[*2]．

[*2] 「フォトンコンピュータ」は大津が 2003 年に提案したものである (M. Ohtsu, "Nanophotonics: Devices, fabrications, and systems", RLNR/Tokyo-Tech 2003 International Symposium on Nanoscience and Nanotechnology on Quantum Particles, Tokyo, paper number I-3 (abstract: 3page) (2003)). これは「光コンピュータ」とは全く異なることに注意されたい．光コンピュータは伝搬光のもつ波動性を利用した空間並列処理に基づき，ホログラフィ技術などを応用してデジタル情報処理を行うものである．「フォトンコンピュータ」は時系列信号をデジタル演算処理するものであり，これは伝搬光を用いたフォトニックデバイスでは原理上困難である．

b. 論理ゲート

　ナノフォトニックデバイスをフォトンコンピュータなどのデジタル情報処理に使うためには上記 a 項に加え，多様なデバイスが必要となる．その代表例は AND ゲート，NOT ゲートなどの論理ゲートである．ところで a 項のナノフォトニックスイッチは AND ゲートに他ならない．なぜなら図 3.2(b) に示すように入力信号と制御信号の 2 つの信号があるときのみ出力信号が得られるからである．

　次にここでは図 3.5 に示す NOT ゲートについて紹介しよう[4]．ここで使う 2 つの量子箱のうち大きい方を入力端子 QC–I として，小さい方を出力端子 QC–O として各々用いる．両者の一辺の寸法は各々 $\sqrt{2}(L+\delta L), L$ である．これは図 3.2 の QC–I, QC–O の場合とは違い，寸法比が $\sqrt{2}:1$ からわずかに $\delta L/L$ だけずれている．このことは QC–O の中の励起子のエネルギー準位 (1,1,1) と QC–I のエネルギー準位 (2,1,1) とはわずかに非共鳴であることを意味する．すなわち両エネルギー準位のエネルギー値は一致しない．したがって図 3.5(a) に示すように一定パワーの光を QC–O に加え，エネルギー準位 (1,1,1) に励起子を生成しても QC–I へのエネルギー移動が起こらない．したがって QC–O の励起子は発光して消滅する．このようにして発生した光が出力信号に対応する．すなわち，入力端子としての QC–I に光を加えなくとも出力信号が発生する．

　次に図 3.5(b) に示すように QC–I に光の入力信号を加えエネルギー準位 (1,1,1) に励起子を生成する．このとき a 項のナノフォトニックスイッチのオン動作の際と同じ充填効果が生ずる．ここで注意すべきは，この充填効果により QC–I のエネルギー準位 (2,1,1) のエネルギー値が変化し，QC–O のエネルギー準位 (1,1,1) のエネルギー値と一致するようになることである．すなわち，両エネルギー準位は互いに共鳴するようになるので，QC–O に加えられた一定パワーの光により発生した励起子により，エネルギー準位 (1,1,1) から QC–I のエネルギー準位 (2,1,1) へとエネルギー移動が起こる．その後 QC–I のエネルギー準位 (1,1,1) へと高速に緩和し励起子は消滅する．このことは QC–I のエネルギー準位 (1,1,1) には励起子が残らないことを意味し，したがって出力信号は発生しない．

　以上をまとめると，図 3.5 では入力信号がないときに出力信号が発生し，入

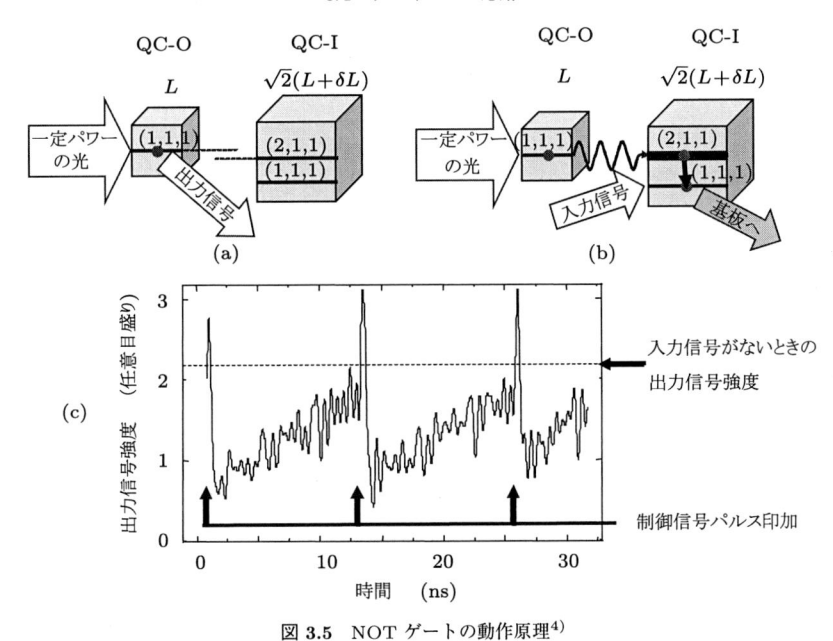

3.1 デバイスへの応用　　51

図 3.5 NOT ゲートの動作原理[4]
(a) 入力なし，出力あり．(b) 入力あり，出力なし．(c) 出力端子からの発光強度の時間変化の測定結果．

力信号があるときには出力信号は発生しない．このことは NOT ゲートの動作を意味している．なお図中の QC–O に加える一定パワーの光は電子回路における電源に相当し，入力信号がないときに出力信号を発生するエネルギー源として働いている．図 3.5(c) は CuCl の量子箱を用いた実験結果を示している．入力信号パルスが入射したときに出力信号が小さくなっており，NOT ゲート動作をよく表している．

以上の NOT ゲート，さらには a 項のナノフォトニックスイッチ (AND ゲート) の動作原理を応用すると，図 3.6(a)～(c) に示すように各々 OR ゲート，NOR ゲート，NAND ゲートなどを構成できる．すなわち論理ゲートの「完備集合」が実現する[*3]．従来の伝搬光を使ったフォトニックデバイスでは個々の論理ゲー

[*3] 一般に M 入力 N 出力 $(M, N = 1, 2, 3, \ldots)$ のすべての論理関数を少数の基本論理関数の組み合わせで表現できるとき，その基本論理関数の集合は「完備集合」と呼ばれている．その例として，AND,OR, NOT, AND, NOT, OR, NOT, NAND, NOR などがある．すなわち，完備集合が実現できればすべてのデジタル演算が可能となる．したがって上記のような論理演算がナノフォトニックデバイスで実現できれば，原理的にはあらゆる情報処理演算が可能となる．

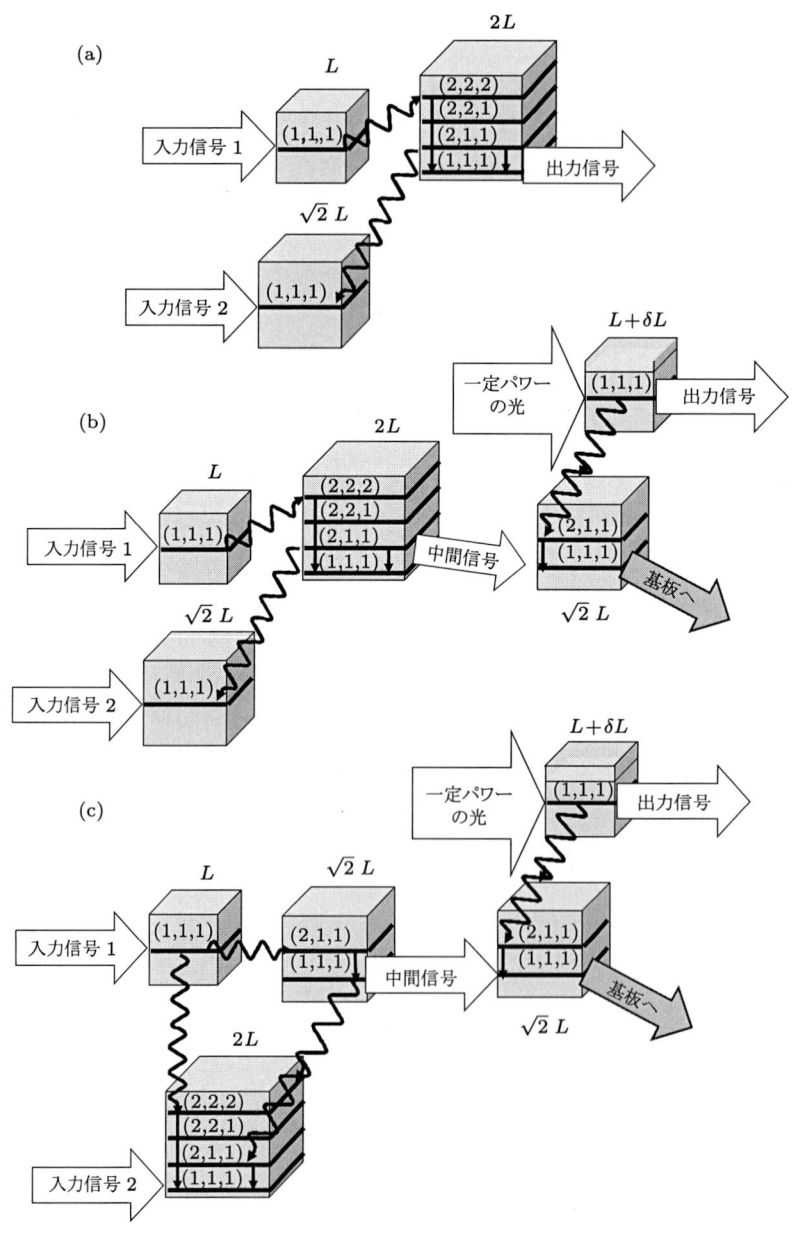

図 3.6 その他の論理ゲートの構成
(a)OR ゲート．(b)NOR ゲート．(c)NAND ゲート．

トを構成すること自身が困難であり，完備集合を構成することは不可能であった．それに対しナノフォトニクスの原理を使えばこれが可能となる．これは1.3節に記したデバイスの質的変革の代表例である．

c. その他のデバイス

上記以外には次のようなデバイスが考案されている．

遅延ゲート[5]　a項のデバイス動作で現れた章動を利用して2つの量子ドットの間でエネルギー移動を繰り返し，必要なときに外部に光信号として取り出す．これはこのデバイスに入射した信号を特定の時間だけ遅らせて取り出すので，遅延ゲートとして働く．また，これは電子デバイスにおけるバッファメモリにも対応する．

超放射型の超短光パルス発生器[6]　リング状に並べた複数の量子ドットの間でのエネルギー移動を利用し，ある瞬間に各ドットからの発光の時間的位相をそろえて外部に強いパルス状の光を発生するデバイスである．ナノフォトニック集積回路におけるタイミングパルス発生源，信号源に使える．

DA変換器　下記d項のデバイスを用いるとデジタル(digital)信号をアナログ(analog)信号に変換するDA変換器が可能となる．その詳細は第5章に記す．

d. 巨視的寸法の光デバイスとの接続

ナノフォトニックデバイスとその外部の巨視的なフォトニックデバイスとの間での光信号の授受を行うために，伝搬光を近接場光に変換するデバイス，またはその逆変換を行うデバイスが必要である．これらはナノフォトニック集積回路の入力端子，出力端子に相当する．これらについて以下に記す．

入力端子　2.1.2項の原理に基づき，伝搬光エネルギーを効率よく近接場光エネルギーに変換するデバイスである[8]．これは図3.7に示すように外周に小型の量子ドットを，その内側に中型の量子ドットを置き，中心部分に大型の量子ドットを1つ置く．これらの量子ドットの寸法を調節するとその中の励起子のエネルギー準位は互いに共鳴する．したがって小型の量子ドットに伝搬光を当て，励起子を生成すると，中型の量子ドットへエネルギー移動し高速緩和する．その後中型から大型の量子ドットへエネルギー移動し高速緩和する．これにより伝搬光のエネルギーは大型の量子ドット内の励起子のエネルギーとして

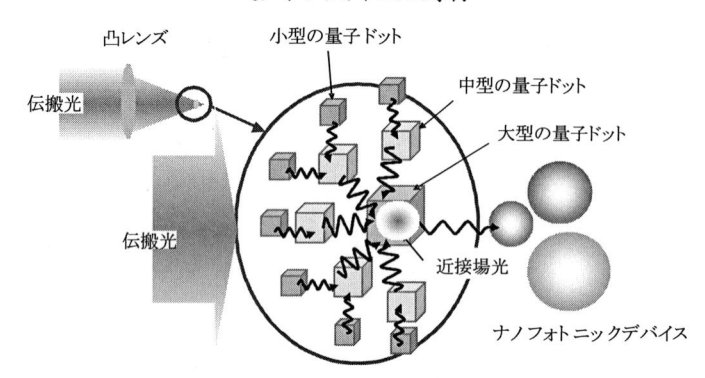

図 3.7 伝搬光エネルギーを近接場光エネルギーに変換するデバイスの原理[8]

蓄えられ，その後この励起子が近接場光を発生する．なお，小型の量子ドットは中型，大型の量子ドットの周囲に多数配備できるので，伝搬光のエネルギーのほぼすべてを多数の小型量子ドットにより吸収できる．また，エネルギーの損失は中型，大型の量子ドットの中での高速緩和によるものだけであり，これはa項のナノフォトニックスイッチの場合と同様，わずかである．このようにして高い効率で伝搬光を近接場光に変換することが可能である．変換後，大型の量子ドットの近くにあるナノフォトニックデバイスにエネルギー移動し，ナノフォトニックデバイスを駆動することができる．

図3.8には図3.3と同様に複数のCuClの量子箱を使うことにより，波長384～386 nmの伝搬光を集光し，近接場光エネルギーの空間分布を測定した結果を示す．中心部分の明るい領域が最大の量子箱（一辺の寸法8 nm）に集光された箇所であり，その直径は10 nm以下であり，回折限界を超えた集光器として機能していることが確認される[*4]．ちなみに集光器としての性能を評価するために，凸レンズの性能と比較しよう．1.3節で記したように伝搬光を凸レンズで集光すると，焦点面上での光の直径はλ/NAとなる．これが集光の回折限界に他ならない．ここでλは入射光の波長である．NAはレンズの形状，材料などによって決まる値で開口数と呼ばれており，通常は1未満である．上記の数値をこの公式に当てはめるとNAは40以上となり凸レンズの開口数よりずっと大きい．

[*4] この集光器の動作形態は高地に降った雨が土に吸収され，地下を伝わり，1カ所に集まって湧き出る泉に似ていることからoptical nano-fountainと呼ばれている[8]．

3.1 デバイスへの応用　　　　　　　　　　　　　55

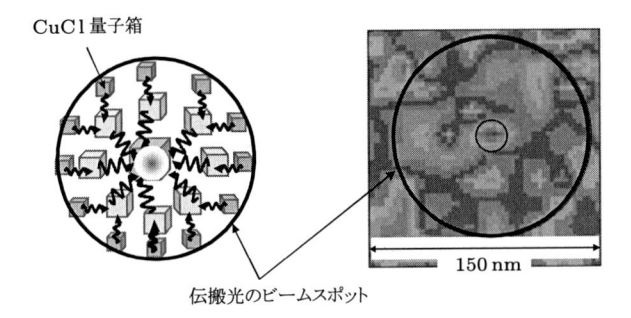

図 3.8　CuCl の量子箱により伝搬光エネルギーを近接場光エネルギーに変換した実験結果 (口絵 2 参照)[8]

出力端子　ナノフォトニックデバイスの出力信号である近接場光を伝搬光に変換するための簡単な方法として，出力端子の近くに金属微粒子を置くことが有効である．金属微粒子により近接場光が効率よく散乱され伝搬光になるとともに，金属微粒子が近接することにより励起子の発光寿命も短くなって発光効率が増加することが確認されている[2]．

e. 実用的なデバイスを目指して

これまでは CuCl を材料としたナノフォトニックデバイスについて記してきた．これは励起子の量子化されたエネルギー準位間の間隔が小さいので，50 K 以下の低温でのみ動作する[*5]．実用的なデバイスとしては室温動作が望ましいが，そのための材料としては InAs, ZnO, GaN などが有望である．図 3.9 は InAs の量子ドットを 2 つ組み合わせ，NOT ゲートを作成した例である．図 3.9(a) はデバイスの断面図，図 3.9(b) は 2 次元状に配列された NOT ゲートの形状を表す．図 3.9(c) は図 3.5(c) と同様に，この NOT ゲートにパルス状の入力信号を加えたときの出力信号の大きさの時間変化の様子を表しており[4]，良好な動作が確認されている．

[*5] 量子箱中の励起子の離散的なエネルギー準位は図 3.2 などでは実線で表されているが，実際にはもっと太い実線で書く必要がある．すなわち，エネルギーの取りうる値には幅がある．その幅は励起子の位相緩和時間と呼ばれる時定数の値に反比例する．ところで温度の増加とともにこの時定数は減少するので，エネルギーの取りうる値の幅は広がる．したがって，実線の幅も広がる．この幅がエネルギー準位間の間隔と同程度まで広がってしまうと，励起子の取りうるエネルギーの値はもはや離散的ではなくなる．CuCl 量子箱の場合，その温度の上限が約 50 K なのである．

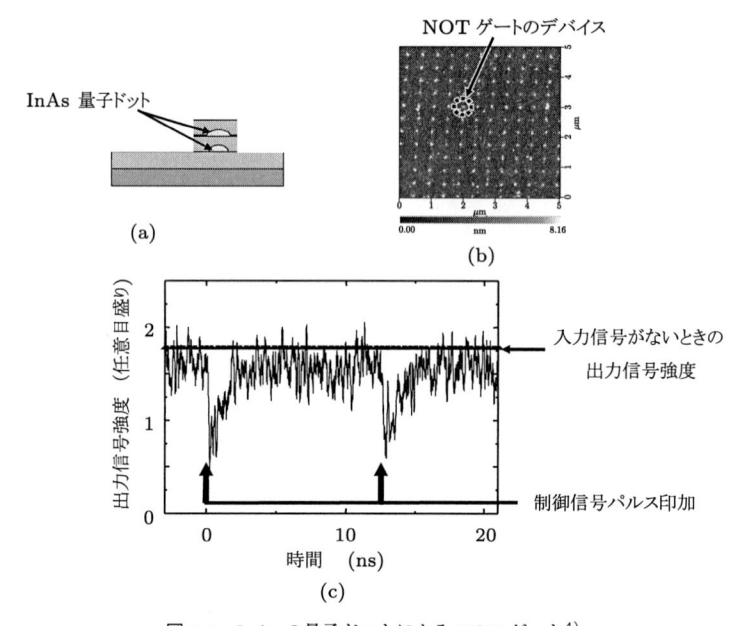

図 3.9 InAs の量子ドットによる NOT ゲート[4)]
(a) 断面図．(b)NOT ゲートが 2 次元状に配列した様子 (口絵 3 参照)．(c) 出力端子からの発光強度の時間変化の測定結果．

3.2 加工への応用

　現在までに半導体の集積回路を製作するための微細加工技術が多数開発され実用化されている．これらの微細加工は物質を積み上げること，および物質を削ることに大別できる．その代表例は各々堆積とエッチングである．これらの微細加工技術の性能を比較した結果を表 3.2 に示す．この表の右端にあるように近接場光を用いれば回折限界を超えて微細に削ること，および積み上げることの両方が可能となり，1.3 節に記した「量的変革」をもたらす．これは近接場光と物質との共鳴相互作用を利用して特定の物質を選択的に堆積できるので，不純物が混入せず，基板への損傷や汚染が少ない．ただし本質的なのは 2.2 節に示したように近接場光が関与する独特な遷移過程を用いて，伝搬光では原理的に不可能な形態の微細加工が実現できることである．すなわち「質的変革」がもたらされる．このような近接場光を用いる新しい微細加工技術はナノフォ

3.2 加工への応用　　　　　　　　　　　　　　　57

表 3.2　各種の微細加工技術の比較

(ナノ寸法，立体的構造，多種材料の集積化のために)

削る技術 (リソグラフィ，エッチングなど)

性能の分類	荷電粒子ビーム		光	
	電子	イオン	伝搬光	近接場光
分解能	◎	○	△	◎
基板，作製物の汚染	◎	×	◎	◎
基板，作製物の損傷	○	×	△〜×	○
加工装置の価格	×	×	×	◎

↑困難
多種材料の集積化
↓容易

積み上げる技術 (CVD など)

性能の分類	荷電粒子ビーム		光	
	走査トンネル顕微鏡	集束イオンビーム	光 CVD	近接場光 CVD
分解能	◎	○	△	◎
基板，作製物の汚染	◎	○	◎	◎
基板，作製物の損傷	◎	×	◎	◎
材料の選択性	○	×	◎	◎
材料の種類	金属，半導体	金属，半導体，絶縁体	金属，半導体，絶縁体	金属，半導体，絶縁体

◎：十分である．　○：使用可能である．　△〜×：問題がある．

トニック加工と呼ばれている．

　ところで最近は，光以外を用いたナノ寸法の加工技術もいくつか開発されている．これらの技術とナノフォトニック加工の性能を比較した結果を表 3.3 に示す．この表からもナノフォトニック加工の優位性が確認される．この加工法は伝搬光を信号の担い手とする既存のフォトニックデバイス，DRAM などの電子デバイス製作用のフォトマスク修正，半導体微粒子結晶の選択形成による量子効果デバイス，ナノ寸法のバイオチップなど，基礎研究から工業技術に至る広い分野にも用いることができる．さらに 3.1 節に記したナノフォトニックデバイスを製作することも可能になる．これらの関係を図 3.10 に示す．以下の項では近接場光を用いた新しい微細加工技術について記す．

3.2.1　光化学気相堆積法

　デバイスを製作するためには微細な物質を直接積み上げるのが単純で効率も高い．しかし，半導体を材料とする電子回路用の集積回路の例では $0.1\,\mu m$ 程

表 3.3 最近開発されたナノ加工技術の比較

(ナノ寸法，立体的構造，多種材料の集積化のために)

	インプリント	ディップペン	原子間力顕微鏡	自己組織化	ナノフォトニック
分解能	◎	◎	◎	◎	◎
位置寸法制御生	◎	○	◎	○	◎
大面積一括生	◎	△〜×	△	◎	◎
基板，作製物の汚染	◎	◎	◎	◎	◎
基板，作製物の損傷	△〜×	◎	◎	◎	◎
材料の選択性		◎		◎	◎
材料の種類	直接堆積は不可	絶縁体	直接堆積は不可	金属，半導体，絶縁体	金属，半導体，絶縁体
多種材料の集積化		○		△〜×	◎

◎：十分である． ○：使用可能である． △〜×：問題がある．

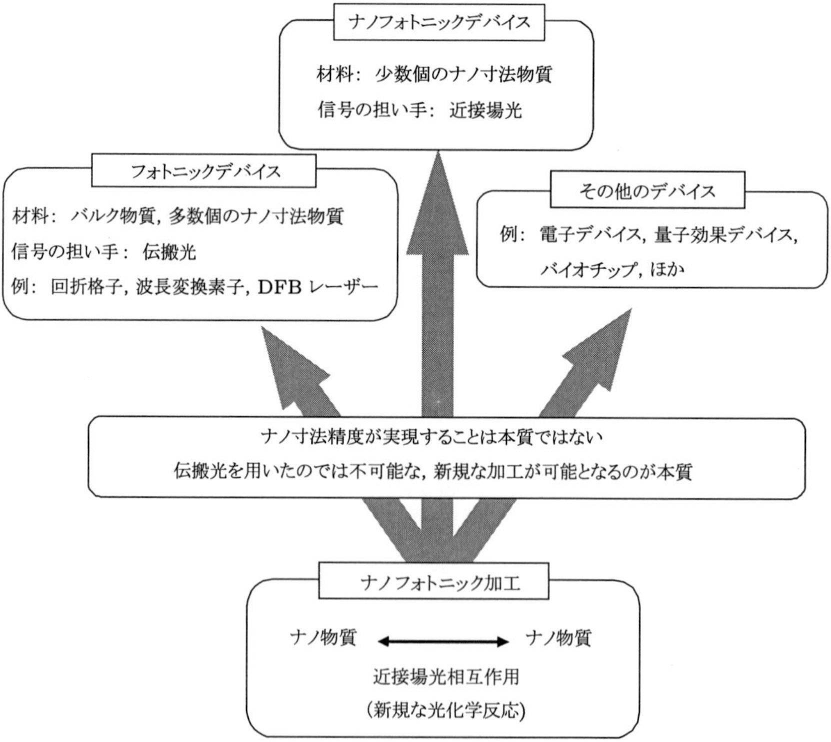

```
                    ナノフォトニックデバイス
                材料：少数個のナノ寸法物質
                信号の担い手：近接場光

   フォトニックデバイス                    その他のデバイス
材料：バルク物質，多数個のナノ寸法物質        例：電子デバイス，量子効果デバイス，
信号の担い手：伝搬光                         バイオチップ，ほか
例：回折格子，波長変換素子，DFBレーザー

        ナノ寸法精度が実現することは本質ではない
     伝搬光を用いたのでは不可能な，新規な加工が可能となるのが本質

                    ナノフォトニック加工
               ナノ物質 ←→ ナノ物質
                  近接場光相互作用
                  (新規な光化学反応)
```

図 3.10 ナノフォトニック加工とそれにより製作可能な各種デバイス

度以下の寸法で材料を選択的に直接積み上げる実用的な技術は皆無といってよい．一方，2.2.1 項で示した光化学気相堆積法 (光 CVD) は，適用可能材料の多様性，低損傷性，高い加工速度などの点で最も有力な「積み上げる」技術と考えられてきた．しかし，従来は伝搬光を使っているので，光の回折限界のために加工精度は光波長程度であり，十分高い分解能が達成できなかった．この限界を打破するのが近接場光を用いた光 CVD である．以下ではこの方法による量的変革と質的変革の例について述べる．

a. 断熱過程による量的変革

一例として気体状のジエチル亜鉛 ($Zn(C_2H_5)_2$) 分子を光により解離し，析出した亜鉛 (Zn) 原子を基板に堆積する場合について説明する．2.2.1 項で示した断熱過程を用いる場合，この分子の解離エネルギーは 2.25 eV(波長 551 nm の光の光子エネルギーに相当) である．また，電子の励起エネルギーは 4.59 eV(波長 270 nm の光の光子エネルギーに相当) なので，これより高い光子エネルギーをもつ光，すなわち紫外光を用いて分子を解離する．その結果析出した Zn 原子が基板の表面に堆積する．

図 2.9 のようにファイバープローブ先端に発生する近接場光を使えば，基板上にナノメートル寸法の Zn パターンを形成することができる．その寸法と位置は各々ファイバープローブ先端の寸法と位置とによって決まるので，微細かつ高精度の加工が可能となる．すなわち「量的変革」がもたらされる．また，ファイバープローブを動かせば，既存の微細加工法では困難な任意の形状のパターンを描くことができる．図 3.11 はそのようにしてガラス基板の上に描いた Zn の楕円状の閉曲線の形状像の測定結果である[9]．楕円の長径，短径は各々約 700 nm，約 300 nm である．同図中の矢印で示した部分の細線パターンの幅は 20 nm(高さは約 3 nm) である[*6]．同じ光源からの伝搬光を用いて行われた従来の光 CVD による Zn のパターンの幅の最小値は 2〜3 μm なので，同図ではこれにくらべ 1/100 以下の値が実現している．

次に寸法制御性について考えるために，図 3.12 に $Zn(C_2H_5)_2$ を解離してサファイア基板上に Zn 微粒子を近接して 2 つ堆積した結果を示す[10]．この手法

[*6] 図 3.11 の閉曲線の像の幅は 20 nm, 図 3.12 の微粒子の画像の半値全幅は 25 nm となっているが，測定の際の分解能を差し引くと，真の値はこれらの値よりさらに小さい．

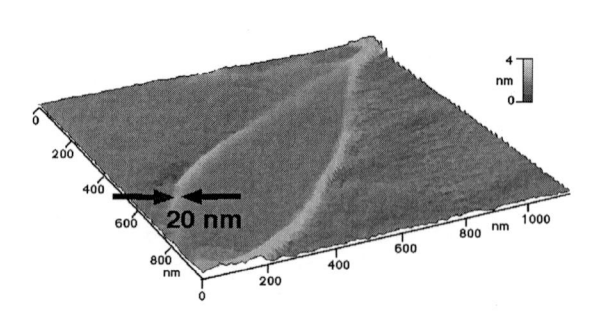

図 3.11 ガラス基板に Zn を堆積して作製した楕円状の閉曲線[9]

により 25 nm 以下の微粒子が 65 nm の間隔で作製されたことを確認できる[*6]．一方，位置制御性について考えるために，図 3.13 には波長 325 nm の光により $Zn(C_2H_5)_2$ 分子を解離して Zn の微粒子をサファイア基板の上に近接して 3 つ作製した結果を示す[10]．これは直径 57 nm の微粒子を間隔 300 nm で作製するためにファイバープローブの寸法，位置を調節した結果である．3 つの微粒子の直径は 57 ± 1 nm，間隔は 300 ± 5 nm となっており，寸法，位置とも誤差 10 nm 以内で設計値に合致しており，高い精度が得られていることがわかる．測定の際の分解能を差し引くと，これらの精度はさらに高いことが確認されている．

また，図 3.14 は $Zn(C_2H_5)_2$ および $Al(CH_3)_3$ の気体を順々に解離して Zn，Al の微粒子をサファイア基板の上に近接して堆積した結果を示す[10]．このような異種金属を近接して堆積することは従来の微細加工技術では困難であったが，本方法で初めて可能となった．なお，作製された微粒子の寸法はファイバープローブの先端の寸法に依存するが，さらに寸法依存の共鳴効果 (その例は 4.2 節に記す) などを援用することにより，微粒子の寸法精度をさらに向上させることができる．

ところで，伝搬光を用いた光 CVD 法では光波長以下の微小なパターンを形成することが不可能なので，この方法ではむしろ伝搬光ビームを広げ，基板の大面積にわたり均一な薄膜を作製している．しかし本節で扱うのはナノメートル寸法のパターンの作製法である．したがって，堆積のための諸条件も薄膜作製の場合とは全く異なる．この考察に基づき，基板表面との相互作用の観点か

3.2 加工への応用　　61

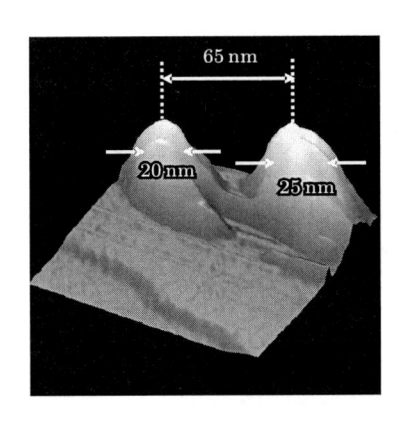

図 3.12 サファイア基板上に Zn 微粒子を近接して 2 つ堆積した結果[10]

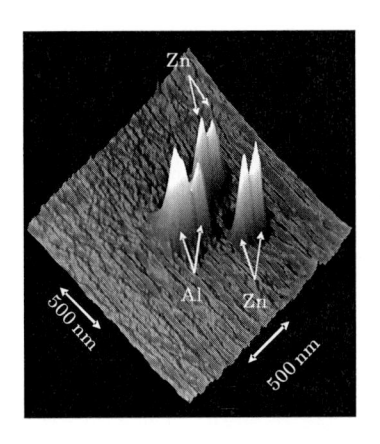

図 3.14 サファイア基板上に Zn 微粒子と Al 微粒子とを近接して堆積した結果[10]

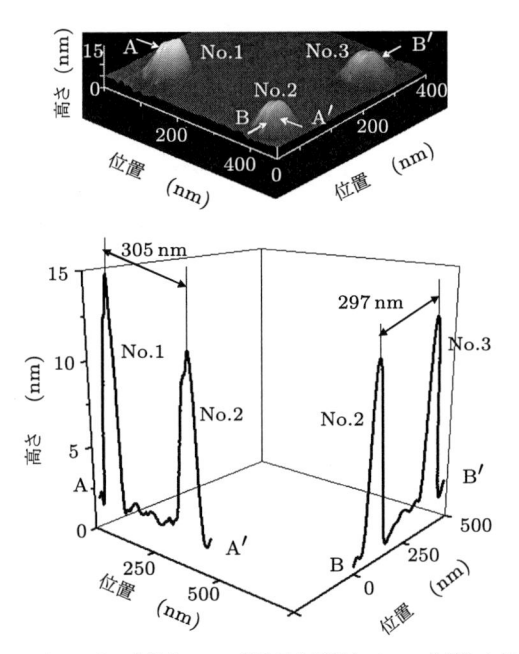

図 3.13 サファイア基板上に Zn 微粒子を近接して 3 つ作製した結果[10]

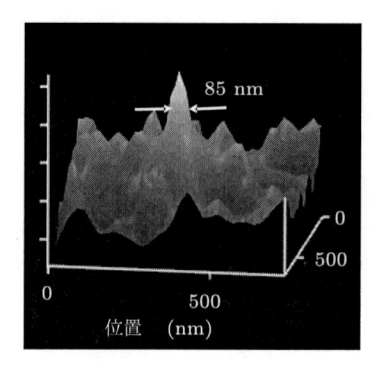

図 3.15 サファイア基板上に堆積された ZnO 微粒子からのフォトルミネッセンス強度の空間分布[11]

らさらに技術が改良されている．たとえば Zn の堆積の場合，気相の分子を解離する代わりに基板に吸着した分子を解離させることにより，堆積した微粒子の寸法精度を向上させている[11]．

さて，堆積した Zn を酸化すると酸化亜鉛 (ZnO) の微粒子を作製できるが，この ZnO 微粒子は室温で発光する．ZnO は大気中および室温中で化学的・熱的に安定な性質であるために，室温で動作するナノフォトニックデバイス用材料として有望である．図 3.15 はこの方法によりサファイア基板上に作製された ZnO 微粒子のフォトルミネッセンス強度の空間分布を示す[11]．この分布の半値全幅は 85 nm である．これはフォトルミネッセンスの波長 (360 nm) より小さく，回折限界を超えた微小光源が実現したことを意味している．

なお，以上の光 CVD の性能をさらに向上させるために使用する基板とその表面処理方法，材料気体分子，光源などを選択する必要があるが，この方法は金属，半導体などの多様な物質に対して適用可能である．その例を表 3.4 に示す．これらの材料および光源を最適化することで，上記 ZnO 以外にも室温で光 CVD により堆積したナノ寸法の GaN からの強い紫外発光も観測されている[12]．

b. 非断熱過程による質的変革

伝搬光を用いたのでは全く不可能な微細加工の例として，図 3.16(a),(b) には 2.2.2 項で示した非断熱過程により $Zn(C_2H_5)_2$ を解離し，Zn 原子をサファイア基板に堆積した実験結果を示す[13]．この場合，$Zn(C_2H_5)_2$ の解離エネルギー

3.2 加工への応用

表 3.4 近接場光による光 CVD が適用可能な材料の例

物質	材料分子	光吸収波長の最短値 (nm)
Zn	$Zn(C_2H_5)_2$	270
Al	$Al(CH_3)_3$	250
W	$W(CO)_6$	300
S	H_2S	270
P	PH_3	200
N	NH_3	220
O	O_2	250
Ga	$Ga(CH_3)_3$	260
Si	SiH_4	120
Si	SiH_6	195
P	PH_3	220
Sn	$Sn(CH_3)_4$	225
As	AsH_3	220
Cd	$Cd(CH_3)_3$	260
Fe	$Fe(CO)_5$	400
Ge	GeH_4	170

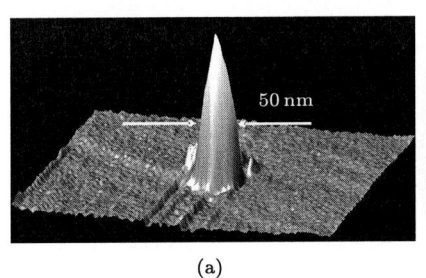

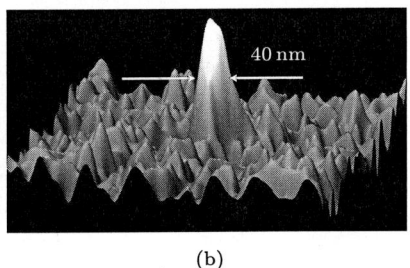

図 3.16 非断熱過程により $Zn(C_2H_5)_2$ 分子を解離し，サファイア基板上に Zn 原子を堆積した結果[13]
(a) 光源波長 488 nm，(b) 光源波長 684 nm．

や電子の励起エネルギーより低い光子エネルギーをもつ光，すなわち可視光を用いていることに注意されたい．特に図 3.16(b) の赤色光の光子エネルギーは $Zn(C_2H_5)_2$ の解離エネルギーよりも低いので，このような解離とそれに引き続く堆積は伝搬光を用いたのでは不可能である．

この妥当性を検討するために青色 (光源波長 488 nm)，赤色 (光源波長 684 nm) の近接場光を用いて $Zn(C_2H_5)_2$ 分子を解離し，Zn をサファイア基板上に堆積させる際の堆積速度の測定結果を図 3.17 に示す[14]．この実験では，近接場光の

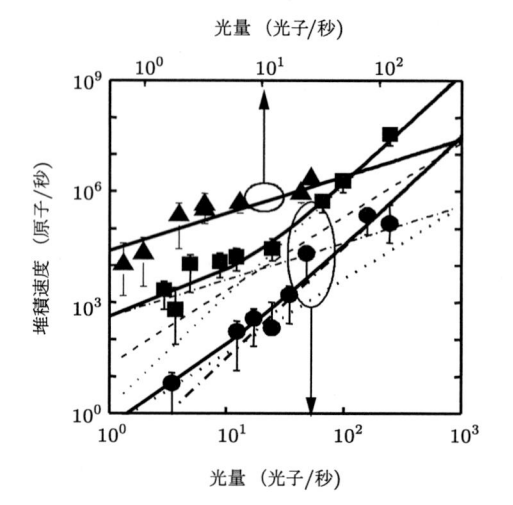

図 **3.17** $Zn(C_2H_5)_2$ 分子を解離するための光量とサファイア基板上への Zn 原子の堆積速度との関係の測定結果[14]
▲：光源波長 325 nm. ■：光源波長 488 nm. ●：光源波長 684 nm. 実線は理論結果.

みによって起こる光解離を調べるため，ファイバープローブには伝搬光の遮光用の金属膜は塗布していない．同図には紫色 (光源波長 325 nm) の近接場光を用いた結果も示す．堆積速度は $Zn(C_2H_5)_2$ の解離率に比例するが，図中の実線は仮想励起子・フォノン・ポラリトン (ドレスト光子) モデルに基づく計算結果であり，これらは実験結果とよく合っている．

なお，実験結果，計算結果ともに光強度の小さい領域では堆積速度は光強度に比例し，次第に光強度の 2 乗，3 乗に比例するように推移していくことがわかる．これは次のように解釈される．まず青色光 (光源波長 488 nm) による堆積では光強度が小さい領域で光強度に比例することが確認される．これは，青色光の光子エネルギーが $Zn(C_2H_5)_2$ の解離エネルギーよりも大きいため，分子の振動準位への直接遷移により解離しているからと考えられる．これに対して光強度が大きい場合，光強度の 2 乗，3 乗に比例する特性は 2.2.2 項に示したように分子の振動準位を介した 2 段階，3 段階の励起過程により解離が起きたことを意味する．

一方，赤色光 (光源波長 684 nm) の光子エネルギーは $Zn(C_2H_5)_2$ の解離エ

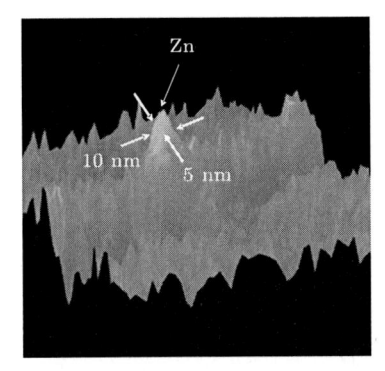

図 3.18　Zn(acac)$_2$ 分子を解離してサファイア基板上に Zn 微粒子を堆積した結果[15]

ネルギーより小さいため解離率が光強度に比例する過程は起こりえない．しかし光強度の 2 乗，3 乗に比例することは分子の振動準位を介した 2 段階，3 段階の励起過程により解離したことを意味している．これに対して，紫外光 (光源波長 325 nm) による堆積速度は光強度に比例することから，高い振動準位へ直接励起されていることがわかる．

非断熱過程に基づく堆積は

① ファイバープローブ先端から近接場光と同時に伝搬光が漏れ出していても分子は伝搬光により解離することがないので，堆積したパターンの裾の部分が広がることはなく，近接場光のみによって決まる小さな形状のパターンが作製される．

② 従来の光学活性な分子のみでなく，光学不活性分子も使用可能となるので，材料選択の自由度が増え，廃棄物処理などの環境問題の改善が図れる．

③ 紫外光源が不要なので加工装置価格が低減する．

などの「質的変革」をもたらしている．

特に②の例として，ビスアセチルアセトナト亜鉛 (Zn(acac)$_2$) 分子を近接場光により解離することが可能となり，これにより Zn のナノメートル寸法微粒子が堆積されている[15]．この分子は有機金属 CVD(MOCVD) 法と呼ばれる微細加工ではよく使われているが，光学不活性であるために従来の光 CVD では全く使われていなかった．しかしこれは爆発性のない安全な優良材料なので近接場光による光 CVD に使うことができれば非常に有利である．図 3.18 には

Zn(acac)$_2$ を近接場光による非断熱過程で解離し，Zn 微粒子をサファイア基板の上に堆積した結果を示す[15]．Zn 微粒子の直径は約 5 nm，高さは 0.3 nm (Zn 原子 2 層分に相当) であり，特に直径の値は図 3.12 に比べずっと小さく，これまでのうちで最小である．

3.2.2 光リソグラフィ

光リソグラフィは半導体からなる多数の電子デバイスを共通のシリコン (Si) 基板の上に作製し，集積回路を組み立てるのに使われており，大量生産用の唯一の実用的な加工技術である．光リソグラフィでは次の 4 つの工程を順次，または繰り返し使う．

① 露光：作りたいパターンを描いたフォトマスク (集積回路パターンの原板．写真のネガフィルムのようなもの) を通して，基板上に薄く塗られたフォトレジスト (高分子からなる合成樹脂) に光を照射する．

② エッチング：露光後，現像して得られたフォトレジスト上のパターンのうち，基板がむき出しになっている部分をエッチング液により除去する．

③ ドーピング：不純物原子を基板の中に注入する．

④ 成膜：基板の上に薄膜を堆積させる．

この中には②エッチングが含まれるので，光リソグラフィは 3.2 節冒頭で示した「削る」技術である．この中で光と直接かかわりがあるのは①露光であり，フォトマスクに描かれた回路パターンをフォトレジストに投影する技術である．ただし，図 1.7 に示したように要求されるパターンが微小化するに伴い，投影パターンの像のぼけに起因する露光精度が問題となってきている．その精度は光の回折限界によって制限されている．この問題を解決するために近接場光による露光技術が開発されている．以下ではこの方法による量的変革と質的変革の例について述べる．

a. 断熱過程による量的変革

ファイバープローブ先端に発生する近接場光でフォトレジストを露光し，「量的変革」をもたらすことが可能であるが，基板を一括加工し，高い加工速度を実現するために，図 3.19 に示すようにフォトマスクを使う方法が開発されている．すなわち削りたい基板の上にフォトレジストを塗布し，その上にフォトマ

3.2 加工への応用

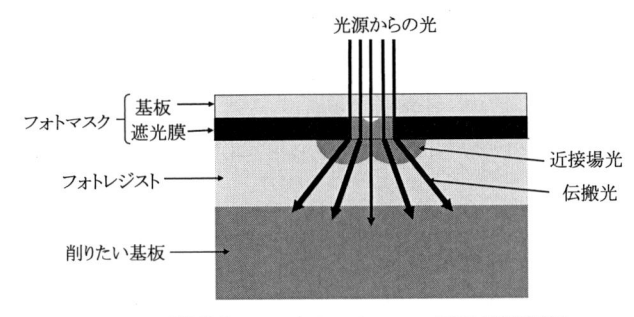

図 3.19 近接場光による光リソグラフィの原理 (断熱過程)

スクを乗せる．水銀ランプを光源として用い[*7)]，フォトマスクの上面から光をあてると下面に近接場光が発生し，これにフォトレジストが感光して微細なパターンが作製される．

アスペクト比 (パターンの深さと幅との比) を 1 より大きくするために，図 3.20 に示すように，プラズマ[*8)]を用いた方法 (ドライエッチング法と呼ばれている) を援用している．そのために 2 種類のフォトレジストを塗布する．上層のフォトレジスト (上層レジスト) は図 3.19 と同様，近接場光に感光させるものであり，近接場光のしみ出し長よりも薄く塗布されている．しかしこれはプラズマに対する耐久性を有する．一方下層レジストは光には反応せず，プラズマによって除去可能である．これらのフォトレジストの上にフォトマスクを乗せ，光源からの光を照射するとフォトマスクに発生した近接場光により上層レジストが感光する．その後，これを現像すると上層レジストの一部が除去されてパターンが作製される．次にこの上からプラズマを照射するとそれは上層レジストの除去された部分を通して下層レジストに達するので，下層レジストがプラズマとの反応によって取り除かれる．プラズマは深く浸入していくので，アスペクト比の大きなパターンが作製される．

以上の原理に基づき，近接場光を用いたリソグラフィ装置が開発された．そ

[*7)] 水銀ランプの光を用いた理由は，使用したフォトレジストがこの光に強く感光するからである．作製されるパターンの寸法はフォトマスクの寸法によって決まり，光源の波長には依存しないので，長波長の光に強く感光するフォトレジストを用いる場合には，そのような長波長の光を発する光源を用いてもよい．ただし最近では入手可能なフォトレジストのほとんどが水銀ランプから発生するような短波長の紫外線に強く感光する．

[*8)] イオンと電子がほぼ同密度で分布し，電気的に中性を保っている電離気体．

　　　　　　　　　　　3. ナノフォトニスの事例

上層の
フォトレジスト
下層の
フォトレジスト
削りたい基板

　　　　近接場光による　　　プラズマによる

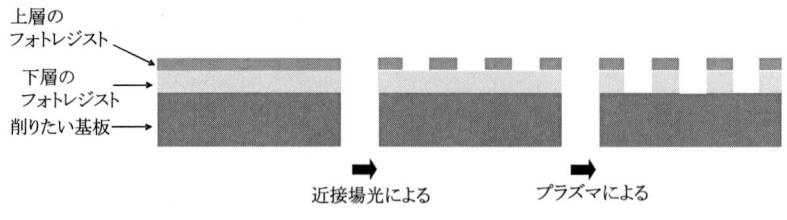

図 3.20　2 層フォトレジスト法の原理

薄膜化された
フォトマスク ─ 基板
　　　　　　　遮光膜
　　　　　　　　　空気圧
フォトレジスト
削りたい基板

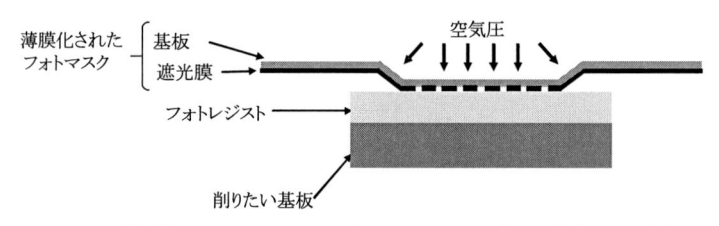

図 3.21　薄膜化したフォトマスクにをフォトレジスト表面に密着させる方法

の際, 次のような配慮がなされている.

① フォトレジストの選択：フォトレジストを基板上に薄く塗ったとき, その表面ができるだけ均一となるようなフォトレジスト用材料を選択する. さらに, 加工の分解能を上げるために小さい分子からなる材料を選択する.

② フォトマスクとフォトレジストとの間の密着：フォトマスクを薄膜化し, 空気圧によってフォトレジスト表面の大面積にわたり密着させる (図 3.21). また, 露光後にフォトマスクをはがすとき, フォトマスクが損傷しないようにフォトマスクとフォトレジストとの間に表面保護薄膜を塗布する.

③ 大面積にわたる加工：フォトマスクをフォトレジストに密着させて露光した後, このフォトマスクをフォトレジスト表面の隣接する位置に移動して露光する. これを繰り返すことにより, 大面積にわたり加工する. これはステップアンドリピート法 (step and repeat) と呼ばれており, 加工可能な面積はフォトマスクの面積と繰り返し回数との積によって決まる.

④ 機械的振動の除去：装置を設置してある部屋の床などの振動によるフォトマスクとフォトレジストの位置ずれを防ぐために, 装置全体の形状, 構造を調節する.

⑤ ゴミの除去：フォトマスクとフォトレジストの間に不要な微粒子などの

ゴミが付着しないよう，露光部のクリーン度は少なくともクラス10に保つ[*9]．その周囲はクラス100〜1000に保つ．

これらをもとに図3.22に示すように実用化の雛形としての小型装置ができあがった[16]．床面積はわずか$1\,\mathrm{m}^2$である．また，自動化のために加工対象のシリコン基板などの試料は装置内でロボットにより自動搬送される．これを含め加工の主要な過程は計算機により制御されている．図3.23(a)はこれにより加工された形状の例である．一辺5mmのフォトマスクを使い，ステップアンドリピート方式により$50\,\mathrm{mm}\times 60\,\mathrm{mm}$の面積にわたり加工されている．線幅40nm，周期90nmのパターン(図3.23(a))，線幅32nm，周期85nm，かつアスペクト比が3.3に達する細くて深いパターン(図3.23(b))，さらには，最小の線幅として22nmが得られている(図3.23(c))[17]．

b. 非断熱過程による質的変革

a項で使用したフォトレジストは伝搬光を使った既存の光リソグラフィのためのものを流用しており，それは短波長の光，特に紫外光に強く感光する特性をもっている．言い換えると赤色光などの可視光には感光しない．しかし赤色光であっても，それが近接場光ならば非断熱過程が誘起され，フォトレジストはそれに感光する．その結果微細パターンが作製でき，さらにそのパターンの寸法は紫外光を使った場合より小さくすることが可能となる．

一例として図3.24(a)に示すように，線状のパターンをもつフォトマスクに光を照射して近接場光を発生させる．その下にはa項で用いたフォトレジストがある．ここでは赤色光を使っているのでこのフォトレジストは感光しないはずである．しかし図3.24(b)に示すように感光し，微細なパターンが作製される．このように赤色の近接場光に感光するのは非断熱過程に起因しているからである[18]．比較のために図3.24(c)には同じマスクに紫外線を照射して得られたパターンを示す．この場合には断熱過程が起こるのでフォトレジストは近接場光と同時にマスクをわずかに透過する伝搬光にも感光する．この伝搬光の影響により，形成されたパターンの寸法は近接場光のみによる感光領域の寸法よ

[*9] クラスXとは洗浄度レベルの等級分けをした表現である．我が国ではJISB9920(クリーンルーム中における浮遊微粒子の濃度測定方法)で定めており，体積$1\,\mathrm{m}^3$の空気中に含まれる粒径$0.1\,\mu\mathrm{m}$以上の粒子数がX個以下に保たれている状態を意味する．Xは10のべき乗で表す．

70　　　3. ナノフォトニスの事例

図 3.22　実用化の雛形としての小型装置の外観[16]

フォトレジスト
シリコン基板

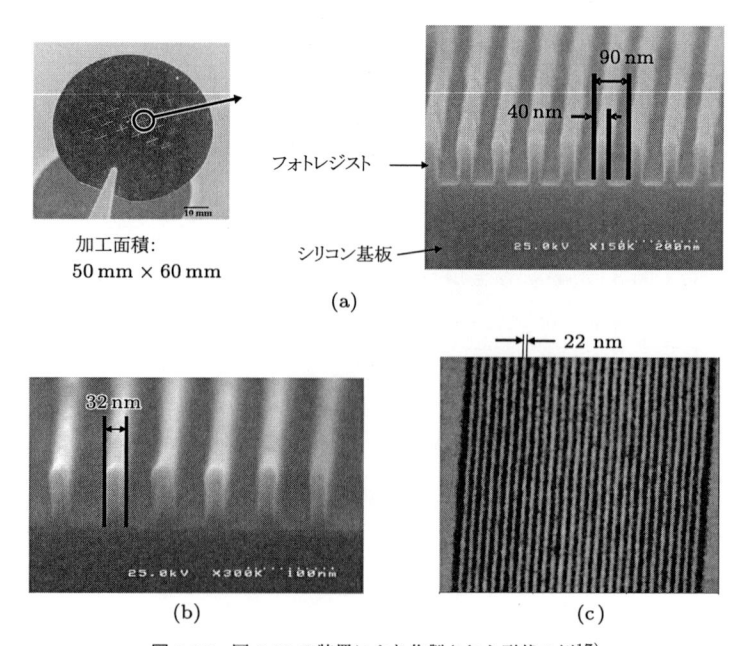

加工面積:
50 mm × 60 mm

(a)

32 nm

(b)

22 nm

(c)

図 3.23　図 3.22 の装置により作製された形状の例[17]
(a) 線幅 40 nm, 周期 90 nm(口絵 4 参照). (b) 線幅 32 nm, 周期 85 nm, アスペクト比 3.3 に達する細くて深いパターン. (c) 線幅 22 nm.

3.2 加工への応用

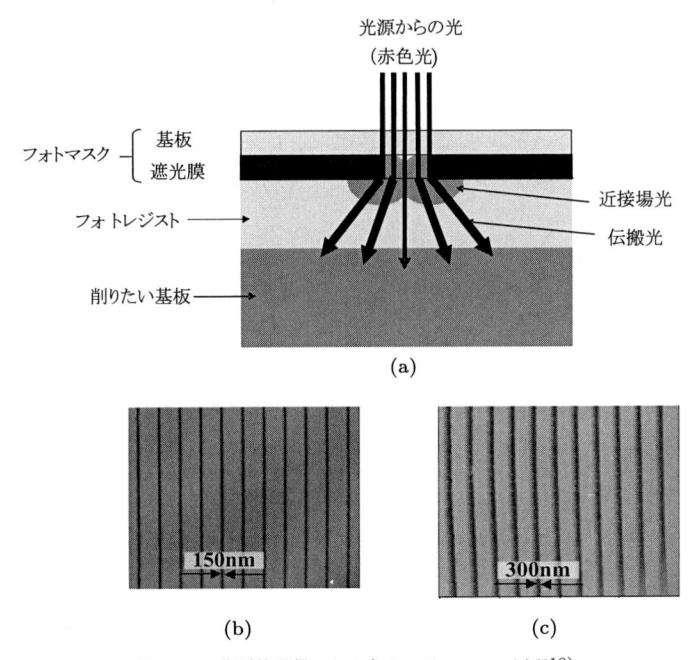

図 3.24 非断熱過程による光リソグラフィの原理[18]
(a) 構成の断面図. (b) 実験結果. (c) には比較のために断熱過程による実験結果を示す.

りも大きくなる．図 3.24(b) ではこのような伝搬光の影響を受けておらず近接場光のみに感光したので，そのパターンの寸法は図 3.24(c) より小さい．

非断熱過程を用いる光リソグラフィは 3.2.1b 項と同様の「質的変革」をもたらす．そのうち利点①は図 3.24(b), (c) の比較により容易に理解される．利点②を示す典型的な例として図 3.25 に示すように，光学的に不活性な電子ビーム描画用のレジストが近接場光により加工されている[18]．実験に使用したレジスト ZEP520 は電子ビームや X 線に対してのみ活性である．しかし非断熱過程によって近接場光には感光し，2 次元状に配列された円形のパターンがレジスト上に作製されている．このレジストは微細加工のために作られた材料なので，Si 基板に塗布した場合，その表面の平坦性が優れており，図 3.25 ではパターンの端が切り立っており精細になっている．利点③は高価格の紫外光源や光学素子を必要とせず既存の露光装置と安価な光源が利用できることに起因する．

これらより高い経済効果が期待されるが，さらに新しい加工方法も考えられ

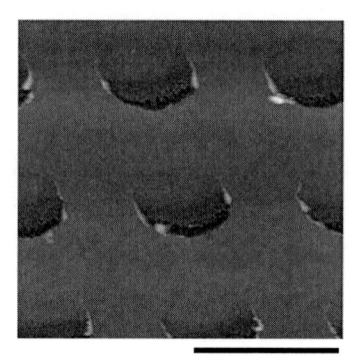

図 3.25 電子ビーム描画用のレジスト ZEP520 を用いて非断熱過程により 2 次元状に配列された円形パターンを作成した結果[18]

る．これは非断熱過程ではフォトレジストが伝搬光に不活性であることを積極的に利用するものであり，次の例がある．

① 電子回路パターンの複製の作製：図 3.26(a) のように透明な基板の上にフォトレジストを塗布し，その上に電子回路パターンを置き，これをフォトマスクとして使う．基板の裏面から可視域の伝搬光を照射するが，フォトレジストはこれには不活性なので感光しない．したがって伝搬光はそのままフォトレジストを透過するが，その後フォトマスク表面に達するとそこに近接場光が発生する．すると非断熱過程によりフォトレジストが感光するので，電子回路パターンの複製ができる (図 3.26(b))．

② 多重露光：一例として図 3.27(a) に示すように線状パターンをもつフォトマスクをフォトレジストの上にのせる．上記①と同様，可視域の伝搬光を透明な基板の裏側から照射すると，フォトマスク表面に発生した近接場光に起因する非断熱過程によりフォトレジストが感光する (図 3.27(b))．次にこのフォトマスクを面内で 90° 回転させた後にフォトレジストに再度のせ，同様に感光させる．この 2 重露光の結果，図 3.27(c) に示すように格子状のパターンができる[19]．その形状のコントラストを図 3.27(d) に示すが，これは露光回数を増やしても劣化しない．なぜならば，このフォトレジストは可視域の伝搬光には不活性だからである．

3.2 加工への応用

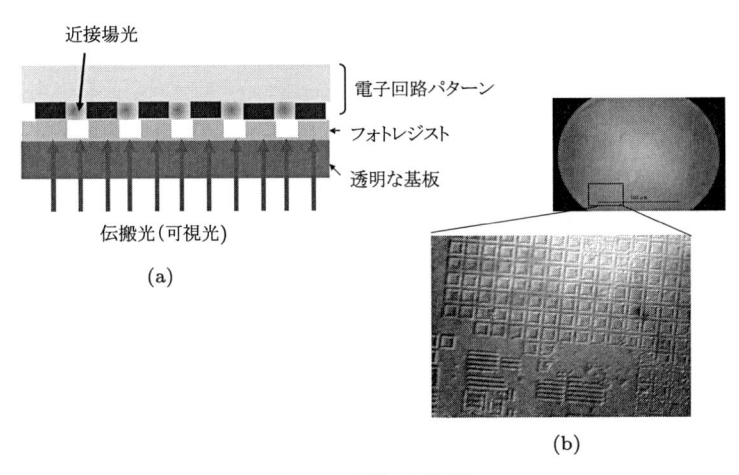

図 3.26 複製の作製方法
(a) 原理. (b) 電子回路パターンの複製を作成した結果.

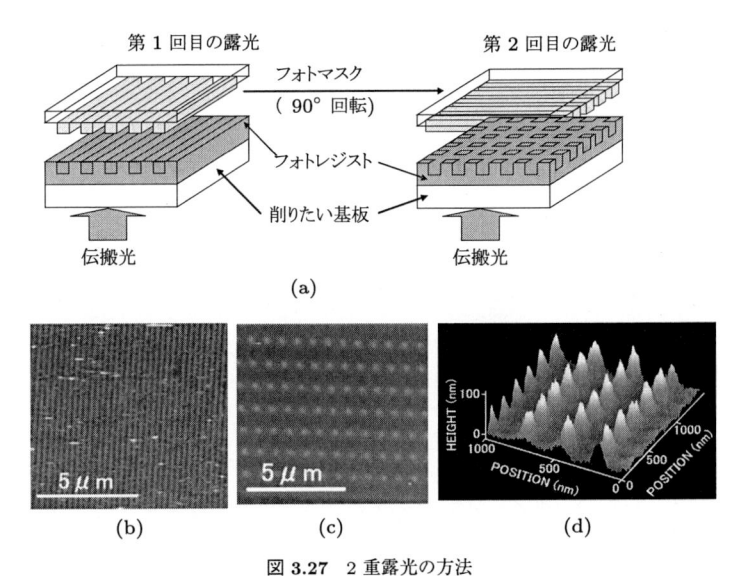

図 3.27 2 重露光の方法
(a) 原理. (b)1 回目の露光結果. (c)2 回目の露光結果. (d)2 回目の露光結果の鳥瞰図.

これらの新しい方法を利用することにより，図 3.28 に示すような多様なパターンが形成されている．この図からもわかるように非断熱過程は断熱過程に比べてより微細な寸法，かつ多様なパターンを加工することが可能である．この利点を利用し，上記で使われていたフォトマスク自身を作成することが試みられている[*10]．現に図 3.28(a), (b) はフォトレジストを Cr 基板表面に塗布して露光した後，Cr 表面を加工した結果を示すが，これはこの Cr のパターンをフォトマスクとして使うことを目的としたものである．

各種のデバイスの作製への応用として次の例がある．

① ナノフォトニクスによる NOT ゲートの 2 次元配列[4]：NOT ゲートを作成するために，図 3.29(a) に示すようにまず 2 種類の InAs の量子ドットを基板上の第 1 層，第 2 層に多数作っておく．各層内の量子ドットの寸法は同等であるが，2 つの層の量子ドットの寸法比は b 項で述べた条件を満たすものとする．これらは分子ビームエピタキシー法などの既存の結晶成長法により可能である．その後上記の 2 重露光法により 2 つの層を格子状に加工することにより，各格子の中には 2 つの層の量子ドットが 1 つずつ含まれるようになる．この 1 対の大小の量子ドットが NOT ゲートとして使える．図 3.29(b) は作製結果を示すが，NOT ゲートが 2 次元状に規則正しく配列していることがわかる．図 3.9 のデバイスはこのようにして作られたものに他ならない．

② X 線用の回折格子[20]：Si 基板上に塗布したフォトレジストを露光し，Si 基板上に 1 mm あたり 7600 本の線状パターンを作る．その後この上に Mo などの薄膜を塗布することにより波長 1 nm 程度の軟 X 線用の回折格子が作られ，市販の回折格子と同等以上の高い回折効率が得られている．

③ その他：櫛の目状の微細な電極 (図 3.30)，第 2 高調波発生用のデバイス[21]，可視光用の回折格子，可視光のフィルター用の金属薄膜の微細パターン[16] などが作られている．

[*10] 既存のリソグラフィ技術と同様，本書で扱うフォトマスクは電子ビーム描画技術を用いて作られていた．すなわち，ガラス基板の上のクロム薄膜に電子ビームを照射することにより削り，所望のパターンを得る．ただし，この方法は電子ビームを走査する，いわゆる「一筆書き」なので，フォトマスク全体にわたる削り出しの時間が非常に長い．また，電子ビーム描画装置は大型，高価格，大消費電力である．これらの問題を解決するために，上記のように近接場光によるリソグラフィにより，非断熱過程を利用してフォトマスクを作成することが試みられている．

3.2 加工への応用　　　75

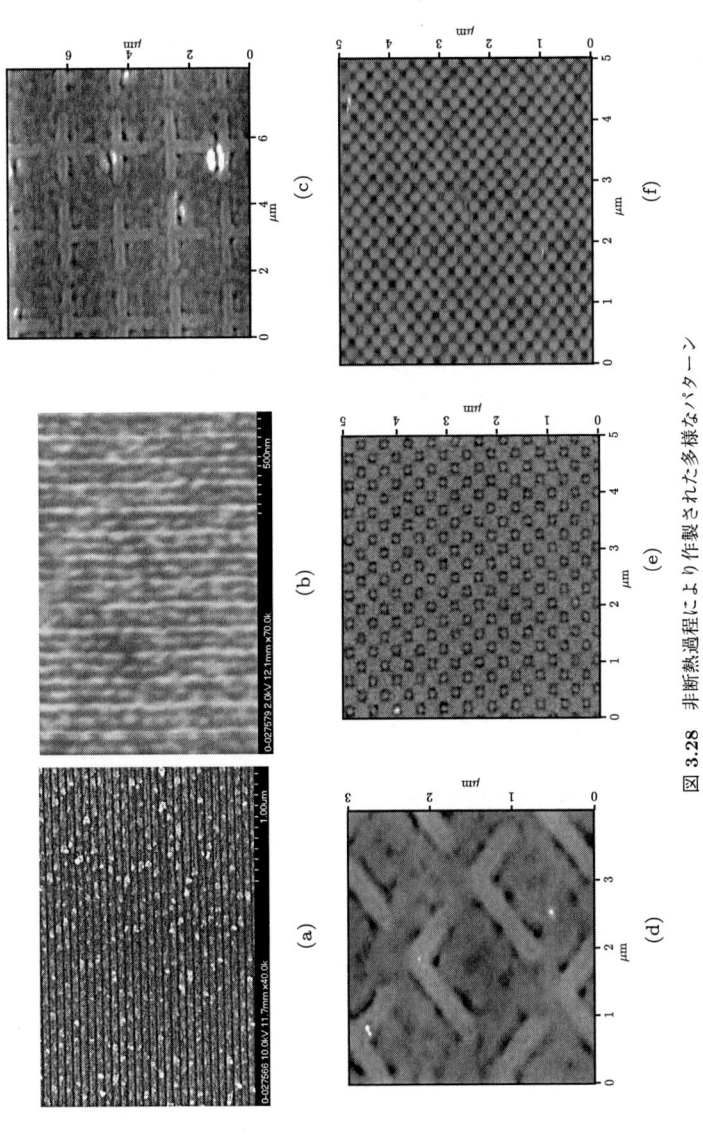

図 3.28 非断熱過程により作製された多様なパターン

(a)Cr 基板表面上の線幅 45 nm のパターン形状．(b)Cr 基板表面上の線幅 32 nm のパターン形状．(c) フォトレジスト上の T 型パターンの 2 次元配列．(d) フォトレジスト上の L 型パターンの 2 次元配列．(e) フォトレジスト上の直径 100 nm の輪の 2 次元配列．(f) フォトレジスト上のピッチ 125 nm の円盤の 2 次元配列．

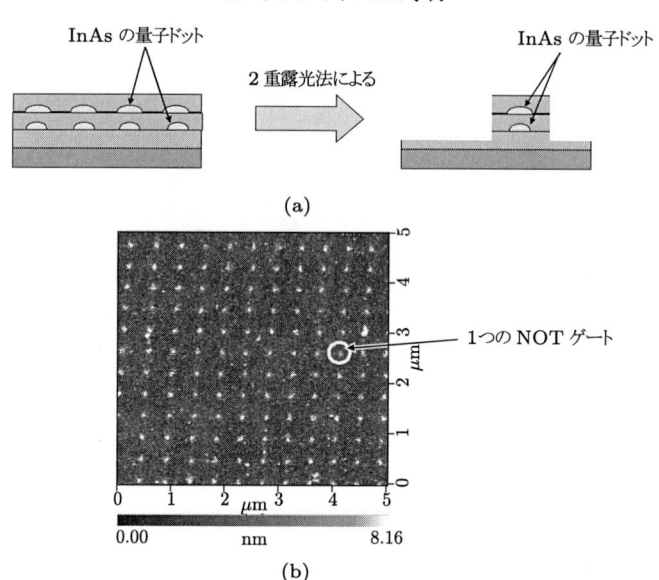

図 3.29 2重露光法による NOT ゲートの 2 次元配列の作製[4]
(a) 作製方法. (b) 作製結果.

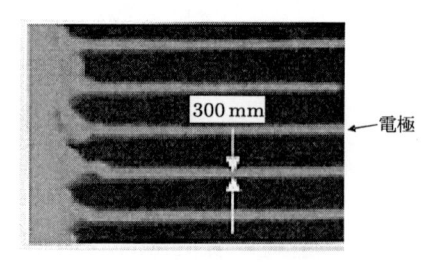

図 3.30 作製された櫛の眼状の微細な電極[21]

　以上のリソグラフィ装置は紫外光源などの光源が不要なので，装置全体が小型かつ低消費電力となっている．また，大型のクリーンルームなども不要である．もちろん非断熱過程を使うことにより，新規な加工が可能となる．これらの利点を使うと，従来は装置が大型，大消費電力，高価であったために作ることができなかった新しいデバイス (光デバイス，バイオチップ，微小化学チップなど) を多品種・少量生産することができ，21 世紀の社会のニーズの多様化に適合し，新応用，新市場を産み，省エネルギー化に貢献すると期待されている．

3.3 システムへの応用

　ナノフォトニクスは多様なシステムに応用可能であるが，ここではむしろ珍しい例として，1.3 節①で示したように磁気記録技術を用いた HDD の記録密度を $1\,\mathrm{Tb\,in^{-2}}$ まで向上させる技術開発の概略を紹介しよう[22, 23]．これは我が国の産学連携プロジェクトにより世界で初めて実現したシステムである．磁気記録の密度を向上するには電磁石を小さくする必要があるが，これを小さくしてもそこから発生する磁場の寸法を小さくするには限界がある．そこで，寸法が小さく，規則正しく並んだ多数の磁性微粒子により記録媒体を構成し，これに磁場を加える．すると磁場の寸法が少々大きくても，磁場はこの微粒子に集中するので，個々の微粒子が記録のピットとして働き，1 ビットずつ記録することができる．記録密度 $1\,\mathrm{Tb\,in^{-2}}$ に相当するピットの大きさは，それが円形の場合，直径 $25\,\mathrm{nm}$ である．ただしこのように微粒子が小さくなるとせっかく磁場を加えて磁区の方向を制御し記録しても，周囲の温度が変動すると磁区の方向が揺らいだり消滅するので，記録情報が保存されない．これは熱揺らぎ効果と呼ばれている．この効果が従来の HDD における記録密度の向上を制限しており，$300\,\mathrm{Gb\,in^{-2}}$ 以上の高密度化が困難といわれている．この限界を打破するために，まず微細加工の技術を駆使して寸法と位置の揃った磁性材料の微粒子を作成する．次に図 3.31 に示すように 1 つの微粒子に近接場光をあて，微粒子を加熱する．すると微粒子の保磁力[*11]が下がるので，その直後に磁場を加えると安定に記録することができる．ここでは近接場光は微粒子を加熱する熱源として使われているので，熱アシスト (assist) 磁気記録，あるいは近接場光アシスト磁気記録と呼ばれている．

　まず材料としては Co/Pd 系の磁性材料を用い，自己組織化[*12]と呼ばれる方

[*11] 保持力とは記録媒体を構成している磁性材料の微粒子中の磁化を反転させるのに必要な磁場の強さである．

[*12] 自己組織化 (self-organization) とは生物のように他からの制御なしに自分自身で組織や構造を作り出すことをいう．これはいろいろな分野で見られる現象であり，化学においても自己組織化は盛んに研究され応用されている．たとえば超分子，自己組織化単分子膜，ブロックコポリマーなどは比較的小さな分子が自然に集まって，より複雑な構造を構築した例である．これらの現象は集積回路の作製にも応用されている．

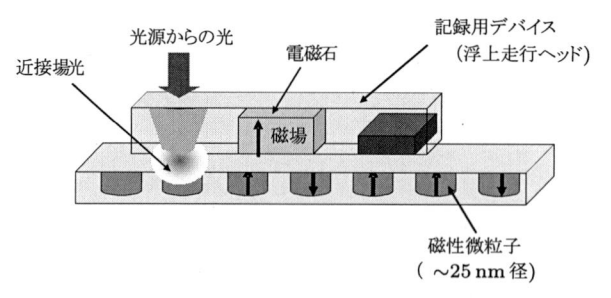

図 3.31 近接場光による光アシスト磁気記録の原理

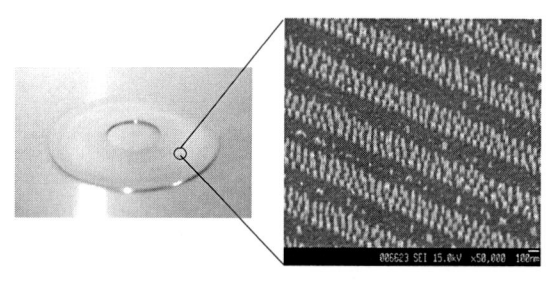

図 3.32 Co/Pd 系の直径 20 nm の微粒子を配列した円盤 (口絵 5 参照)[23]

法で直径 20 nm の微粒子を作成した.また,円盤面に同心円状の溝を多数掘り,その中にこの微粒子を規則正しく配列した (図 3.32).一方,加熱用の近接場光を発生するために図 3.33(a) に示すように微小な 3 角形状の金属パターンを作成してガラス基板に埋め込み,上から伝搬光を焦点距離の短い微小レンズを通して金属パターン面に集光し,その先端に直径 20 nm の近接場光を発生させた.なお,光照射時に金属内の電子の自由振動が励起されることを利用し,近接場光の発生効率 (近接場光のエネルギーと伝搬光のエネルギーの比) を向上させた.

これらを図 3.33(b) のようにスライダヘッドの先端に搭載し,速度 $7.6\,\mathrm{m\,s^{-1}}$ 相当の回転速度で回転している円盤表面上の上空 20 nm を安定に浮上走行させた[*13].図 3.33(c) はこのようにして記録したピットの形状であるが,直径

[*13] 試みに速度 $7.6\,\mathrm{m\,s^{-1}}$ を 45 倍してみよう.すると速度 $342\,\mathrm{m\,s^{-1}}$ となり,ほぼ空気中の音速となる.それと併せて浮上量 20 nm を 45 倍すると 900 nm となる.このことは,ほぼマッハ 1 のジェット機が地上すれすれ 900 nm を飛んでいることに相当する.このことからも流体力学的には極限的に安定な浮上走行になっていることがわかるであろう.

3.3 システムへの応用　　79

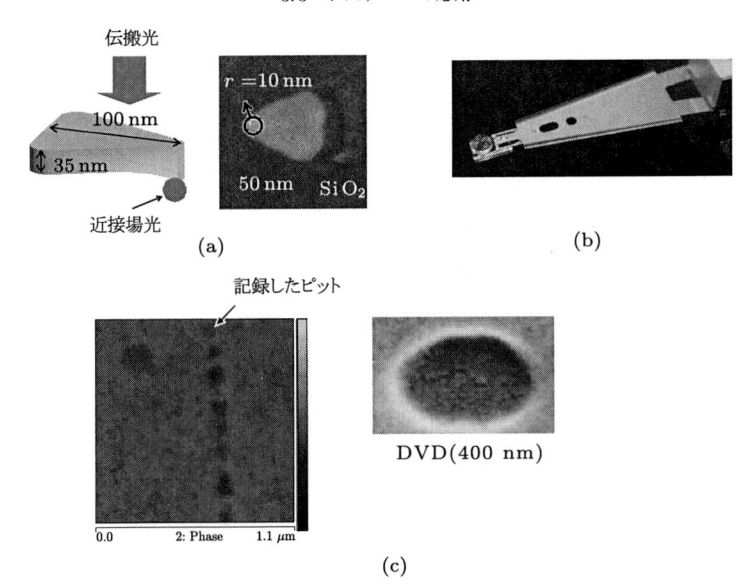

図 3.33　近接場光の発生デバイスと磁気記録結果 (口絵 6 参照)[23]
(a) 近接場光発生用の 3 角形状の金属パターン．(b) スライダヘッド．(c) 記録したピット．比較のために DVD のピットの大きさも示す．

20 nm のピットが形成されていることがわかる．同図には参考のために従来の光記録技術の代表例である DVD のピットの 1 つの大きさを示しているが，これと比較すると今回のピットの小ささが実感できるであろう．

　上記の溝付きの円盤を大量生産するために，原盤となる金型を微細加工により作製し，これをプラスチック基板に押し付けて成形する．この原盤を作るために高分解能の電子ビーム描画装置が開発された．これは高密度かつ小直径の電子ビームを発生させ，それを原盤表面にあてて溝を掘る装置である．これにより図 3.34 に示すように溝の幅が 30 nm の原盤を作ることができるようになった．

　このようにして熱揺らぎによる原理的限界を超えた磁気記録システムが世界で初めて我が国で誕生した．これは大津が開発責任者となり，我が国のトップランナー企業 8 社との大規模な産学連携プロジェクトにより実現したものである．記録密度 $1\,\mathrm{Tb\,in}^{-2}$ は 1TB 級の記録容量を可能とするが，これは図書館の本すべて，あるいは過去のハリウッド映画すべてを収録できる能力といわれている．このように大きな情報を記録することに利用できるのはいうまでもない

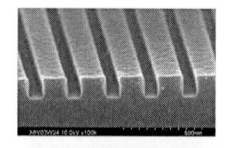

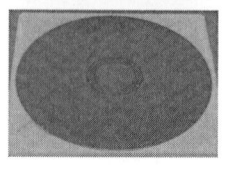

図 3.34 円盤の原盤とそれを作製するための高分解能の電子ビーム描画装置

が，今後は小型の円盤によるシステムを携帯電子機器に組み込み，個人使用する場合が増えてくると予測されている．その場合，従来の磁気記録システムの主要な市場であったデスクトップ型またはノート型のパーソナルコンピュータやサーバなどのシステム市場から，各種の情報家電への新市場が開けると予想されている．

さて，以上の技術開発は情報記録システムにおける「量的変革」の例である．将来はさらにこの量的変革を進め，西暦 2030 年には記録密度が $1\,\mathrm{Tb\,in^{-2}}$ の 1000 倍，すなわち $1\,\mathrm{Pb\,in^{-2}}$ を実現するための技術ロードマップも策定されている[24]．ただしこのように高密度化する場合，スライダヘッド，回転円盤のように可動部を含む装置は記録速度，機械的強度，装置寿命などの点で有利ではない．むしろ 3.1 節のナノフォトニックデバイスを組み合わせた固定型の情報記録システムが必要となるであろう．このシステムは光デバイスに関する「質的変革」を通じて可能となるものであり，ここにナノフォトニクスの優位性が生きてくると考えられる．記録密度が $1\,\mathrm{Pb\,in^{-2}}$ に達すると人間の脳と同等の記録容量を実現することが可能となる．したがって冗長性をもって何でも記憶しておき，必要に応じてその一部分のみを取り出して使うこともできる．これは人間の脳の機能に類似である．上記のナノフォトニックデバイスを集積したシステムも脳の機能に類似であることから，ナノフォトニクスは脳の機能を人工的に実現する光技術といえるかもしれない．

量的変革のために質的変革を利用する方向の他に，ナノフォトニクスの特徴を活かして新しい情報記録システムを開発することも試みられている．これは

磁気記録ではなく，DVDなどに代表される光記録システムに適用されている．それはむやみに記録密度を挙げるのではなく，情報セキュリティ機能のついたシステムである．これらの詳細は第5章で述べる．

コラム 6　近接場光を用いた磁気記録開発プロジェクトの顛末

〈忘れ得ぬ言葉〉

学を扱ってきた人々は，経験派の人か合理派の人かのいずれかであった．経験派は蟻の流儀でただ集めては使用する．合理派は蜘蛛のやり方で，自らのうちから出して網を作る．

F. ベーコン著，桂寿一訳『ノヴム・オルガヌム (新機関)』(岩波文庫)

● ● ●

近接場光による熱アシスト磁気記録システムは経済産業省，(独) 新エネルギー・産業技術総合開発機構による産学連携プロジェクトとして 2002 年度～2006 年度に実施された．以下ではそのプロジェクトの構想の時点からの顛末を，プロジェクトリーダーを務めた筆者の観点から略記する．

私が 1993 年にナノフォトニクスを提案した当時，日本の産業界で近接場光を理解し使おうという動きはなかった．しかし私は光技術の進展にとって本技術を啓蒙することは重要であろうと考え，1995 年度から (財) 光産業技術振興協会においてナノフォトニクス懇談会と称する産学連携の勉強会を発足させていただいた．これは 2003 年度までの長きにわたり活動したが，その過程で本プロジェクトの構想が生まれた．ただしその技術内容について関係省庁に説明してもずいぶん奇異に感じられたようだ．当時は HDD 技術を改良するだけで記録密度 $1\,\mathrm{Tb\,in}^{-2}$ を達成できると考えられていた．

本プロジェクトに先立ち，私は東京工業大学の藤平正道教授に提供いただいたフォトクロミック材料に近接場光を用いて情報を記録する実験を行っていた．これは近接場光による情報記録光のはしりであり，1992 年度の学生の研究テーマとして与え，その後国際会議で口頭発表したが[25, 26]，メモリの「システム」と呼べる代物ではなかったのでしばらく論文にはしなかった．しかしそうこうするうちに米国の AT&T ベル研究所から磁気光学材料を使った同様の実験の論文が発表された[27]．これもシステムと呼べる代物ではなかったが，これとの対抗上我々も上記の実験結果を論文にまとめ公表しておいた[28]．

ベル研究所は上記の論文 1 編を発表した後ただちにこの研究から撤退したが，

この論文を読み日本の産業界はにわかに近接場光技術に興味をもちはじめた（日本の研究より外国の研究をありがたがる傾向あり？　これも「習った学問」に走る傾向の例か？）．ただしシステムを構築するには近接場光発生用プローブの効率が低いので，以前より系統的に研究を進めていた私は高効率化を試み，効率を 1000 倍高めた[29]．また，スライダーを開発し，情報を高速に記録再生する実験も行った[30]．これらの実験結果は世界初であった．ところで外国ではしばしば「ファイバープローブの効率は低いので新しい技術が必要」という表現が使われるが，これは上記のような当時の近接場光の技術開発の経緯を理解しておらず不適切である．我が国では上記のように当時すでにプローブ効率は非常に高くなっていた．また「効率を高めるためにプラズモンを使う」という方針も適当ではない．プラズモン波動の回折限界が記録密度を制限するからである．新技術開発にはその基礎となる概念を正しく理解する必要がある．

　情報記録における記録ピットの微小化，高密度化といった「量的変革」は私にとって過去の研究テーマなので，技術ロードマップに沿って回折限界を超える本プロジェクトに対し，私は産業界への技術移転およびプロジェクトリーダーとして本プロジェクトを統括運営するサービスに徹した．知財などの面倒な問題もあるので，私は研究室メンバーに，プロジェクト実施中には情報記録に関する論文は一切発表しないように指示した．

　上記のサービスの一環として，関係省庁へのプロジェクト構想説明，参画企業の調整，「テラバイト級のメモリは不要」という意見の払拭，技術開発の困難さのみを指摘する後ろ向きの行動の排除，などに注力した．このような状況で関係省庁へ説明をするさなか，類似の技術開発である熱アシスト磁気記録のプロジェクト (HAMR プロジェクトと呼ばれている) が米国で発足した．またプラズモンを介した非線形現象を利用した 0.1 Tb in^{-2} 記録密度メモリ開発プロジェクトが台湾などでも始まった．これらに比べ基礎となる概念技術は先導しており，関係省庁への説明はずいぶん前から行っていたにもかかわらず当時の「2000 年問題」，省庁再編などのあおりもあり，本プロジェクトは結果的には HAMR プロジェクトより約半年遅れて認可され，2002 年度に発足した．

　ただしその後 HDD による高密度化にも熱揺らぎに起因する限界が顕在化し，また携帯型 HDD が流行しはじめたので情報記録に関する考え方もだいぶ変わってきた．このような社会的状況の変化により，本プロジェクトの意義がようやく認識されるようになった．もしこのプロジェクトが発足していなければ，今頃は技術の限界を眼のあたりにし対策の欠如を嘆いていたに違いない．なお，プロジェクトが発足し技術開発の方向が定まったので優秀な企業技術者

各位の努力により迅速に開発が進んだ．各企業は様々な事情をもっているが，事務局((財)光産業技術振興協会)がよくそれを調整してくださった．また，すぐれた成果が次々と得られたので，追加予算も得られ，発足当時に比べ事情が好転した．以上の経緯により世界初の 1 Tb in^{-2} 記録密度が実現した．この成果は HAMR プロジェクト先んじており，「作った学問」による革新技術の成功例といえよう．

コラム 7　挑戦は続く

〈忘れ得ぬ言葉〉
我々は見慣れていることだが，人間というものは，自分にわからないことはこれを軽蔑し，また自分にとって煩わしいとなると，善や美に対してもぶつぶつ不平をいうものだ．
　　　　J.W. ゲーテ著，相楽守峯訳『ファウスト(第一部)』(岩波文庫)

● ● ●

従来の光科学技術は回折限界との戦いであった．たとえば光メモリの高密度化のために紫外線半導体レーザーなどの短波長光源の開発が進んだ．しかし光源の短波長化，すなわち回折限界の枠組みの中での開発は終末に近づいている．21 世紀の社会は波長より小さな寸法の光科学技術としてのブレークスルーを必要としており，それにはナノフォトニクスが唯一の解を与える．ただしこの技術は過去の光科学技術の延長上にはない近接場光という概念に基づいている．

ファイバー先鋭化法の発明がきっかけとなり，当初予期せぬ早さでナノフォトニクスが発展している．これは先人の書いた教科書，文献を読んだだけではわからない．これらには説明できることしか書いていないからである．かつて「何と馬鹿なことをやっているんだ」といっていた人も最近では「実は私も昔近接場光について考えたことがあってね」といってくれるようになった．このようにいう人が世界で 5 人以上現れると，その研究は確立したといわれている．最近ではナノフォトニクスの研究もいよいよ本物になってきたようだ．つくづく研究を中断しなくてよかったと思う．中断しない限りどんな研究も成功するのである．研究はおもしろい．欧米の研究者も研究の初期段階では結構奇抜なことを考えている．研究は欧州の封建時代の貴族の趣味から発している．趣味は一人一人異なるものである．したがって他人の(特に欧米の)研究の後追いは研究ではない．人まねをせず自分の頭で考えよう．

本章では近接場光を発生させ使うという新しい(したがってクレージーな)方法により光技術のハードウェアに関するパラダイムシフトを実現させる例を述べた.しかしこれを使うためのソフトウェアに関するパラダイムシフトは未発達といえる.情報記録を例にとるとどのようなアプリケーションソフトウェアをユーザーに供給するかという議論は従来技術の延長上で連続的,帰納的になされているのみである.むしろ芸術家,ゲームソフト設計者などの不連続な発想(これは技術者から見てクレージーな発想といえるかもしれない)が必要である.また,光メモリを開発する場合,それは脱着可能型光メモリなので,その規格の国際標準化も重要であり,これに関して我が国が主導権を握ることが光メモリの国内産業を進展させるのに必須である.しかしそのためには国際的な調整作業(ネゴシエーション)が必要となる.ただし誠実と奥ゆかしさとを美徳とする国民である日本人にとってクレージーな発想は国内での(むしろ本人の直近の周辺から)道徳的な批判を受ける可能性があるし,国際的なネゴシエーション(もちろん英語で)も得意とはいえない.このことは国民性のパラダイムシフトを実現し,正当な主張をスマートに行うことこそが今後のナノフォトニクスの発展のために重要であることを意味している.

　少なくとも原理的には従来の光技術のほとんどすべての分野をナノフォトニクス技術により置き換えることができるといわれている.この置き換えの決定的な効果は回折限界をはるかに超えた微小化という革命的進展をもたらすことであり,これは従来の光技術では全く不可能であった.このように考えると,従来の光技術から近接場光を用いたナノフォトニクス技術への移行は,図6.1に示すようにあたかも船から飛行機への技術移行,真空管からトランジスタへの技術移行などと類似した点を多く有する.すなわち飛行機は船に比べ,トランジスタは真空管にくらべ各々大きなエネルギーを取り扱うことが必ずしも得意ではないが,高速性などをはじめとする多くの革命的効果をもたらし,人類の生活様式を根本的に変革した.飛行機もトランジスタも発明当初はその意義,重要性,応用への展開可能性について疑問視する意見が大半を占めたといわれている.ナノフォトニクス技術もこれらと同様,1980年代にはあまり前向きの批評を得なかったが,最近では企業も含め,多くの方が興味を抱いてくださるようになった.今後一層の新しい挑戦を続けたいものだ.

文　　献

1) T. Kawazoe, K. Kobayashi, S. Sangu and M. Ohtsu: *Appl. Phys. Lett.*, vol.82,

p.2957 (2003).
2) 山本　巧・川添　忠・大津元一: 第 68 回応用物理学会学術講演会, 7p–Q–6 (2007).
3) 田中俊輔・川添　忠・大津元一: 第 54 回応用物理学関係連合講演会, 29a–ZX–7 (2007).
4) T. Kawazoe, K. Kobayashi, K. Akahane, M. Naruse, N. Yamamoto and M. Ohtsu: *Appl. Phys. B: Lasers and Optics*, vol.84, p.243 (2006).
5) T. Kawazoe, M. Naruse and M. Ohtsu: Conference on Lasers and Electro-Optics, Optical Society of America, paper CFE3 (2006).
6) 大津元一・小林　潔: ナノフォトニクスの基礎, オーム社, p.77 (2006).
7) 川添　忠・成瀬　誠・大津元一: 第 51 回応用物理学関係連合講演会, 30p–ZV–11 (2004).
8) T. Kawazoe, K. Kobayashi and M. Ohtsu: *Appl. Phys. Lett.*, vol.86, 103102 (2005).
9) V.V. Polonski, Y. Yamamoto, M. Kourogi, H. Fukuda and M. Ohtsu: *J. Microsc.*, vol.194, p.545 (1999).
10) Y. Yamamoto, M. Kourogi, M. Ohtsu, G.H. Lee and T. Kawazoe: *IEICE Trans. Electron.*, vol. E85–C, p.2081 (2002).
11) T. Yatsui, T. Kawazoe, M. Ueda, Y. Yamamoto, M. Kourogi and M. Ohtsu: *Appl. Phys. Lett.*, vol.81, p.3651 (2002).
12) S. Yamazaki, T. Yatsui, M. Ohtsu, T.W. Kim and H. Fujioka: *Appl. Phys. Lett.*, vol.85, p.3059 (2004).
13) T. Kawazoe, Y. Yamamoto and M. Ohtsu: *Appl. Phys. Lett.*, vol.79, p.1184 (2001).
14) T. Kawazoe, K. Kobayashi, S. Takubo and M. Ohtsu: *J. Chem. Phys.*, vol.122, 024715 (2005).
15) T. Kawazoe, K. Kobayashi and M. Ohtsu: *Appl. Phys. B: Lasers and Optics*, vol.84, p.247 (2006).
16) Y. Inao, S. Nakasato, R. Kuroda and M. Ohtsu: *Microelectronic Eng.*, vol.84, p.705 (2007).
17) T. Ito, A. Terao, Y. Inao, T. Yamaguchi and N. Mizutani: *Proceedings of SPIE*, San Jose, Ca, USA, vol. 6519, p.0J1 (2007).
18) H. Yonemitsu, T. Kawazoe, K. Kobayashi and M. Ohtsu: *J. Photoluminescence*, vol.122–123, p.230 (2007).
19) T. Kawazoe, H. Yonemitsu and M. Ohtsu: The 5th Asia-Pacific Conference on Near-Field Optics, Niigata, paper number P–72 (2005).
20) 小池雅人・川添　忠・今園孝志・宮内真二・佐野一雄・大津元一: 第 55 回応用物理学関係連合講演会講演予稿集, 28a–ZM–6 (2008).
21) 納谷昌之: 第 50 回応用物理学関係連合講演会講演予稿集, 27p–YB–7 (2003).
22) T. Nishida, T. Matsumoto, F. Akagi, H. Hieda, A. Kikitsu, K. Naito, T. Koda, N. Nishida, H. Hatano and M. Hirata: *J. Nanophotonics*, vol.1, 011597 (2007).
23) 大津元一 (編): 大容量光ストレージ, オーム社 (2008).
24) (財) 光産業技術振興協会 (編): 情報記録テクノロジーロードマップ報告書, (財) 光産業技術振興協会 (2006).
25) 市橋純一: 東京工業大学理学部応用物理学科卒業論文, 1993 年 2 月.
26) S. Jiang, J. Ichihashi, H. Mononobe, M. Fujihira and M. Ohtsu: The second international conference on near field optics, Raleigh, NC, USA, paper number WP5–2

(1993).

27) E. Betzig, J.K. Trautman, R. Wolfe, E.M. Gyorgy and P.L. Finn: *Appl. Phys. Lett.*, vol.61, p.142 (1992).
28) S. Jiang, J. Ichihashi, H. Monobe, M. Fujihira and M. Ohtsu: *Opt. Commun.*, vol.106, p.173 (1994).
29) T. Yatsui, M. Kourogi and M. Ohtsu: *Appl. Phys. Lett.*, vol.73, p.2090 (1998).
30) T. Yatsui, M. Kourogi, K. Tsutsui, J. Takahashi and M. Ohtsu: *Opt. Lett.*, vol.25, p.1279 (2000).

Chapter 4

ナノフォトニクスのための材料と加工

　昨今「ナノテクノロジー」という言葉が氾濫している．これは，膨大な情報を蓄積しようとする結果，その情報を記録するのに必要な面積がナノメートル寸法（10^{-9} m）になるためである．一方，ナノテクノロジーの進展を支えているのは，金属あるいは半導体などのナノ微粒子材料である．これらはどんなに良質な材料でも，ナノ領域で観察してみると，ナノメートルオーダーの粒塊によって構成されており，完全な結晶構造となっていないことがわかる．この粒塊の寸法とさらには媒質の結晶性を制御することが，ナノフォトニクスにとって非常に重要なことになる．また，ステンドグラス中の金属微粒子に代表されるように，均一な粒径をもつナノ微粒子を作製することは簡便であり，その粒径の揃ったナノ微粒子を乱雑に分散させた場合でも，特有の機能を示す．このような材料を用いて，さらに高度な機能を発現させるには，より高い精度での寸法および間隔の制御や，堆積に用いる基板表面構造のナノ寸法での加工精度が必要不可欠となる．

　本章では，光化学気相堆積法を通して，ナノ微粒子の堆積法について解説する．さらに，堆積技術を実用化に結びつけるための方策として，材料と近接場光との相互作用を活かした大面積一括加工技術についても解説する．

4.1　光で可能となる低温結晶成長

　近接場光によって動作するナノフォトニックデバイスを動作させるためには，室温で強く発光する材料を利用することが必要不可欠である．室温で強く発光することの指標として，励起子結合エネルギーが用いられ，ナノフォトニック

デバイスのキャリアとなる励起子が,室温の熱エネルギー(約 26 meV)より強いエネルギーで結合していることが目安となる.この励起子結合エネルギーの大きい材料として,窒化ガリウム (GaN.量子構造における励起子の結合エネルギー 70 meV[1]) および酸化亜鉛 (ZnO.量子構造における励起子の結合エネルギー 110 meV[2]) があり,以下この2つの材料について光による特徴的な作製法について説明する.

4.1.1 窒化ガリウム (GaN) の室温成長

GaN を用いたナノフォトニックデバイスを実現させるためには,低温で良質な結晶を作製することが求められている.従来産業的に利用されている GaN の成長には分子ビームエピタキシー法 (MBE: molecular beam epitaxy)[3,4] や有機金属化学気相堆積法 (MOCVD: metal-organic chemical vapor deposition)[5,6] などが用いられているが,これらの堆積手法では 1000°C 以上の高温で成長せざるをえない.堆積に高温が必要な理由は,窒素源に用いられるアンモニアの熱分解に高いエネルギーが必要だからである.しかし,高温において良質な結晶が形成されても,成長後基板を室温に戻す際,基板と成長した GaN との熱膨張係数差によって,GaN 内部に欠陥が発生してしまうため,良質な結晶を作製するのは困難である.この高いエネルギーを熱以外で補う方法として光を用いた光化学気相堆積法 (光 CVD: photo-chemical vapor deposition) が有用である[7,8].

GaN の成長にはガリウム源としてトリメチルガリウム (TMG),窒素源としてアンモニア (NH$_3$) が用いられる.これらは MOCVD で一般的に用いられている原料物質である.TMG の光吸収端エネルギーは 4.77 eV(波長 260 nm) 付近であること,また NH$_3$ の光吸収端エネルギーは 5.63 eV(波長 220 nm) 付近であることから[9],原料ガスを分解するための光源としては波長 220 nm 以下が求められる.この光源に対する要求を満たすものとして,Nd:YAG レーザーの5次高調波 (波長:213 nm(5.82 eV),パルス幅:3 ns,繰り返し周波数:20 Hz,パワー:10 mJ) が用いられている.

まず,原料ガスを反応炉に溜めた状態で堆積した結果についてみてみよう (図 4.1).照射する光に対する分解効率が TMG と NH$_3$ では異なるため,堆積では

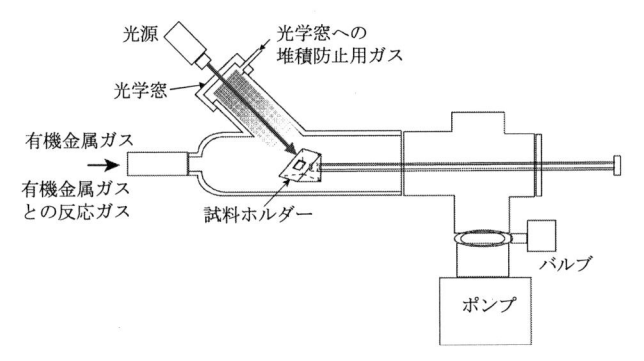

4.1 光で可能となる低温結晶成長

図 4.1 光化学気相堆積装置の概観図

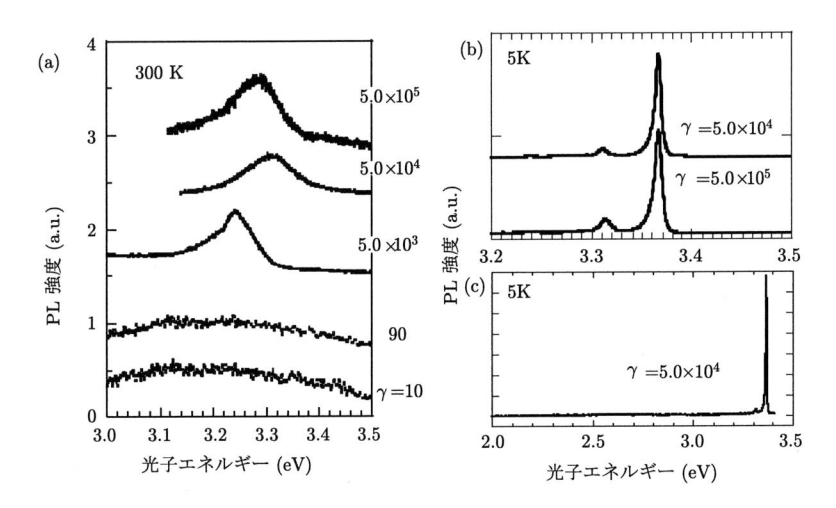

図 4.2 (a) 室温における PL スペクトルの γ 依存性，(b) 5 K における PL スペクトル，(c) $\gamma = 5.0 \times 10^4$ における PL スペクトル (5.0 K)

TMG の分圧を固定し，NH_3 分圧を変化させた結果について解説する．作製した GaN サンプルの光学特性を PL スペクトル測定によって評価した結果が図 4.2 に示されている．この結果から，V/III 族原料ガス比 ($\gamma = (NH_3$ 分圧$)/(TMG$ 分圧$)$) を 1000 以上にすることで，室温における GaN 試料からの紫外光の発光強度は急激に向上することがわかる (図 4.2(a))．なお，光 CVD 法による GaN の低温成長はこれまでにも多くのグループにより試されているが，いずれも室温で発光するに至っていなかった．この原因は，すべて $\gamma < 500$ の条件で行われて

図 4.3　Zb–/Wz–GaN の混晶構造

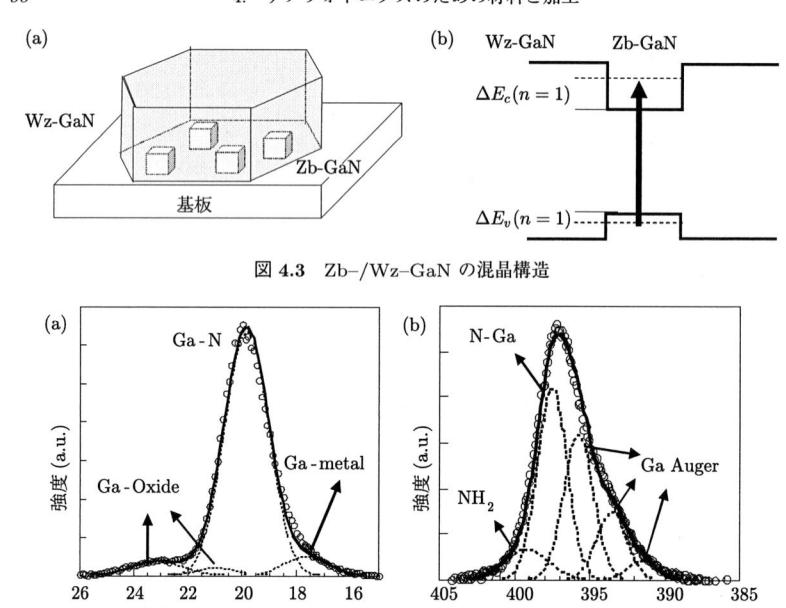

図 4.4　XPS による組成分析 (V/III 族原料比 500000)
(a) Ga 3d スペクトル，(b) N 1s スペクトル．

いたためであった[10,11]．しかし $\gamma = 50000$ の条件で作製した試料の低温 (5 K) における発光スペクトルは 3.37 eV にピークエネルギー (半値全幅 7.02 meV) を有する (図 4.2(b))．3.37 eV における発光はウルツ鉱 GaN(Wz–GaN) 中のジンクブレンド GaN(Zb–GaN) が量子ドットのような振る舞いをしたからである (図 4.3)．

さらに，図 4.2(c) に示されるように，酸素欠陥に起因する可視域での発光は観測されていない． $\gamma = 50000$ で成長した GaN 試料について X 線光電子分光法 (XPS: X-ray photoelectron spectroscopy) によって組成分析したところ (図 4.4)，Ga と N の含有比はおよそ 54.5:45.5 であり，これは光 CVD 法による室温成長においても十分に窒化された GaN が成長可能であることを裏づけている．また，サンプルには酸素や炭素が不純物として含有されておらず，光による堆積法の優位性を示している．

次に，堆積中の TMG および NH_3 のガス圧力を一定として堆積を行った結果についてみてみよう． $\gamma = 8000$ として堆積を行った試料の走査型電子顕微

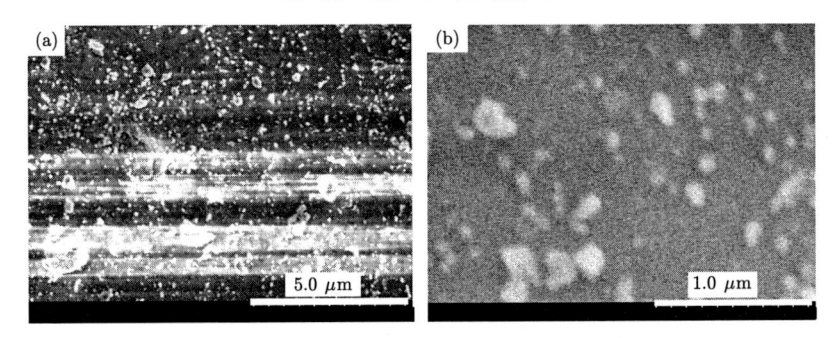

4.1 光で可能となる低温結晶成長　　91

図 4.5 (a) 光 CVD により室温成長した GaN の SEM 観察像 ($\gamma = 8000$), (b) (a) の拡大図

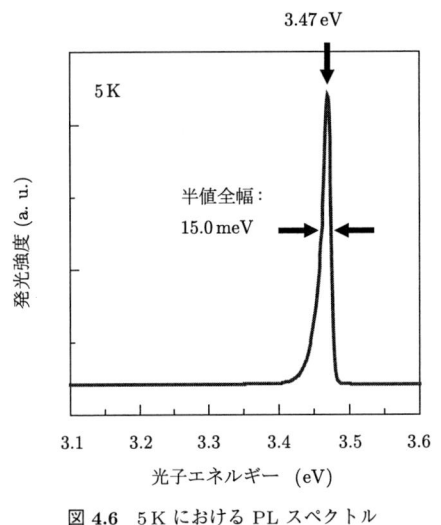

図 4.6 5 K における PL スペクトル

鏡 (SEM: scanning electron microscope) 像により粒子状の堆積物が観察される (図 4.5). 続いてこの試料の PL スペクトルを評価すると (測定温度 5 K), 3.47 eV にピーク (半値全幅は 15 meV) を有する発光が現れた (図 4.6). これは中性ドナーに束縛された励起子の再結合に起因する. また PL スペクトルの温度依存性について評価すると, 100 K 以下では束縛励起子からの発光が支配的であり, 100 K 以上では自由励起子からの発光が支配的である (図 4.7(a)). また, 束縛励起子 (I_2), 自由励起子 (I_{FX}) からの発光 PL ピークエネルギー温度依存性は Varshni の式[12] に一致しており, 得られた発光が GaN のバンドギャッ

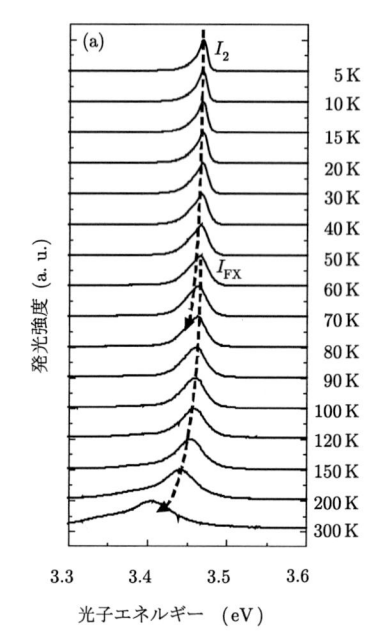

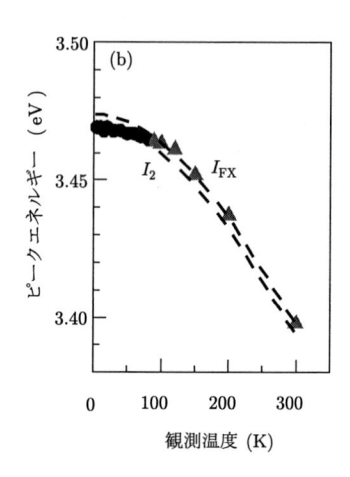

図 4.7 (a) PL スペクトル温度依存性, (b) ピークエネルギー温度依存性

プ温度依存性に従っていることがわかる (図 4.7(b)).

作製された試料について,室温における PL ピークエネルギーから GaN 中の残留応力について導出してみよう.Zhao らによると GaN の室温におけるバンドギャップは残留応力の関数として次式で表される.

$$E_g = 3.4282 + 0.0211\sigma(\text{eV}) \tag{4.1}$$

ここで,E_g は室温における自由励起子の発光 PL ピークエネルギー (eV),σ は GaN 薄膜中の a 軸方向における残留応力 (GPa) である[13]. 図 4.8 に 300 K における PL スペクトルを示す.これによると E_g は 3.40 eV となる.この値から GaN サンプルにおける a 軸方向の残留応力は 1.19 GPa の引っ張り応力である.これまでに報告されている各種緩衝層を用いた GaN 薄膜中の残留応力を表 4.1 に示す[13~18].

文献によると緩衝層を用いない場合,GaN とサファイア基板の熱膨張係数差と格子ミスマッチに起因する残留応力は 3.15 GPa である.本項で説明したサファイア基板上に直接成長した GaN サンプル中の残留応力 (1.19 GPa) は

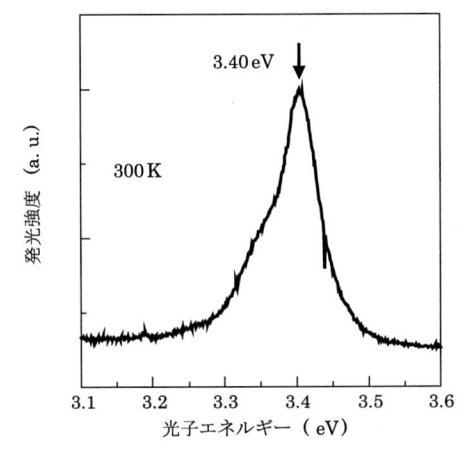

図 4.8 室温における PL スペクトル

表 4.1 GaN 薄膜中の残留応力

緩衝層	基板	残留応力 [GPa]
なし	サファイア	3.15
GaN	サファイア	1.16
AlN	シリコン	1.1
ポーラス GaN	GaAs/Si	1.4
なし (本研究)	サファイア	1.19

MOCVD 法で成長した GaN 緩衝層を用いた GaN 薄膜 (1.16 GPa) と同程度である．この結果は光 CVD 法による GaN 室温成長では，成長温度が室温であるために GaN/サファイア界面における熱応力の影響を効果的に低減できることを意味している．

以上の結果は，MOCVD 法や MBE 法で成長した高品質 GaN と同等の発光特性を備えた Wz–GaN を光 CVD 法により室温で成長可能であることを示している．本手法は，4.2 節以降で説明する近接場光 CVD 法に応用可能であり，ナノ寸法での位置制御が求められるナノフォトニックデバイス作製に向けて有力な手法である．

4.1.2 酸化亜鉛 (ZnO) ナノロッドの低温成長

ZnO 結晶を光 CVD 法によって成長する場合においても GaN 同様，熱による堆積手法と比較して堆積温度を大幅に低減させることが可能になる．一例と

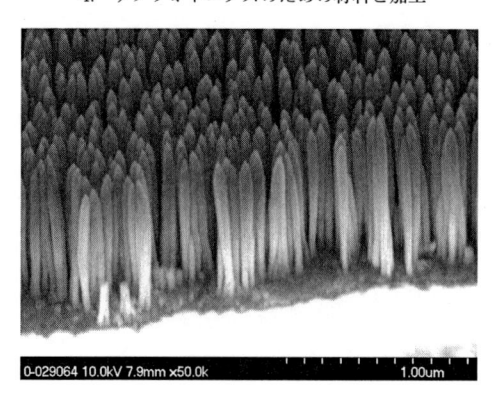

図 4.9 金属触媒を用いない MOVPE 法によって堆積された ZnO ナノロッド
堆積時の基板温度 450°C.

して，ナノフォトニックデバイスにも用いられる ZnO ナノロッド構造の低温成長について紹介しよう[25]．

ZnO に限らず様々なナノロッドの作製は金属触媒を核として vapor–liquid–solid(VLS) 法による metal-organic chemical vapor deposition 法 (MOVPE 法．MOCVD 法のなかで基板との結晶性が保たれている成長法) により行われているが[26]，ZnO については金属触媒を用いない手法が開発され，ナノロッド先端における金属不純物の混入の心配がなく良質な発光特性が得られている (図 4.9)[27]．さらには，量子構造を作製するための障壁層の作製にも適しており，ナノロッドの同径方向にも欠陥が全く見られない良質な量子井戸構造の作製が可能となっている[28]．しかし，ZnO の場合においても成長温度は約 500°C に達するため，利用可能な基板が限られ，その結果応用範囲も制限されてしまう．

ZnO の MOCVD 法では，Zn 源にジエチル亜鉛 (DEZn) が，O 源に O_2 が用いられる．光によって DEZn を Zn に分解する反応は可能であるが，この解離した Zn と酸素を結合させ良質な ZnO を作製するには高い熱エネルギーが必要であり，その温度として 500°C 程度までの昇温が必要である[29]．本項では ZnO ナノロッドの成長を例にとり，熱の代替として光を用いることで低温において良質な結晶成長が可能であることを紹介する．

ZnO ナノロッドの成長に用いた条件は表 4.2 に示すとおりであり，光源とし

表 4.2 レーザー光アシスト MOVPE 法によるZnO ナノロッドの堆積条件

基板温度 (°C)	25・150・270
チャンバー内圧 (Torr)	5
使用基板	シリコン (100)
O_2(sccm)	20
Ar(sccm)	60
O_2–DEZn 比	200:1

て波長 325 nm, 出力 300 μW の He–Cd レーザーを使用する. 光による堆積の有用性を理解するために

① 光のみの分解反応を確認するために常温である 25°C
② 酸素との結合温度以下である 150°C
③ 酸素と十分結合しかつ熱単独でナノロッドを生成できない温度である 270°C

の 3 パターンの基板温度で堆積を行った結果についてみてみよう.

まず,基板温度 25°C で行ったレーザー光アシスト MOVPE 法の実験結果について説明する. 始めにレーザーの有無による堆積の変化を確認するために, レーザー光照部の SEM 像を図 4.10(a) に示す. 同心円状に波紋の広がった島状の白色体が確認できるが, この場所がレーザーの照射された場所である. このように熱を外部から加えない光 CVD での堆積で, レーザースポット部とその他部分での大きな差異が明確に確認される.

レーザー光による反応の変化をより深く調べるために, 図 4.10(a) のレーザー照射部と非照射部を拡大した SEM 像を図 4.10(b)(レーザー非照射部) および図 4.10(c)(レーザー照射部) に示す. 図 4.10(b) では平坦な基板上にわずかに直径 50 nm 程度の粒子が見られるが, 光 CVD による直接的な Zn ないしは ZnO の堆積はないことがわかる. 表面に付着した粒子は, ガラスチャンバー内面に付着している ZnO が雰囲気中に飛び出し基板表面に吸着したものであると考えられる. このような微粒子はレーザー非照射部ではおよそ 1 μm 四方内に 3,4 粒の割合で分散している.

図 4.10(c) では図 4.10(b) とは対照的に鱗状の堆積物が生成されていることが確認される. 堆積物からの発光を確認するために He–Cd レーザー (波長 325 nm)

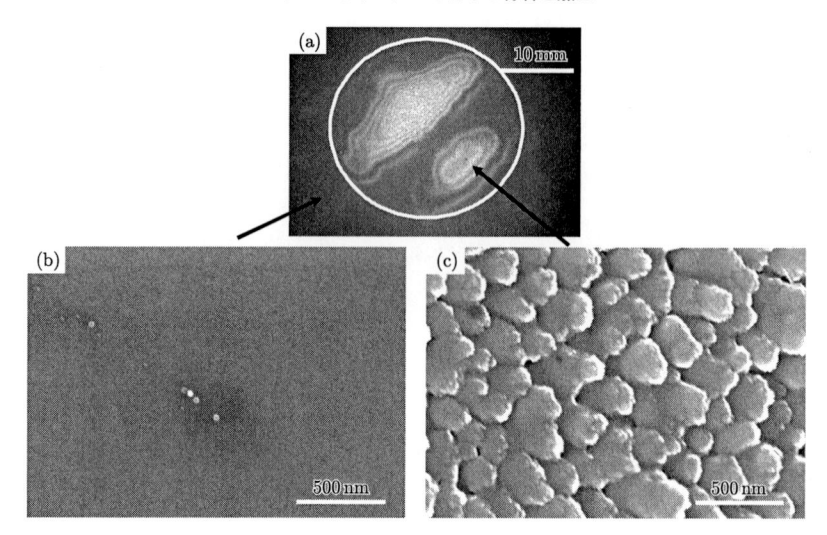

図 4.10 基板温度 25°C でのレーザー光アシスト MOVPE 法による結果
(a) レーザー照射部の SEM 像．レーザー (b) 非照射部，および (c) 照射部の拡大 SEM 像．

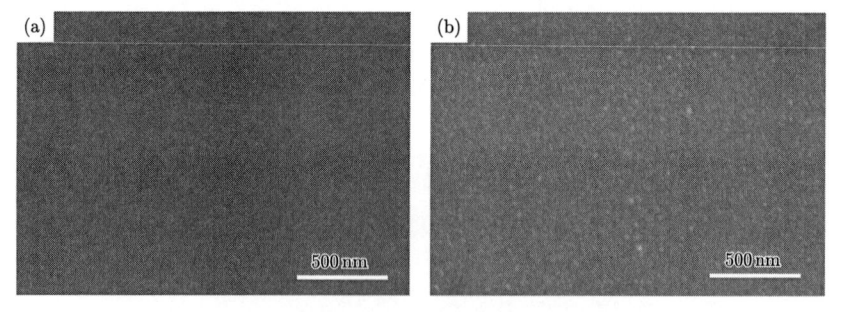

図 4.11 基板温度 150°C でのレーザー光アシスト MOVPE 法による結果
レーザー (a) 非照射部，および (b) 照射部の SEM 像．

の光を照射した場合には，全く発光は観測されず，また SEM による観察においても，ZnO 特有の六方晶の結晶性は現れない．以上の結果より，常温堆積による He–Cd レーザー光源 (波長 325 nm) を用いた光 CVD では，レーザー非照射部には堆積物が得られず，レーザー照射部には Zn が堆積されていたことがわかる．

続いて，堆積温度 150°C における堆積結果を図 4.11(a)(レーザー非照射部) および図 4.11(b)(レーザー照射部) に示す．レーザー非照射部においては DEZn

4.1 光で可能となる低温結晶成長　　97

図 4.12　基板温度 270°C でのレーザー光アシスト MOVPE 法による結果
レーザー (a) 非照射部，および (b) 照射部の SEM 像．(c) (b) の拡大図．

の解離による堆積物は確認されない．これは基板温度が DEZn の解離に必要とされる熱エネルギーに到達していないため，ZnO の堆積が行われなかったからである．また He–Cd レーザーでは気層雰囲気中の DEZn は解離されないことも確認された．図 4.11(b) のレーザー照射部の SEM 像より，25°C での実験においては，堆積物の形は丸みを帯びているが，150°C においては表面形状全く異なり，大きさ 50 nm 程度の非常に細かいエッジ状の堆積があることが確認される．この条件で得られた試料に対しても発光は観測されないことから，ZnO としての結晶となっていないことがわかる．また，25°C での堆積結果として，堆積量が減少したのは，基板表面での原料ガスの吸着量が減少したためである[30]．

最後に基板温度 270°C として堆積した試料の SEM 像を図 4.12 に示す．図 4.12(a) がレーザー非照射部，図 4.12(b) およびその拡大図である図 4.12(c) がレーザー照射部である．まずレーザー非照射部であるが，これまでの実験とは異なり堆積物が確認できる．これは 270°C という基板温度が DEZn の熱解離に必要な温度を上回ったため，微量ながらレーザー非照射部で生成反応が進み，ZnO が堆積したためである．一方で，レーザー照射部は，図 4.12(c) の

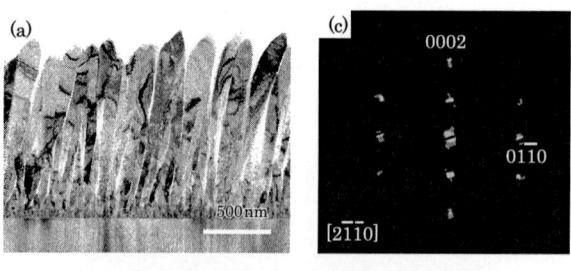

図 4.13 レーザー光アシスト MOVPE 法によって作製されたナノロッドの TEM 像 (a) 断面図. (b) 先端の拡大図. (c) 先端近傍での SAD パターン.

SEM 像に示すとおり,六方晶構造をもつナノロッドが生成できたことが確認できる.作製された試料を,透過型電子顕微鏡 (TEM) によって観察した結果を図 4.13 に示す.図 4.13(a) がナノロッドの断面図,図 4.13(b) がその拡大図である.図 4.13(a) の断面図より,ナノロッドが成長していることがわかる.また図 4.13(b) より,ナノロッド内部には歪みや転位がなく c 軸方向に,単結晶成長していることが確認される.さらにナノロッド先端での SAD(selection area diffraction) パターン (図 4.13(c)) から求められる格子間隔は (0002), (01$\bar{1}$0) 方向それぞれに対して,0.26 nm と 0.28 nm であり,Wz–ZnO の値とよい一致をしている.

発光特性を調べるために,基板温度 270°C において MOVPE 法により堆積した試料の PL 測定を行った結果を図 4.14 に示す.この結果から室温である 300 K においても,スペクトルの半値全幅が 150 meV と非常に狭く強い発光強度が得られることから,ナノロッドのもつ高い結晶性が確認された.

本節で述べた手法により 300°C 以下という非常に低い基板温度においても良質な単結晶が得られた.これは,プラスチックなど融点の低い基板に対しても

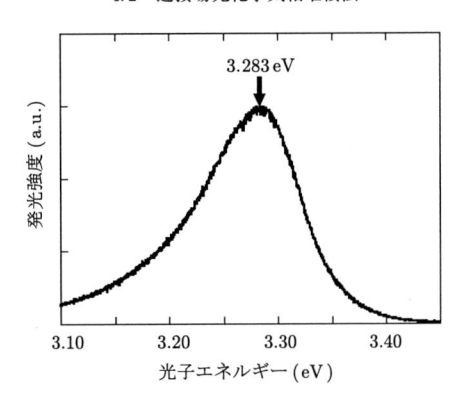

図 4.14 レーザー光アシスト MOVPE 法によって作製されたナノロッドの PL スペクトル

利用が可能であるため[31]，柔軟，透明といった今までにない特徴をもつエレクトロニクス素子を安価に大面積で生産可能という，新規の応用分野の発展が期待される．

4.2 近接場光化学気相堆積法

4.2.1 近接場光化学気相堆積装置

ナノフォトニックデバイスを構成する素子は，ナノ寸法で構成され，各素子の位置もナノ寸法で制御して堆積する必要がある．この要件を満たす手法の1つである近接場光化学気相堆積法 (近接場光 CVD: near field optical-chemical vapor deposition) について解説する．図 4.15 に近接場光 CVD 法[19, 32~34] の概念図を示す．この手法では，先鋭化されたファイバー先端に発生する近接場光を用いて有機金属などの原料ガスを解離し，原料を基板に堆積する方法である．原料ガスの分解時に，近接場光が発生するファイバーを走査することで任意のパターンを作製することが可能となる．この高い位置制御性を実現するためには，化学気相反応を行う真空チャンバー中において高精度なプローブ走査系を構築する必要がある．この要求を満たすために，筆者らが開発した近接場光 CVD 装置の概観図を図 4.16 に示す．本装置内ではガスの導入時，反応中のガス圧の変化などにより，プローブと試料との距離が変化しないように，プ

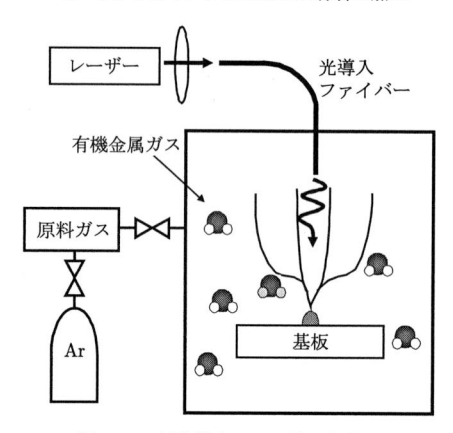

図 4.15 近接場光 CVD 法の概念図

図 4.16 近接場光 CVD 装置の概観図

ローブと基板が一体型となっている (図 4.17).

　プローブと基板間の距離制御は，ファイバープローブ先端と基板に働く原子間力を検知することによって行われる[20, 21]．この原子間力を検知するために，まずプローブをチューニングフォークに固定し，チューニングフォークを共振周波数で振動させる．この状態で，ファイバープローブ先端が基板に接近すると，プローブ先端と基板との原子間力によって，ファイバーの振動振幅が減少する．この減少量を検出することによって距離制御が可能となる[22]．

　ファイバープローブは先端曲率半径をより小さくすることで横方向分解能も

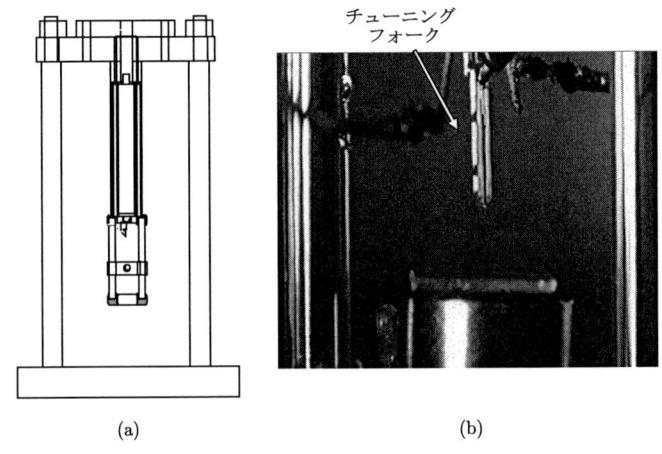

図 4.17　試料ステージおよびプローブ走査系の (a) 概念図と (b) 概観図

向上するために，プローブ先端の先鋭化が重要である．また，堆積に使用する光源は紫外域で主に用いるために，紫外線域に吸収をもたないファイバーを利用する必要がある．そこで，コアに不純物を含まない，純粋石英コアファイバーによる先鋭化プローブの作製が必要となる (図 4.18)．このプローブの作製はまず，炭酸ガスレーザーをファイバーに照射し加熱した状態で，ファイバーをひっぱることで，ファイバーを加熱部から断絶させる (図 4.18(a))[23]．次にフッ酸緩衝溶液によって先鋭化を行う (図 4.18(b))．先鋭化ファイバーの先端の電子顕微鏡像の拡大図より，先端曲率直径として 10 nm 以下が得られることがわかる (図 4.18(d))[24]．

4.2.2　フッ素樹脂コートファイバー

近接場光 CVD により長時間堆積を行うと，原料である有機金属ガスが解離しプローブ先端に吸着が発生する．将来的に量産化による多数のナノフォトニックスイッチを作製する場合においてはプローブ先端での光近接場の特性を劣化させる恐れがあるため，プローブに原料ガスが解離・吸着しないプローブの開発が必要である．そこで，本項ではプローブ表面の非吸着性を高めるため，フッ素樹脂コートファイバープローブについて解説する[35]．

近接場光 CVD に使用する際にプローブ先端の近接場光の発生効率とプロー

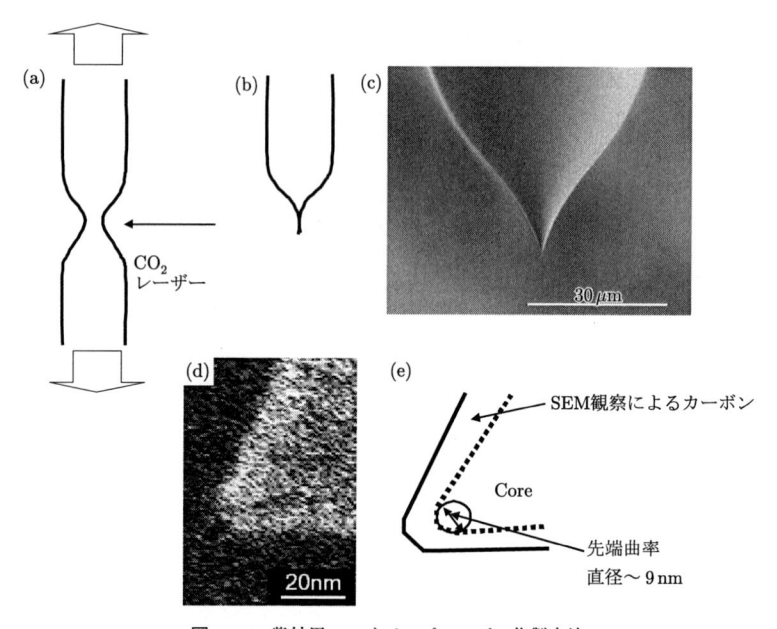

図 4.18 紫外用ファイバープローブの作製方法
(a) CO_2 レーザーにより加熱した状態でファイバーを引っ張り断絶．(b) フッ酸緩衝溶液による先鋭化．(c) 作製したファイバーの SEM 像．(d) (c) の拡大図．(e) (d) から予想されるプローブ先端の模式図．

ブ先端の曲率半径を維持するための方法としてはプローブ先端表面をコートすることが有用である．プローブ表面コート剤に要求される性質としては次の 3 つのことが挙げられる．

- プローブ表面の非粘着性：原料物質が光化学反応で解離しプローブ表面で吸着することを防止するためにプローブ表面が非粘着性をもたなければならない．
- 光パワーに対する耐熱性：光化学反応によって堆積を行うので，プローブ先端の材質はプローブに入射する光パワーに対する耐熱性が必要である．
- 高い透光性：レーザーをプローブに入射し，プローブ先端における近接場光による光化学反応で堆積を行うので入射光源に対する高い透光性が要求される．

上記性質を満たすものとして，フッ素樹脂が適正であることを紹介しよう．まず，コートプローブの作製プロセスについて説明する．作製は図 4.18 で示した

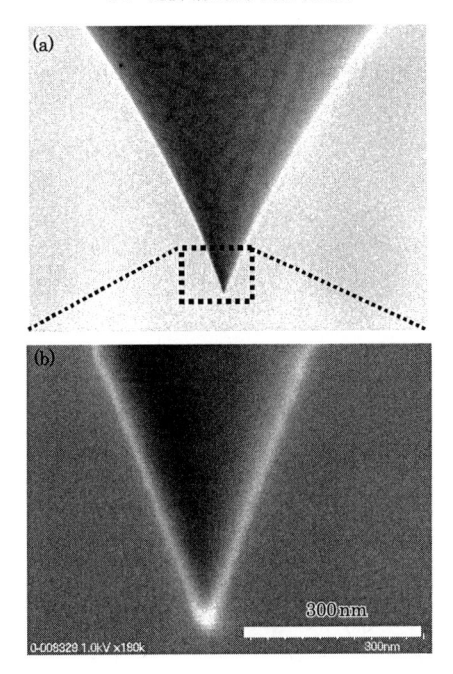

図 4.19　フッ素樹脂コートファイバープローブの SEM 像：(a) 先端像および (b) 拡大像

ような先鋭化ファイバーを作製した後，フッ素樹脂溶液にプローブを 30 秒間浸し，その後電気オーブンで 3 時間加熱することで成膜する．

図 4.19(a) および図 4.19(b) に作製したフッ素樹脂コートファイバープローブ先端の SEM 像とその拡大像を示す．この結果から，プローブ先端の表面にフッ素樹脂が縞模様にコートされており，プローブ先端の曲率半径は 20 nm 程度と非常に小さいままであることがわかる．

続いてフッ素樹脂コートの有無によるプローブ表面の非粘着性の変化を調べるため，近接場光 CVD のチャンバー (図 4.15) にプローブを設置し，亜鉛 (Zn) の原料ガスである DEZn ガス雰囲気中 (DEZn 分圧：100 mTorr) でレーザー光 (He–Cd レーザー ($\lambda = 325$ nm)，入射パワー：100 μW，入射時間：1 分) を入射したプローブ表面の SEM 像を図 4.20 に示す．図 4.20(a) がフッ素樹脂コートプローブの先端の SEM 像であるが，ほとんど吸着物がないことが確認できる．比較対照として，表面にフッ素樹脂コートを施していないファイバー

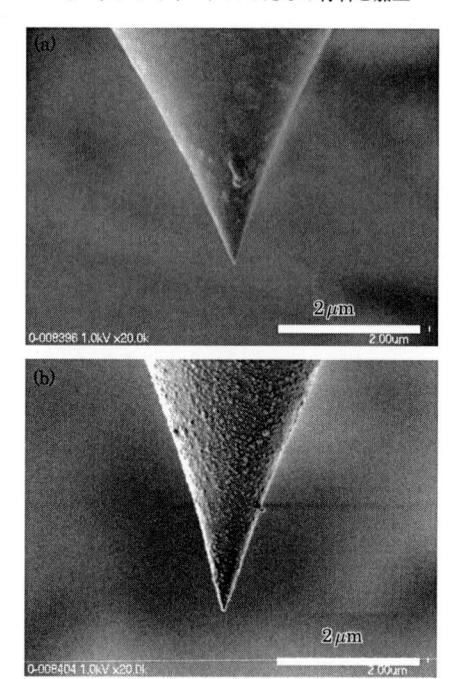

図 4.20　光導入 (DEZn 分圧：100 mTorr，He–Cd レーザー：λ = 325 nm，入射パワー：100 μW，入射時間：1 分) 後のファイバープローブ先端の SEM 像　フッ素樹脂コート (a) 有および (b) 無．

プローブ先端の SEM 像 (図 4.19(b)) においては，表面全体にわたって吸着物が確認される．

　以上の結果からフッ素樹脂をプローブの先端にコートすることにより，チャンバーの中にある気相分子や解離した材料物質がプローブ表面に吸着しにくくなることが確認できる．

4.2.3　Zn 堆積における寸法共鳴効果

　前項までに述べたナノ寸法加工法を用いて，ナノ微粒子の堆積の様子について説明する．堆積例を Zn として，堆積用の光源として用いた He–Cd レーザー (波長 325 nm) をそれぞれ 2 秒，30 秒，60 秒照射して得られた結果を図 4.21(a) 示す．この結果を元に，堆積された Zn 微粒子の幅および高さの測定値をそれぞ

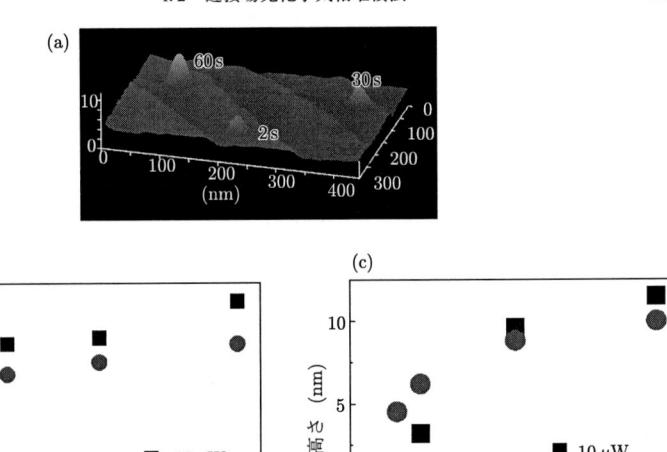

図 4.21 (a) 近接場光 CVD 法により作製した Zn 微粒子の形状像，Zn 微粒子成長の (b) 幅および (c) 高さの時間依存性

れ図 4.21(b)，図 4.21(c) に示す．図中の■印，●印は各々ファイバープローブへの入射光パワーが $10\,\mu\mathrm{W}$, $5\,\mu\mathrm{W}$ の場合の測定結果である．ここで，堆積に用いたファイバープローブ先端の拡大像 (図 4.18(d)) から，堆積に用いたファイバー先端の曲率直径 ($2a_p$) は 9 nm と推測される．

以上の結果を元に，規格化した堆積レートを算出した結果を図 4.22 に示す．このグラフにおいて，実際に観測されるドット幅 S' は実際のドット幅 S にプローブ先端直径 $2a_p$ を足し合わせたものと考えられるので，$S = S' - 2a_p$ とした．また，縦軸は入射光パワーで規格化した堆積速度の値を表している．この結果から，Zn 微粒子の寸法が $2a_p(=9\,\mathrm{nm})$ に一致したときに，堆積速度が極大となっていることがわかる．つまり，基板上での Zn 微粒子の成長過程において，この堆積された Zn 微粒子とファイバープローブ先端との近接場光相互作用は，微粒子寸法が $2a_p$ となったときに最も強くなり，それが堆積速度の極大となって現れている．すなわち堆積速度は物質寸法に依存して共鳴的に増加することを意味している．

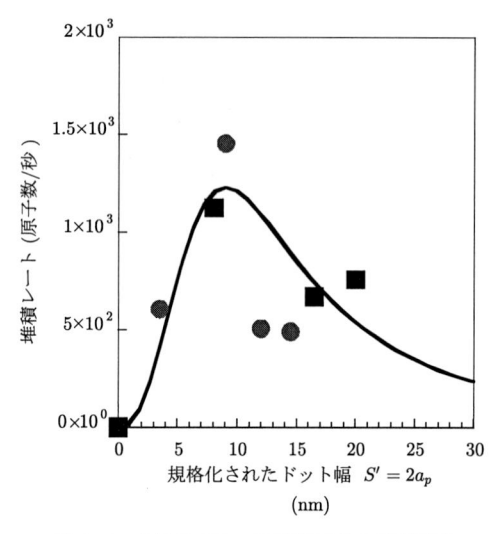

図 4.22 入射光パワーで規格化された堆積速度
横軸は堆積された Zn 微粒子の基板面内寸法．実線は双極子間相互作用により求められた散乱光 2 の強度 (図 4.23(b) の $I_1 \sim I_3$) を示す．■印および●印は各々入射光パワーが $10\,\mu$W, $5\,\mu$W の場合の測定結果である．

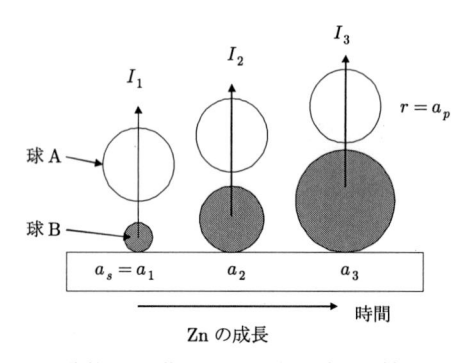

図 4.23 微粒子が堆積されその寸法が増加する様子の説明図

この共鳴効果は，双極子間相互作用の理論から定量的に説明される[36]．ファイバープローブ先端と Zn 微粒子を各々球 A および球 B 中の双極子により近似し (図 4.23)，これらの球同士での双極子間相互作用を算出する．この 2 つの球の間隔は波長よりも非常に小さいのでフェルスター (Förster) 場 (R^{-3} に比例．R は電気双極子の間隔[37]) が振動する双極子場において支配的となる．静電場近似においては，近接する 2 つの球から散乱される光強度 I_s は次式で表さ

れる.

$$I_s = I_A + I_B = (\alpha_A + \alpha_B)^2 |\boldsymbol{E}|^2 + 4\Delta\alpha(\alpha_A + \alpha_B)|\boldsymbol{E}|^2 \quad (4.2)$$

ここで $\alpha_i = 4\pi\varepsilon_0(\varepsilon_i - \varepsilon_0)/(\varepsilon_i + 2\varepsilon_0)a_i{}^3$ は直径 a_i (添え字 i は球 A および B を示す) を変数とする分極率である. 式 (4.2) における第 1 項 I_A および第 2 項 I_B はそれぞれ, 2 つの球から独立に散乱される光強度, および, フェルスター場[37]によって誘起される双極子相互作用によって生じた散乱光強度である. これより, 興味のある成分をこの I_A で規格化することによって, 次式を得る.

$$\frac{I_B}{I_A} = \frac{G_p A_p{}^3}{(A_p + 1)^3 (G_p A_p{}^3 + 1)} \quad (4.3)$$

ここで $A_p = a_A/a_B (= a_p/a_s)$ および $G_p = (\varepsilon_A - 1)(\varepsilon_B + 2)/(\varepsilon_A + 2)(\varepsilon_B - 1)$ である. この式にファイバーと Zn の誘電率として $\varepsilon_A = 1.5^2$ (ファイバーとしてガラスの誘電率) および $\varepsilon_B = (0.6 + 4i)^2$ (Zn の誘電率)[38]を導入して規格化散乱光強度を算出すると (図 4.22(a) の実線), 堆積速度の実験結果とのよい一致をすることがわかる. 以上より, 微粒子間での近接場光共鳴散乱の現象を双極子間相互作用から説明できることが示された[33].

4.2.4 ナノ微粒子中における寸法依存共鳴を用いた粒径制御

前項では, 小さい微粒子を任意の位置に堆積させるためにファイバーを用いて近接場光を発生させ, そのプローブを走査することによって任意形状の物質を堆積する方法について解説した. しかし, これらの堆積物の寸法制御には困難がある. それは, 堆積される物質の寸法はファイバー先端に発生する近接場光の拡がりによって決まるので, 堆積ごとのファイバーの先端径により, 堆積される物質の寸法が決定されることを意味している. さらには堆積するときの原料ガスの量や, 堆積に用いる光の強度などによっても堆積速度が変化するために, 所望の寸法で制御することは困難である. さらには, このような手法はいわば一筆書きの加工である. しかし, 実用化のためには加工を高速化する必要があるため, 基板面内全体で一括的に加工することができれば非常に有利である. 一括加工の例として, 近接場光を用いたリソグラフィ[39]ではプローブを排除しフォトマスクを用いて近接場光を発生させ, フォトマスク一面で一括加

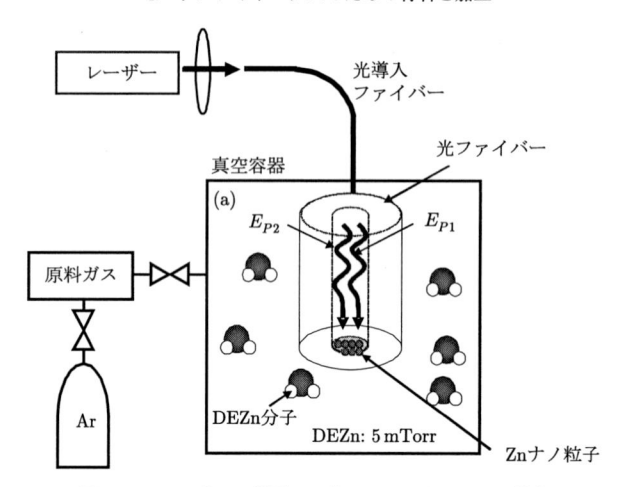

図 4.24 ファイバー端面への光 CVD による Zn の堆積

工が行われている．さらに，近接場光の特徴を積極的に使うとさらに新しい (伝搬光を用いたのでは不可能な) 加工，つまりより高い精度で寸法を制御し，大面積に一括で堆積することが可能となる．これを実現するための原理実験について本項では解説する．

まず，伝搬光を用いた CVD により紫外用ファイバー (コア径 $10\,\mu$m) 端面にナノ微粒子を堆積した様子を図 4.24 に示す．堆積のために DEZn(分圧 5 mTorr) を用いる．DEZn の光解離には，$500\,\mu$W の He–Cd レーザー ($E_{p1} = 3.81\,\mathrm{eV}\,[\lambda = 325\,\mathrm{nm}]$, 照射時間 20 秒) を用いる．この照射によって，ファイバー端面のコアのみに Zn のナノ微粒子の堆積が確認される．図 4.25(a) および図 4.25(b) は堆積した Zn のナノ微粒子の SEM 像と，寸法分散を示している．この分散のピーク直径と分布の半値全幅はそれぞれ 110 nm と 50 nm である．

寸法分散を制御するために，He–Cd レーザーに加えて Ar イオンレーザー ($E_{p2} = 2.54\,\mathrm{eV}\,[\lambda = 488\,\mathrm{nm}], 20\,\mu$W) あるいは He–Ne レーザー ($E_{p2} = 1.96\,\mathrm{eV}\,[\lambda = 633\,\mathrm{nm}], 20\,\mu$W) の光をファイバーに入射する．これらの光源の光子エネルギーの値は DEZn の吸収端エネルギーよりも低い．つまり DEZn に対して非共鳴である[30]．照射時間は 20 秒である．図 4.25(c) および図 4.25(e) は，それぞれ $E_p = 3.81, 2.54\,\mathrm{eV}$ の光の同時入射，および $E_p = 3.81, 1.96\,\mathrm{eV}$

4.2 近接場光化学気相堆積法

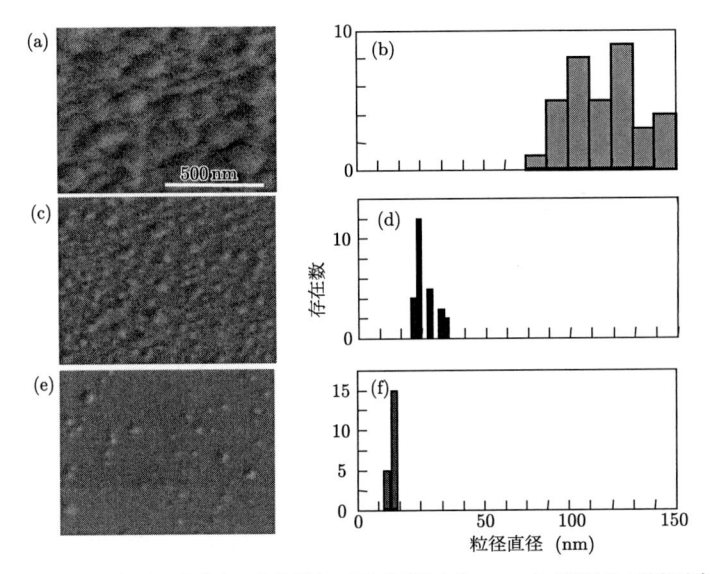

図 4.25 物質寸法に依存する光脱離法により堆積された Zn のナノ微粒子の粒径分布 (a),(b) $E_p = 3.81\,\text{eV}$, (c),(d) $E_p = 3.81\,\text{eV}$ および $2.54\,\text{eV}$, (e),(f) $E_p = 3.81\,\text{eV}$ および $1.96\,\text{eV}$.

の光の同時入射によって堆積された Zn のナノ微粒子の SEM 像を示している. 図 4.25(d) および図 4.25(f) はそれぞれの寸法分散を示している. それぞれのピーク直径は 30 nm と 18 nm であり, 図 4.25(b) のピーク直径よりも小さくなっており, 追加で導入した光源の光子エネルギーに依存していることがわかる. さらに, 分布の半値全幅はそれぞれ 10 nm と 12 nm であり, 図 4.25(b) よりも小さくなっている. これらの結果は, 追加導入した光によって寸法が制御されたことを示している.

以上の現象の発生機構は次のように説明される. 金属微粒子ではプラズマ共鳴により強い光吸収が発生する[40,41]. 堆積したナノ微粒子はこれによって脱離する (図 4.26(b))[42,43]. 光照射中にナノ微粒子の堆積が進むとナノ微粒子の成長は堆積と脱離の兼ね合いで決まるようになる. つまり寸法は光の光子エネルギーによって決定される. 一般に, 金属微粒子におけるプラズマ共鳴波長は, 微粒子の寸法が大きくなるにつれて長波長側にシフトするが[40,41], 実験結果 (図 4.25) はこの傾向とは一致しない. この理由は, Zn のナノ微粒子による Mie 散

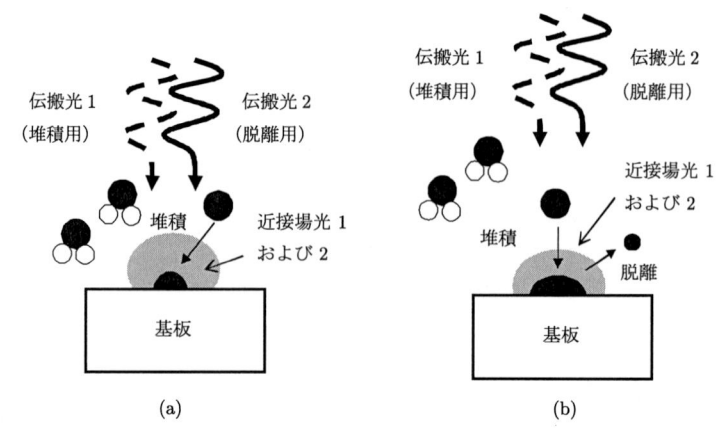

図 4.26 物質寸法に依存する光脱離法による寸法制御の原理図

乱理論によって計算される共鳴寸法を求めることで理解される.

この微粒子の寸法と共鳴周波数は Mie 散乱の式により解析的に計算できるが[44,45]，ここでは次式の近似式を用いて散乱光強度を計算する．散乱光強度を決定する分極率 α は，真球の場合次の式で表される．

$$\alpha = V \frac{1 - \frac{1}{10}(\varepsilon + \varepsilon_m)x^2}{\left(\frac{1}{3} + \frac{\varepsilon_m}{\varepsilon - \varepsilon_m}\right) - \frac{1}{30}(\varepsilon + 10\varepsilon_m)x^2 - i\frac{4\pi^2 \varepsilon_m^{3/2}}{3}\frac{V}{\lambda_0^3}} \quad (4.4)$$

ここで V は微粒子の体積，ε_m は周囲の誘電率，ε は金属の誘電率である．x は寸法パラメータであり，球の半径を a として $x = 2\pi a/\lambda_0$ で表される．この式によると，微粒子の寸法が大きくなれば共鳴周波数が長波長側にシフトする．また，回転楕円体に対しては，次の近似式が適用できる[46]．

$$\alpha = \frac{V}{\left(L + \frac{\varepsilon_m}{\varepsilon - \varepsilon_m}\right) + (-0.4865L - 1.046L^2 + 0.8481L^3)\varepsilon_m x^2 - i\frac{4\pi^2 \varepsilon_m^{3/2}}{3}\frac{V}{\lambda_0^3}} \quad (4.5)$$

ここで L は微粒子の形状で決まる反電場係数であり，回転楕円体の長軸半径を a，短軸半径を b と表すと次のように求められる．

$$\begin{gathered} L = \frac{g(e)}{2e^2}\left[\frac{\pi}{2} - \tan^{-1} g(e)\right] - \frac{g^2(e)}{2} \\ g(e) = \frac{1-e^2}{e^2}, \qquad e^2 = 1 - \frac{b^2}{a^2} \end{gathered} \quad (4.6)$$

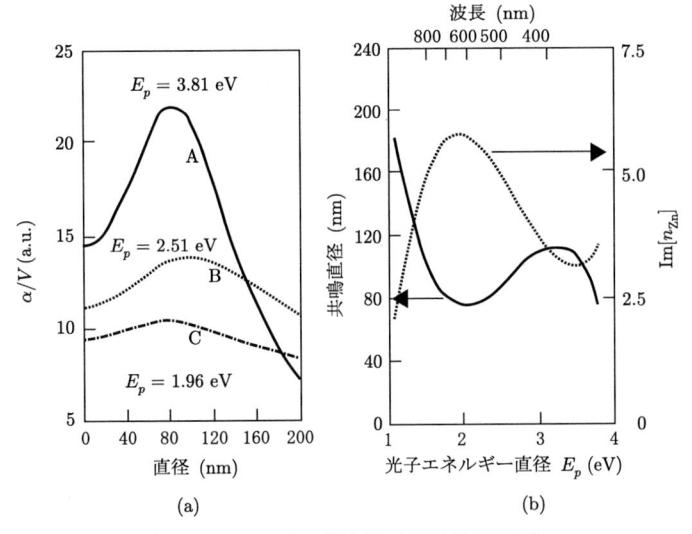

図 4.27 Zn のナノ微粒子における散乱光強度
(a) 体積 (V) で規格化された Zn のナノ微粒子に発生する分極率 α. 曲線 A, B, C はそれぞれ照射光源は $E_p = 3.81, 2.51$, および $1.96\,\mathrm{eV}$. (b) Zn のナノ微粒子の共鳴直径 (実線) および Zn の屈折率の虚数部 (破線).

この場合，形状によって共鳴波長がシフトし，真球からずれるほど長波長にシフトする．図 4.27(a) は特定の光子エネルギーに対する分極率 α の計算結果を示している．縦軸は空気中に置かれた Zn のナノ微粒子の堆積 V によって規格化されており，共鳴寸法に相当する半径において最大となる．図 4.27(b) の実線は光子エネルギーに対する共鳴直径を示しているが，単調な関数とはなっていない．また $E_p = 2.0\,\mathrm{eV}$ ($\lambda = 620\,\mathrm{nm}$) において最小値となる．Zn の屈折率の虚数部は $E_p = 2.0\,\mathrm{eV}$ ($\lambda = 620\,\mathrm{nm}$) で極大値となることから (図 4.27(b) の破線)，実線の極小値は Zn の強い吸収によるものであることがわかる．

上記で述べた伝搬光での実験結果を元に，近接場光 CVD に応用した実験結果をみてみよう (図 4.28(a)〜(c))．この結果はファイバープローブ先端に発生する近接場光によりサファイア基板上に Zn を堆積した実験結果であり，堆積用の近接場光 1 を発生させる光源の光子エネルギーは $E_p = 3.81\,\mathrm{eV}$ である．一方で，脱離用の近接場光 2 光源の光子エネルギーは $E_p = 3.81\,\mathrm{eV}$(図 4.28(a)), $2.5\,\mathrm{eV}(E_{p2} =$(図 4.28(b))，$1.96\,\mathrm{eV}$(図 4.28(c)) である．すべての光源をそれ

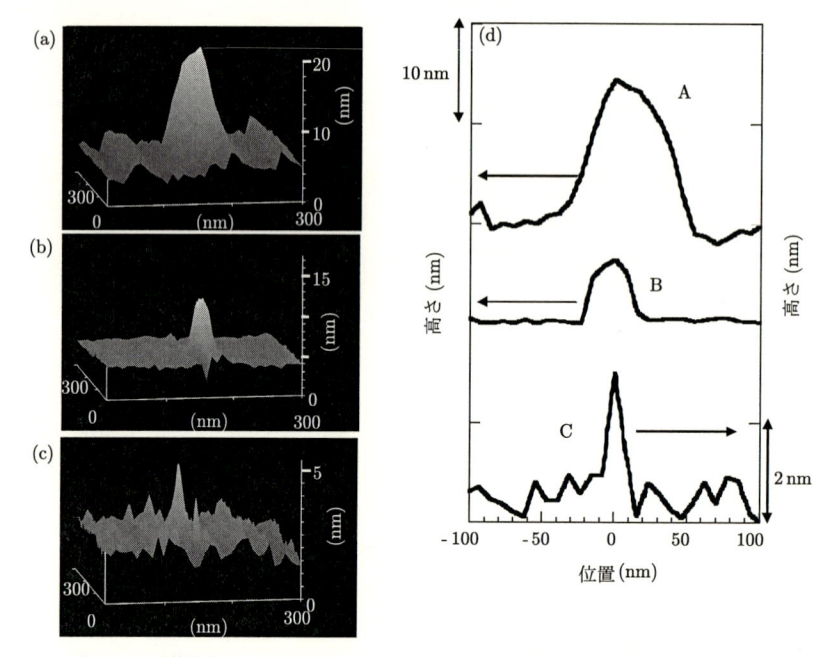

図 4.28 近接場光 CVD により堆積された Zn のナノ微粒子の形状像 (口絵 7 参照)
(a) 1-μW の He–Cd レーザー ($E_p = 3.81\,\mathrm{eV}$) のみ照射, (b) 1-μW の He–Cd レーザー ($E_p = 3.81\,\mathrm{eV}$) と 1-μW の Ar イオンレーザー ($E_p = 2.54\,\mathrm{eV}$) の同時照射, (c) 1-μW の He–Cd レーザー ($E_p = 3.81\,\mathrm{eV}$) と 1-μW の He–Ne レーザー ($E_p = 1.96\,\mathrm{eV}$) の同時照射. (d) 曲線 A～C は (a)～(c) の断面図.

ぞれ 60 秒間照射し, 堆積された Zn のナノ微粒子の形状像を測定した結果 (図 4.28(a)～(c)) から, 堆積された Zn のナノ微粒子寸法は照射された光のエネルギーに依存して変化しており, それぞれの断面図より半値全幅として, それぞれ 60 nm, 30 nm, 15 nm となることがわかる[43]. つまり, 堆積時に照射した光子エネルギーが小さくなるにつれて Zn のナノ微粒子の寸法が小さくなり図 4.25 の結果の傾向と一致する.

以上示したように, 同じ大きさの近接場光の分布を有するファイバーから, 照射する光源の光子エネルギーを変化させるだけで, 堆積される物質の寸法を制御することが可能であるということが明らかとなった. この際得られる寸法は光の光子エネルギーに依存するため, 非常に高い精度で制御が可能となる. このことは, 堆積のためにファイバーがなくても寸法制御された微粒子を並べる

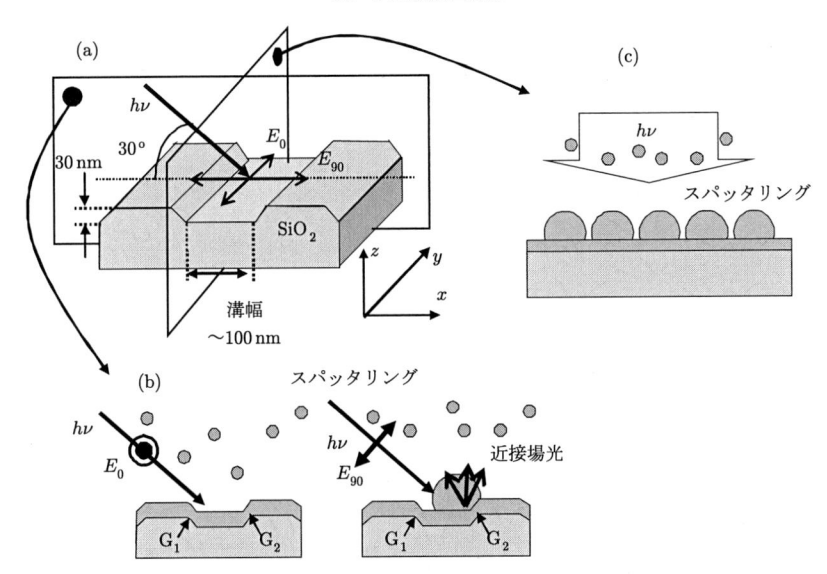

図 4.29 物質寸法に依存する光脱離法を用いた微粒子列作製の原理図
(a) 堆積前の基板．(b),(c) はそれぞれ (a) の xz 平面図，yz 平面図．G_1, G_2 は入射側，入射と反対側の端部を示す．

ことが可能になることを示唆している．

4.3 大面積加工技術

4.3.1 レーザー照射スパッタリング法による自己組織的配列

前節で説明した光脱離法による粒径制御技術は，一般的な光化学反応であるので光化学気相堆積法以外の様々な微細加工法にも応用が可能であると期待される．そこで，薄膜を成長させる方法の一種であるスパッタリング法を例にとり，金属微粒子列の自己組織的作製を解説する．

堆積された微粒子を脱離するための近接場光発生用として，一部にナノ寸法の微細パターンをもつ基板を用いた結果を紹介しよう (図 4.29(a))．スパッタリングの際に基板の溝に対して垂直な偏光の光を照射すると (図 4.29(b))，このパターンの端部に局所的に強い近接場光が発生する[47]．ここで発生した近接場光がスパッタリングによる堆積中に脱離を発生させ，寸法の制御された微粒

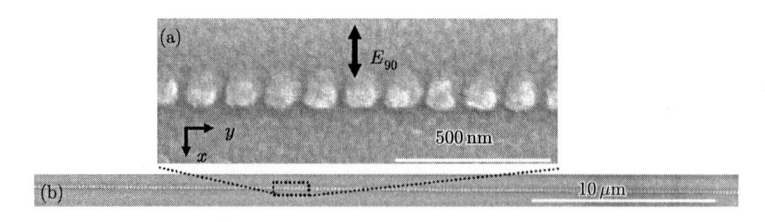

図 4.30 (a),(b) 物質寸法に依存する光脱離法により作製された Al のナノ微粒子列の SEM 像.照射光エネルギー 2.33 eV

子が微細パターン近傍に自動的に形成される (図 4.29(d)).その後引き続き伝搬光照射を続けても,この微粒子の表面では脱離の効果により成長が阻害され,微粒子同士が繋がることなく第 2 の金属微粒子が高い寸法制御性にて形成される.これが繰り返され最後には寸法制御された金属微粒子の列が自己組織的に配列される[48].

　光子エネルギー 2.33 eV の光 (光強度 50 mW) をアルミニウム (Al) の堆積中に照射することによって,直径が 99.6 nm,間隔が 27.9 nm のナノ微粒子列が 100 μm にわたり,位置と寸法が揃って形成されることがわかる (図 4.30(a) および図 4.30(b)).SEM 像から求めたナノ微粒子寸法および間隔の偏差値は 5 nm である.ナノ微粒子の位置を特定するために堆積前後表面の原子間力顕微鏡 (AFM: atomic force microscope) 像を比較する.図 4.31(a) および図 4.31(b) はそれぞれ,同じ位置における,Al の堆積前,堆積後の AFM 像を示している.図 4.31(c) における曲線 A および曲線 B はそれぞれ溝を通る断面図である.この比較からナノ微粒子列が形成されたのは端部 G_2 周辺となっている.さらに,溝に沿って平行偏光 E_0 ではナノ微粒子列が形成されないことがわかる.近接場光強度は平行偏光の場合と比較して,垂直偏光のときに金属端部には照射する光の電界によって誘起される電子が集中するため (端部効果)[47],この強く誘起された近接場光がナノ微粒子列の形成をもたらしたのである.

　また,ナノ微粒子の形成が片側の端部だけに形成されたのは,斜め入射の光による非対称な電場分布によるものである.このことは次に示す計算機シミュレーション結果から理解される.計算は,有限差分時間領域 (FDTD: finite-difference time domain) 法を用いる.計算のモデルとして,ガラス基板に溝がある場合 (図 4.32(a)) とその溝が 20 nm 厚の Al で覆われている場合 (図 4.32(b)) の 2 種

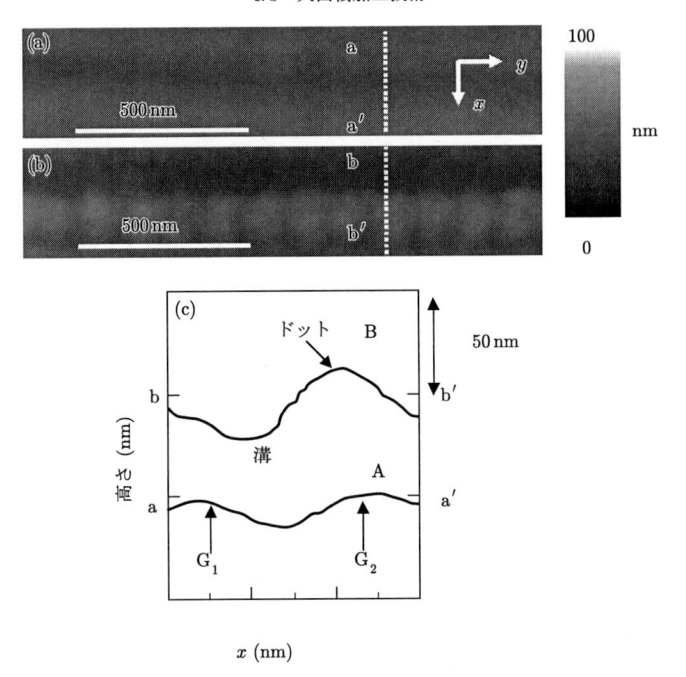

図 4.31 Al の (a) 堆積前および (b) 堆積後の AFM 像 (口絵 8 参照). (c)Al の堆積前 (曲線 A) および堆積後 (曲線 B) の AFM 像の断面図

類を採用し,その結果を比較する.この計算結果 (図 4.32(c) および図 4.32(d)) の比較から,溝が Al で覆われた場合にのみ,片側の溝の端部 (図 4.32(d) 中での G_2) に強い電界強度の集中が見られる.以上の結果は,図 4.31 で得られた実験結果の傾向とよい一致をしていることからも,近接場光の集中が脱離効果を増強することを支持する結果となっている.

次に,スパッタリングにより Al を堆積する際の光子エネルギー依存性について紹介しよう.入射光子エネルギー 2.62 eV(光強度 100 mW) として堆積した場合にも Al のナノ微粒子列が確認され,直径および間隔は 84.2 nm, 48.6 nm であることがわかる (図 4.33).ナノ微粒子寸法および間隔の偏差値は 10 nm と大きくなったが,ナノ微粒子寸法は光子エネルギーに応じて小さくなる結果となる.この結果はナノ微粒子寸法が光子エネルギーによって決まり,ナノ微粒子列の形成が堆積した金属ナノ微粒子の光脱離に起因することを意味してい

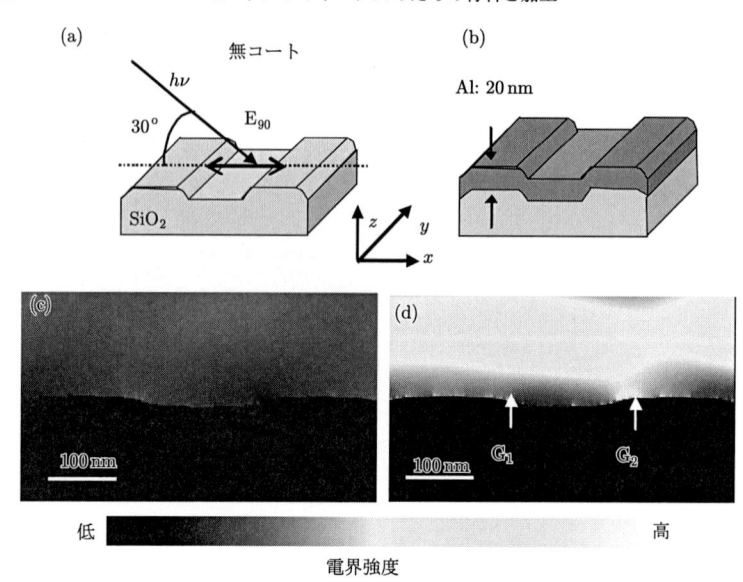

図 4.32 FDTD 法によって求められた電界強度分布 ($|E|^2$)(口絵 9 参照)ガラスのみの場合 ((a),(c)) と Al を 20 nm 堆積した場合 ((b),(d)).

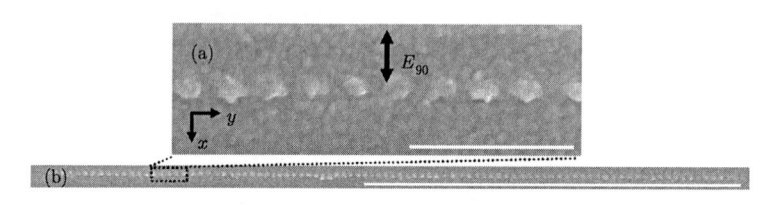

図 4.33 (a),(b) 物質寸法に依存する光脱離法により作製された Al のナノ微粒子列のSEM 像. 照射光エネルギー 2.62 eV

る. 光子エネルギー 2.62 eV の光照射によって得られたナノ微粒子の配列周期は 132.9 nm であり, 2.33 eV の光を照射した場合 (周期: 127.5 nm) よりも長い結果となる. しかし, ナノ微粒子中心間距離 (d) と半径 (a) の比 d/a は 2.56 (2.33 eV の光照射の場合) および 3.15 (2.62 eV の光照射の場合) となり, ほぼ最適値である. この値は Mie 散乱理論によって計算されており, 球のナノ微粒子列を光エネルギーが最も効率よく伝送するための比 d/a の値は 2.4〜3.0 である[49]. この比は間隔が狭くなると金属微粒子中での伝送損失が増加すること, および広くなると隣のナノ微粒子との近接場光相互作用が弱くなることとの兼

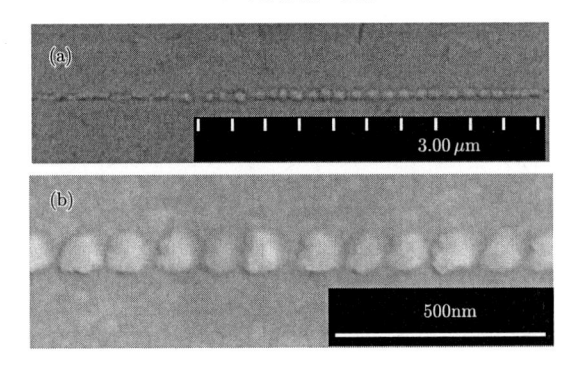

図 4.34 物質寸法に依存する光脱離法により作製された (a)Au および (b)Pt のナノ微粒子列の SEM 像

ね合いで決まる．

　この理論予測との対応から，金属微粒子列導波路中を近接場光が最も効率よく伝送されるように形成されたことを意味している．つまり，近接場光で動作するデバイス[50]を作製する上で最も効率のよいデバイスを作る方法であると考えられる．

　さらに，本手法で用いたスパッタリングによって様々な金属を堆積することは可能であり，これまでに金 (Au)(図 4.34(a)) および白金 (Pt)(図 4.34(b)) の堆積時にそれぞれ 633 nm および 532 nm の光を照射することで，直径約 100 nm の半球状の微粒子が Al の結果同様全長 100 μm 以上にわたって一列に形成されている結果が得られている．

4.3.2　非断熱光化学反応によるオングストローム平坦化

　近年の光産業は目覚しい発展を遂げており，この発展を支えるレーザー機器において，高出力化，短波長化，短パルス化への要望が強まっている．このような産業界の要請に答えるためには，レーザー機器を構成するレンズや鏡などの光学素子の高性能化を達成する必要がある．光学素子の高性能化にとって現在一番の問題となるのが表面粗さ(以下 R_a 値) の低減である．これは，表面粗さが大きいと，

　① 光学素子表面での散乱損失が大きくなる

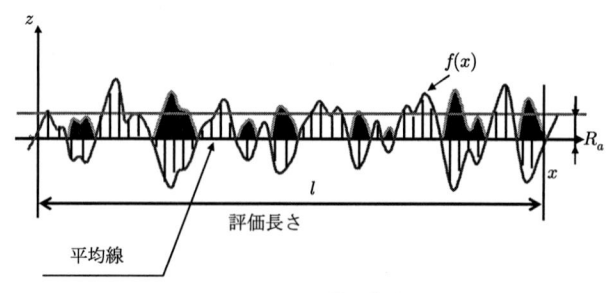

図 4.35 R_a 値の定義

② レーザー損傷閾値を上げられない

などの問題が生じるためである．ここで，R_a 値は平均線 (面) からの絶対値偏差の平均値として下記の式 (4.7) で表される (図 4.35).

$$R_a = \frac{1}{l}\int_0^l |(fx)|dx \simeq \frac{1}{n}\sum_{i=1}^n |f(x_i)| \qquad (4.7)$$

(l：測定長さ，dx：AFM 測定時の面内分解能に対応，$|f(x)|$：平均線からの表面高さの絶対値，n：評価時の測定点数)

しかしながら，市販されている光学素子の R_a 値は 2～5Å 程度であり，近年，下げ止まりを余儀なくされている．その原因の 1 つは，光学素子の製造方法にある．現在，光学素子は機械化学方式と呼ばれる方法により製作されており，その手法は，研磨パットの間に，被研磨材料であるガラスを挟み，研磨剤 (酸化セリウムなど) を流しながら擦る．この方法では，研磨パットの平坦性や研磨剤の粒径などの制限から，R_a 値は 2Å 程度が限界になっている．さらに，細かい領域での凹凸だけでなく，大面積にわたる溝や数十 nm の穴が発生する．以上の現状より，光学素子の高性能化 (R_a 値低減) のためには，全く新しい手法による研磨方法が必要となっている．上記の問題を解決するために，従来の化学機械的手法ではなく，近接場光エッチングを使うことにより，次世代レーザー用光学素子向けの平坦化基板を実現する技術について説明する．

紫外領域を中心に，鏡基板として最も需要の大きい合成石英を用いて，近接場光エッチングの詳細を紹介しよう．合成石英をエッチングする気体としては塩素ラジカル (Cl*，塩素分子が分解されたもの) がある．合成石英とは反応しな

4.3 大面積加工技術

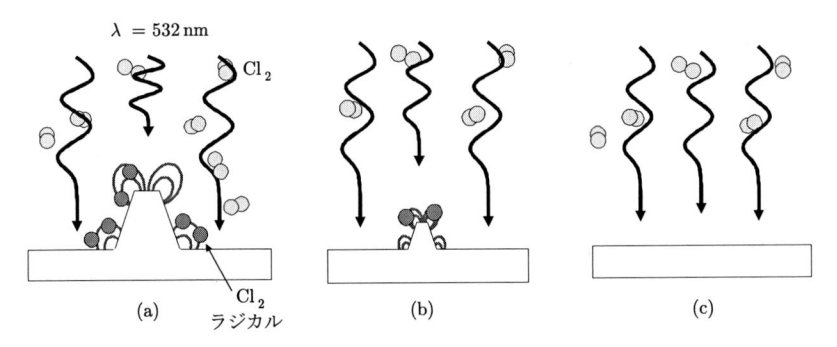

(a) λ = 532 nm, Cl₂, Cl₂ラジカル (b) (c)

図 4.36　非断熱光化学エッチングによる平坦化の模式図

い不活性な塩素分子 (光吸収端波長 400 nm[51]) 雰囲気中に基板を導入し，レーザー光 (波長 532 nm) を照射する (図 4.36(a))．この光の波長は光吸収端波長より長いので，塩素分子に吸収されず基板とは反応しない．一方，この光により，基板表面の局所的な凹凸部に近接場光が発生すると非断熱光化学過程[52]により塩素分子は分解し，塩素ラジカルが発生する (図 4.36(a))．その結果，この塩素ラジカルが合成石英表面と反応し，凹凸構造のみがエッチングされ基板が平坦化される (図 4.36(b))．そして，最終的に基板に凹凸部がなくなると近接場光は発生しなくなるため，反応が自動的に停止し余計なエッチングを防ぐことが可能となる (図 4.36(c))．

R_a 値の評価方法には，AFM を用いる．従来，R_a 値の観測には，白色光干渉計が用いられているが，横分解能が波長程度と大きく，また R_a 値の測定限界能が 5 Å 程度であるため，横分解能が 10 nm 程度で，凹凸の分解能が 0.1 Å 程度である AFM を使用する．AFM では走査範囲が 10 μm と狭いため，測定領域による誤差が大きくなる．そこで，平行平面基板の中心付近 9 点を 100 μm ピッチで AFM により測定を行い (図 4.37)，各エリアで算出される表面粗さ $(R_a)_i$ の値を得る．その値を平均した

$$\overline{R_a} = \sum_{i=1}^{9} (R_a)_i \tag{4.8}$$

によってその基板の表面粗さ R_a 値を決定する．基板エッチングのためのガスには塩素を選択し，塩素導入後のチャンバーの圧力を 100 Pa とする．照射光源

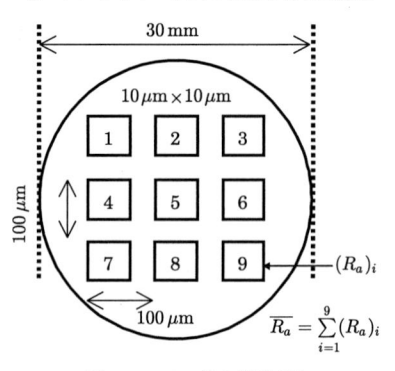

図 **4.37** R_a 値の導出方法

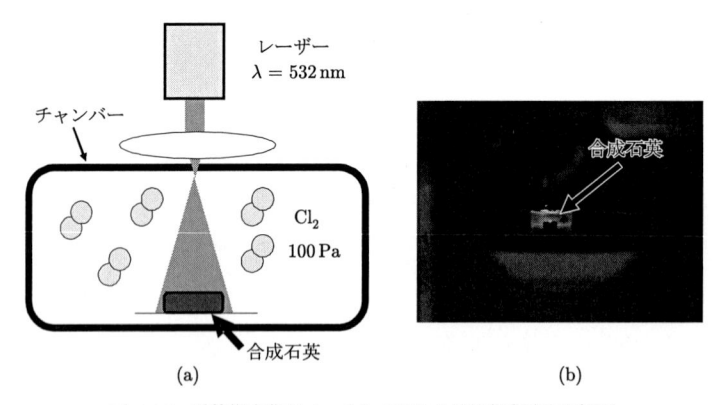

図 **4.38** 近接場光化学エッチングによる平坦化実験の概観図

についてはレーザー (波長 532 nm) を使用する (図 4.38).

図 4.39 は近接場光エッチング前後の AFM 像の比較を示している．この比較像より表面の凹凸が低減することが明らかである．さらに，図 4.39(a) に示されるように，近接場光エッチング前には多く見られた溝がなくなっていることがわかる．この AFM 図の変化をより詳細に比較するために，白破線を通る断面図を図 4.40 に示す．この図からピークバレー値が近接場光エッチングによって 1.2 nm から 0.5 nm に減少していることがわかる．

最後に R_a 値の平均値のエッチング時間依存性を図 4.41(a) に示す．この結果より，基板への光照射時間に応じて単調に表面粗さ R_a 値が減少する結果となっている．光照射時間 120 分では，R_a 値は 1.4 Å まで減少する．この値は 9

4.3 大面積加工技術

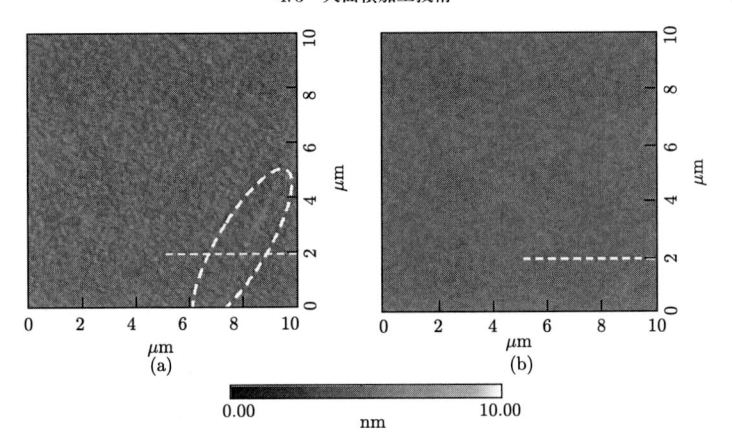

図 **4.39** 近接場光化学エッチング前 (a) および後 (b) の AFM 像 (シグマ光機株式会社, 多幡能徳氏のご厚意による. 口絵 10 参照)

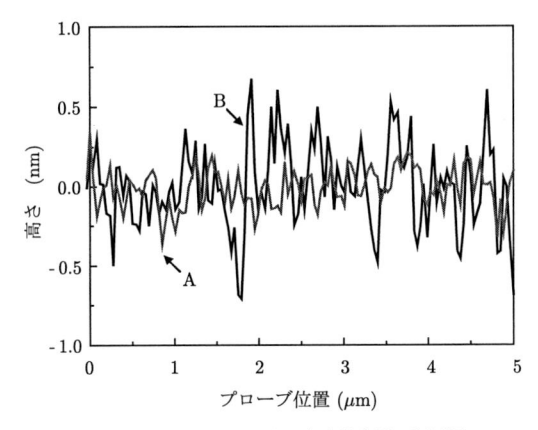

図 **4.40** 図 4.39 における白破線を通る断面図

点での平均であり，その中で得られた R_a 値として，最小 1.1 Å である．また，各照射時間における R_a 値の分散 (図 4.41(b)) も光を照射することにより減少している[53]．

本手法は光化学反応を利用したものであるため，石英基板以外に半導体基板などの平坦化にも応用可能である．さらに，平坦基板のみならずレンズや鏡などの曲率を有する基板や，中空レンズの内壁の平坦化など，従来の研磨技術では全く不可能な加工法への応用にも展開が期待される．

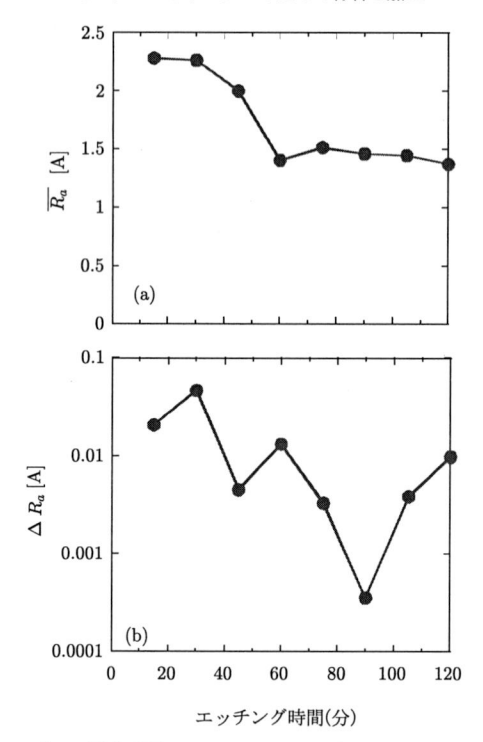

図 4.41 (a) R_a 値の平均値 $\overline{R_a}$ のエッチング時間依存性.(b) R_a 値の分散値 ΔR_a

---

コラム 8　研究の立ち上がりから実用化へ,さらにその寿命

〈忘れ得ぬ言葉〉

人間が馴れることのできぬ環境というものはない.ことに周囲の者がみな自分と同じように暮らしているのがわかっている場合はなおさらである.
A.K. トルストイ著,中村融訳『アンナ・カレーニナ (下)』(岩波文庫)

●　　●　　●

　研究が始まり,その成果が出てから実用化までには長い年月を要する.20世紀最大の発明とされるトランジスタとレーザーを例にとり考えてみよう.1947年に点接触トランジスタが発明され,1948年にバイポーラトランジスタが提唱された.その後 1958 年には集積回路の提唱,1959 年にはプレーナトランジスタの発明などがあったが,それらの応用技術は進んでいなかった.しかし 1970 年に IBM が 1 kb の DRAM を大型コンピュータに搭載したことをきっかけに実用化が進み,DRAM の容量は 3 年で 4 倍ずつ増える (3 年 4 倍則と呼ばれて

いる) という急進展を示して現在に至っている (図 4.42). 一方レーザーは 1960 年に発明され, 気体レーザーなどが 1970 年代には実用化したもののその市場は小さかった. 大きな市場は光情報通信, 光情報処理などで, 半導体レーザー, 光ファイバー, 光ファイバー増幅器の性能向上により実用化が進み 1980 年代〜1990 年代には技術が成熟したといえる.

以上の 2 つの例を見ると, いずれも研究の立ち上がりから実用化まで, およそ四半世紀かかっている. 1980 年代初期に始まった近接場光の研究をもとにナノフォトニクスの研究は 1993 年に開始されたが, 最近では本書で示したように 1 Tb in^{-2} 級の情報記録, 線幅 50 nm 級の光リソグラフィの実用システムの雛形が完成している. さらにはナノフォトニックデバイスなどの開発も急である. この経緯を見ると上記 2 例と同様にナノフォトニクス研究開始から四半世紀後の 2018 年に向けて順調に進展していると思われる.

過去の研究では四半世紀を経ずに淘汰されたものが多く見られる. トランジスタでさえも発明直後は補聴器などに用いられるのみと予想されていたが, その運命はコンピュータというシステムへの応用により大化けした. これは単に部品や装置の発明でなく, システム構築の展望があるか否かにかかっている. ナノフォトニクスでも単に加工技術, デバイスの開発のみでなく, これらを組み込む新規システムを考案することが重要であろう.

システム構築の展望に結びついておらず消滅した研究の例はレーザー冷却による原子堆積, アトムメモリなどであろう. 前者は真空中を浮遊する中性原子をレーザーの光で減速し, 基板に堆積する技術である. 原子レベルの寸法の微細加工を標榜しているが, 原子自身は小さいものの, それを制御するレーザー光は回折限界のために微細化できないことが致命的であった. これは原子と光を組み合わせた全体システムの構築の欠如の例である. 後者は走査トンネル顕微鏡のプローブを使い, 原子 1 つずつに情報を記録するという技術である. これで 100 Tb in^{-2} に達する記録密度が期待されるとされている. 確かに原子は小さいのでこのような高記録密度が推定されるが, 高速記録再生システムの概念が不十分なので, 実用には結びつかない. 独創的な研究はすべて異端視されるが, 社会, 産業界に救世主として受入れられ, 実用化に至にはシステム構築の概念と結びつくことが肝要と思われる. 上記の四半世紀とはシステム構築に要する年月といえよう.

一方, 文化や組織と同様に, 研究にも寿命があり, それは 50 年と続かない. たとえばレーザーが発明された直後の西暦 1960〜1970 年代では光の基礎から応用まで, 一人の研究者が 1 つの大きなテーマを研究していた. これはフォト

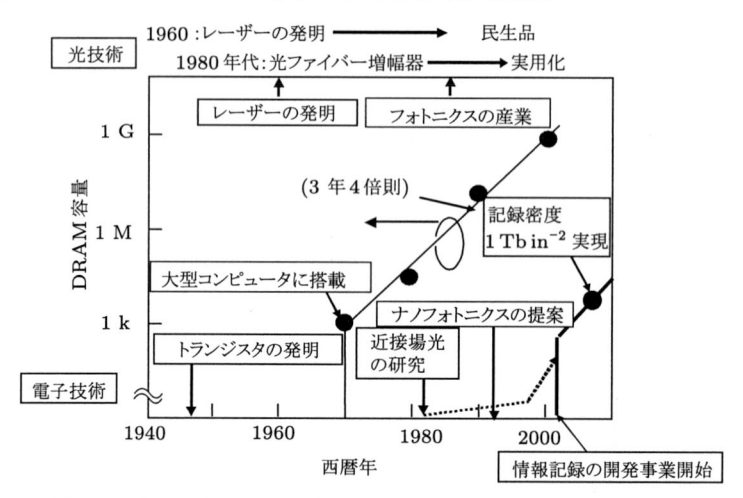

図 4.42 トランジスタ，レーザー，ナノフォトニクスの誕生から実用化まで

ニクスの研究の若年期と考えられ，躍動的な時代である．しかし 21 世紀に入るとその応用が自然淘汰され，またそれが基礎研究にも波及した結果，極言すれば関連分野の全研究者が 1 つのテーマを研究するといった様相を呈してきたように思える．これは研究の老年期に対応する．同じ組織の中でも一人として似たようなテーマに取り組んでいないことが長寿命の研究であることを判断する基準となると思われる．すなわち，研究の手法は共通であっても，各自の目指す分野をそれぞれ開拓し，人とは異なるテーマに挑戦して，常に自分がその研究の先駆者たりうる道を探ることが重要であろう．

文　　献

1) R.T. Senger and K. K. Bajaj: *Phys. Rev. B*, vol.68, 205314 (2003).
2) H.D. Sun, T. Makino, Y. Segawa, M. Kawasaki, A. Ohtomo, K. Tamura and H. Koinuma: *J. Appl. Phys.*, vol.91, 1993 (2002).
3) C. Wetzel, D. Volm, B.K. Meyer, K. Pressel, S. Nilsson, E.N. Mokhov and P.G. Baranov: *Appl. Phys. Lett.*, vol.65, 1033 (1994).
4) Y. Waltereit, O. Brandt, A. Trampert, H.T. Grahn, J. Menniger, M. Ramsteiner, M. Reiche and K. H. Ploog: *Nature*, vol.406, 865 (2000).
5) H. Amano, M. Kito, K. Hiramatsu, and I. Akasaki, *Jpn. J. Appl. Phys.*, vol.28, L2112 (1989).
6) S. Nakamura, T. Mukai, and M. Senoh: *Appl. Phys. Lett.*, vol.64 1687 (1994).
7) S. Yamazaki, T. Yatsui, M. Ohtsu, T.-W. Kim and H. Fujioka, *Appl. Phys. Lett.*,

vol.85, 3059 (2004).
8) S. Yamazaki, T. Yatsui and M. Ohtsu: *Appl. Phys. Exp.*, vol.1, 061102 (2008).
9) 佐藤博保: レーザー化学, 化学同人 (2003).
10) S.S. Lee, S.M. Park and P.J. Chong: *J. Mater. Chem.*, vol.3, 347 (1993).
11) B. Zhou, X. Li, T.L. Tansley and K.S.A. Butcher, *J. Cryst. Grow.*, vol.160, 201 (1996).
12) Y.P. Varshni, *Physica*, vol.34, 149 (1967).
13) D.G. Zhao, S.J. Xu, M.H. Xie, S.Y. Tong and H. Yang: *Appl. Phys. Lett.*, vol.83, 677 (2003).
14) B.K. Ghosha, T. Tanikawaa, A. Hashimotoa, A. Yamamotoa and Y. Ito: *J. Crystal Growth*, vol.249, 422 (2003).
15) N. Itoh, J.C. Rhee, T. Kawabata and S. Koike: *J. Appl. Phys.*, vol.58, 1828 (1985).
16) T. Matsumoto and M. Aoki: *Jpn. J. Appl. Phys.*, vol.13, 1583 (1974).
17) T. Detchprohm, K. Hiramatsu, K. Itoh and I. Akasaki: *Jpn. J. Appl. Phys.*, vol.31, L1454 (1992).
18) 小林隆弘・橋本明弘・山本喆勇: 電子情報通信学会技術研究報告, vol.104, No.425, pp.7–11 (2004).
19) Y. Yamamoto, M. Kourogi, M. Ohtsu, V. Polonski and G.H. Lee: *Appl. Phys. Lett.*, vol.76, 2173 (2000).
20) A.V. Zvyagin, J.D. White, M. Kourogi, M. Kozuma and M. Ohtsu: *Appl. Phys. Lett.*, vol.71, 2541 (1997).
21) V.V. Polonski, Y. Yamamoto, J.D. White, M. Kourogi and M. Ohtsu: *Jpn. J. Appl. Phys.*, vol.38, L826 (1999).
22) F.J. Giessibl: *Appl. Phys. Lett.*, vol.76, 1470 (2000).
23) G.A. Valaskovic, M. Holton, and G.H. Morrison: *Appl. Opt.*, vol.34, 1215 (1995).
24) M. Ohtsu (ed.): *Near-field Nano/Atom Optics and Technology*, Springer (1998).
25) T. Yatsui, J. Lim, T. Nakamata, K. Kitamura, M. Ohtsu and G.-C. Yi: *Nanotechnology*, vol.18, 065606 (2007).
26) M.H. Huang, S. Mao, H. Feick, H. Yan, Y. Wu, H. Kind, E. Weber, R. Russo and P. Yang: *Science*, vol.292, 1897 (2001).
27) W.I. Park, D.H. Kim, S.-W. Jung and G.-C. Yi: *Appl. Phys. Lett.*, vol.80, 4232 (2002).
28) W.I. Park, G.-C. Yi, M.Y. Kim and S.J. Pennycook: *Adv. Mater.*, vol.15, 526 (2003).
29) Y. Kuniya, Y. Deguchi and M. Ichida: *Appl. Org. Chem.*, vol.5, 337 (1991).
30) R.R. Krchnavek, H.H. Gilgen, J.C. Chen, P.S. Shaw, T.J. Licata and R.M. Osgood, Jr.: *J. Vac. Sci. Technol. B*, vol.5, 20 (1987).
31) K. Kitamura, T. Yatsui, M. Ohtsu and G.-C. Yi, The 15th International Conference on Luminescence and Optical Spectroscopy of Condensed Matter (ICL'08), 7–11 July, 2008, Lyon, France.
32) T. Yatsui, T. Kawazoe, M. Ueda, Yamamoto, M. Kourogi, and M. Ohtsu: *Appl. Phys. Lett.*, vol.81, 3651 (2002).

33) J. Lim, T. Yatsui, and M. Ohtsu: *IEICE Trans. Electron.*, vol.E–88C, 1832 (2005).
34) Y. Yamamoto, M. Kourogi, M. Ohtsu, G.H. Lee and T. Kawazoe: *IEICE Trans. Elect.*, vol.E85–C, 2081 (2002).
35) 林　定植・八井　崇・川添　忠・大津元一: 第 63 回秋季応用物理学関係連合講演会講演予稿集, 3 分冊, p.887 (2002).
36) 大津元一・小林　潔: 近接場光の基礎, オーム社, p.132 (2003).
37) Th. Förster: *Ann. Phys.*, vol.427, 55 (1948).
38) R.G. Yarovaya, I.N. Shklyarevsklii and A.F.A. El–Shazly: *Sov. Phys. JETP*, vol.38, 331 (1974).
39) T. Ito, M. Ogino, T. Yamada, Y. Inao, T. Yamaguchi, N. Mizutani and R. Kuroda: *J. Photo. Sci. Tech.*, vol.18, 435 (2005).
40) G.T. Boyd, T. Rasing, J.R.R. Leite and Y.R. Shen: *Phys. Rev. B*, vol.30, 519 (1984).
41) A. Wokaum, J.P. Gordon and P.F. Liao: *Phys. Rev. Lett.*, vol.48, 957 (1982).
42) K.F. MacDonald, V.A. Fedotov, S. Pochon, K.J. Ross, G.C. Stevens, N.I. Zheludev, W.S. Brocklesby and V.I. Emel'yanov: *Appl. Phys. Lett.*, vol.80, 1643 (2002).
43) T. Yatsui, S. Takubo, J. Lim, W. Nomura, M. Kourogi and M. Ohtsu: *Appl. Phys. Lett.*, vol.83, 1716 (2003).
44) G. Mie: *Ann. Phys.*, vol.25(4), 377 (1908).
45) J.M. Gèrardy and M. Ausloos: *Phys. Rev. B*, vol.25(6), 4204 (1982).
46) H. Kuwata, H. Tamaru and K. Miyano: *Appl. Phys. Lett.*, vol.83(22), 4625–4627 (2003).
47) A. Sommerfeld: *Optics*, Chapter 10, Academic Press, New York (1954).
48) T. Yatsui, W. Nomura and M. Ohtsu: *Nano Lett.*, vol.5, 2548 (2005).
49) M. Quinten, A. Leitner, J. R. Krenn and F.R. Aussenegg: *Opt. Lett.*, vol.23, 1331 (1998).
50) W. Nomura, T. Yatsui and M. Ohtsu: *Appl. Phys. Lett.*, vol.86, 181108 (2005).
51) G. Wysocki, S.T. Dai, T. Brandstetter, J. Heitz and D. Bäuerle: *Appl. Phys. Lett.*, vol.79, 159 (2001).
52) T. Kawazoe, K. Kobayashi, S. Takubo and M. Ohtsu: *J. Chem. Phys.*, vol.122, 024715 (2005).
53) T. Yatsui, K. Hirata, W. Nomura, Y. Tabata and M. Ohtsu: *Appl. Phys. B*, vol.93, 55 (2008).

Chapter 5

ナノフォトニクスのシステムへの展開

　本章は，これまでに示されたナノフォトニクスの原理やデバイス技術を踏まえながら，システムの視点を積極的に取り入れて，ナノフォトニクスの広範な応用展開への基礎をさらに充実させることを目指す．

　まず5.1節では，社会の要求や最近の技術の動向を俯瞰するとともに，システム的視点やアーキテクチャと呼ばれている考え方を導入して，従来の光技術とナノフォトニクスを基礎としたシステム機能の差違を簡単に議論する．5.2節および5.3節では，ナノフォトニクスを特徴づける性質であるエネルギー移動と階層性に注目して，システムへの展開の基本原理を概説する．

5.1　システムから見たナノフォトニクス

5.1.1　システムへの新しい要求条件

　すでに第1章で，将来において予想される社会の状況を踏まえて，情報記録や情報通信，微細加工などへの要求条件を導き，その結果として，たとえば光の回折限界の打破に代表される従来の光技術の限界打破の必要性，すなわちナノフォトニクスが必要となることが議論されている．本節では，最近の情報通信技術 (ICT: information and communications technology) には，質的に新しい要求条件も科せられてきていることに簡単に言及して，ナノフォトニクスのシステムとしての発展の方向を俯瞰しよう．図5.1(a)にボトムアップ，トップダウンのそれぞれのアプローチの概念図を示す．本章はこれらの双方のアプローチを含んでいる．

　ブロードバンド環境の普及に代表されるように，情報通信の物量を拡大する

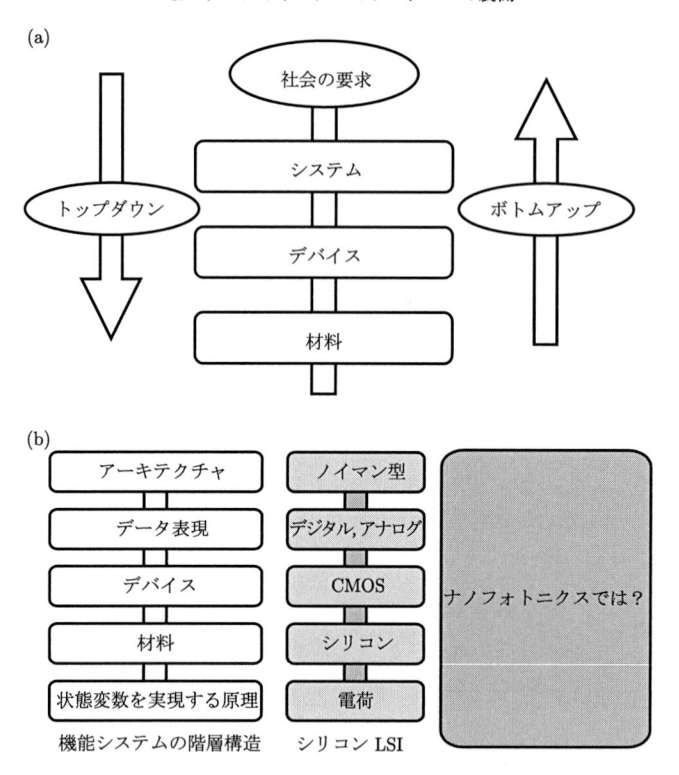

図 5.1 (a) ナノフォトニクスにおけるボトムアップ型のアプローチとトップダウン型のアプローチ，(b) 機能システムの階層構造

傾向は引き続き変化がなく[1]，したがってこれを収容するための様々な技術革新は引き続き重要である．大規模集積回路，情報記録，ネットワーク技術などに関して，様々な技術ロードマップや技術動向が示されている[2~4]．最近では，炭酸ガス排出量の削減や低消費電力化が地球や社会の持続可能性の問題としても急速に重要性が高まっており，デバイスからシステムまで重要課題となっている[5]．

加えて，こうした量的な拡大の結果も一因だが，様々な新しい要求条件が発生して，情報通信の基本的な概念や根本的な技術のレベルで，ブレイクスルーが待望されていることも最近の重要な流れといえる．たとえば，情報通信ネットワークの基盤を根本から問い直す (clean-slate アプローチ (白紙から設計) と

呼ばれる）プロジェクトが，日米欧でほとんど同時期に重要課題として立ち上がった．日本では「新世代ネットワーク」[6]，欧米では「Future Internet」などと呼ばれている[7〜9]．

　こうした新潮流の背景の詳細には本節では踏み込まないが，たとえば，欧州には「2017年までに7兆個のモバイルデバイスが70億人の人々に使われる」という予測がある[10]．すなわち，一人あたり1000個のモバイルデバイスをもつようになるという予測だが，これらの見通しは，情報通信の新しい状況や技術的チャレンジを喚起している一例である．このようなデバイス数の爆発的状況では，たとえば，個々のデバイスを区別すること自体 (identity) も課題と思われ，認証などを含む様々なセキュリティ上の課題などが改めて浮き彫りになる．このような新局面では，伝統的な技術の応用イメージに捕らわれない新しい発想が必要になる．

5.1.2　システムアーキテクチャの重要性

　情報通信システムの基盤となるハードウェアやソフトウェア，たとえばコンピュータシステムにおける中央処理装置 (CPU) やオペレーティングシステム (OS) は，欧米の多国籍企業が世界シェアをほぼ独占している状況にある．様々な開発ツールなどその他の根幹システムについても同様に欧米の多国籍企業が市場を席巻している．このような情報通信システム領域で競争優位を獲得するには，システム的な発想やシステム的アプローチの重要性を認識しておくことは，当然ながら絶対的必要条件の1つになる．そこで本項では「システムアーキテクチャ」という考え方について簡単に議論しよう．

　一般に，システムは広い意味で階層的な構成をなしており，たとえば，情報処理デバイスの典型的構造としては，「状態変数を実現する物理的原理 (電荷)」—「材料 (シリコン)」—「デバイス (CMOS)」—「データ表現 (アナログ，デジタル)」—「アーキテクチャ (ノイマン型)」などの構成をとる[11] (図 5.1(b))．上記で括弧内はシリコン半導体デバイスのケースを示している．さらに，これらの実現技術の経済性や，市場における競争優位性，さらには人の認識の傾向などの観点も含めて，全体をある種の秩序ある状況に構成する指針を，さらに広い意味でアーキテクチャと呼んでよいだろう．このようなアーキテクチャやシ

ステムなど全体性を踏まえた戦略的な取り組みが情報通信分野ではとりわけ重要であり，このことについての十分な認識が不可欠である．前述のように，少なくともシステムレベルでの日本の取り組みはこれまで大変弱い．

一方，前項で言及した新世代ネットワークやFuture Internet構想もその一例だが，従来技術の限界や社会の新しい要求に対応したアーキテクチャの必要性がここにきて改めて指摘されており，集積回路分野においても半導体の技術ロードマップITRSでは萌芽的なアーキテクチャ(Emerging Research Architecture)やデバイス(Emerging Research Device)に関心が寄せられている[11]．また，昨今の脳関連研究の進歩を受けて，脳型の新しい情報処理パラダイムに関する研究も活発である[12]．

ナノフォトニクスにおいても，図5.1(b)のシステムの階層構造に見られるように，材料や原理実証に留まらず，システムやアーキテクチャの視点からも考察を深め，機能システムとしての基本原理を獲得して，これを広範な市場価値への基礎として備えることが大変重要になると思われる．そこで本章では，5.2節でナノフォトニクスにおけるエネルギー移動を用いたシステムを議論し，5.3節でナノフォトニクスの階層性に着目した展開を議論する．

5.1.3 ナノフォトニクスが提供する新しい設計自由度

前項のような社会の新しい潮流とシステムアーキテクチャに並行させる形で，これまでの光技術のシステム応用を簡単に振り返ってみよう．そうすることで，ナノフォトニクスがシステムに対して提供する特徴的な方向や，システムから見た新しい設計自由度は何であるのかを大雑把に把握することを試みよう．

まず，光技術を基礎とする情報システムの典型的な機能を，①情報の取得，②処理，③記録，④出力という4個の過程に分類してみる．①では光センサ，画像センサなどのインターフェイス，②では光情報処理，光セキュリティなど，③は光ストレージ，④は光通信，光インターコネクト，ディスプレイなどの光技術の具体的応用がある．

これら①から④のいずれの応用においても，これは定義からして自明だが，光の伝搬現象，干渉現象，コヒーレンス，エネルギーなど，伝搬光の有する特性が様々に組み合わされ，全体として所望の機能が達成されている．一岡らは，

空間域での並列性，時間域での高速性，周波数域での多重性など，光の属性をさらに抽象化し，フォトニック情報システムの体系的整理を試みている[13,14]．言い換えれば，システムアーキテクチャの立場から光技術の総合的発展を試みた稀有な例がみられる．

しかし，これも自明のことだが，従来の光システムは伝搬光の物理限界の範囲内で実現されるものであり，ナノフォトニクスではシステムの抽象的属性の実現様式や実現範囲が一気に拡大する．このように，既存のシステムの駆動原理を抽象化して，その抽象原理をナノフォトニクスで手当てする，という認識は，機能の根本原理を獲得する1つのアプローチになる．

一例として「信号の一方向性の保証」という抽象的属性の達成を考えてみよう．従来の光技術では，光通信システムにしても画像センサにしても，レンズなどの光部品に「反射防止膜」を施すことが不可欠だが，これは，光には質量がないという伝搬の根本的特性に端を発している．伝搬光が一方向に伝わることを保証しているのは「行き先からの反射がない」という，全体的な状況でしかない．経路中に反射があればその光はどこまでも元に戻ることができる．ではナノフォトニクスでは信号の一方向性は何によって担保されるのか（これは5.2節で議論される）？　このように，同一の抽象的なシステム要件を達成するにも，その実現原理が従来の光技術とナノフォトニクスでは全く異なってくることに注意が必要になる．

もう1つの重要な切り口は，ナノフォトニクスで初めて可能になる物理原理に基礎を置く方法である．ナノフォトニクスではナノ領域での光と物質の相互作用に端を発した，これまでの光技術には備わっていなかった属性が提供される．このような立場から，5.2節では近接場光相互作用を介したエネルギー移動を核として，5.3節では近接場光相互作用の階層性を核として，ナノフォトニクスシステムの基礎となる構造を議論する．これらの考察を通して，ナノフォトニクスが提供するシステムとしての価値は，回折限界の打破という量的な革新だけでなく新しい機能の獲得という質的に新規な方向にあることがわかる．図5.2にこれらの状況の概念図を示す．

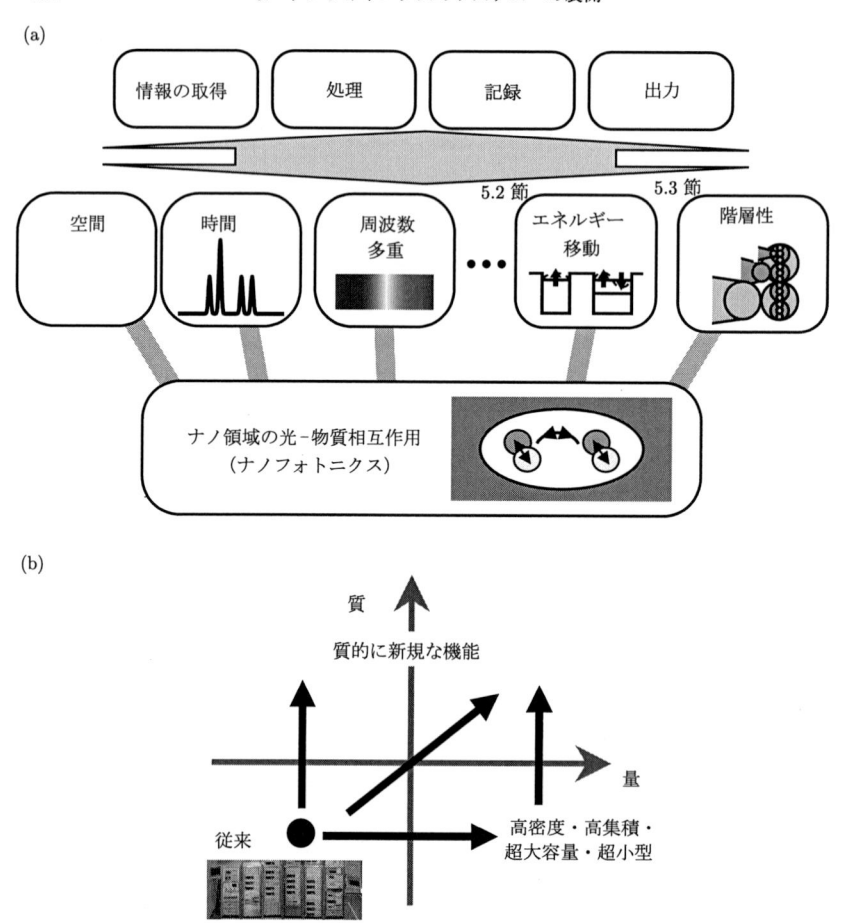

図 5.2 (a) ナノフォトニクスからのシステム機能, (b) 質的変革と量的変革

5.2 ナノフォトニックシステム I ——エネルギー移動を活かす——

　本節では近接場光相互作用を介したエネルギー移動がシステムに対して提供する機能を概説する．近接場光相互作用の理論やデバイスの例は前章までにも示されており詳細は文献[15,16]に詳しいが，本節ではそれが示唆する機能的特徴を改めて議論する．

　従来の物質と光の相互作用の理論では，物質に対して光は空間的に一様と見

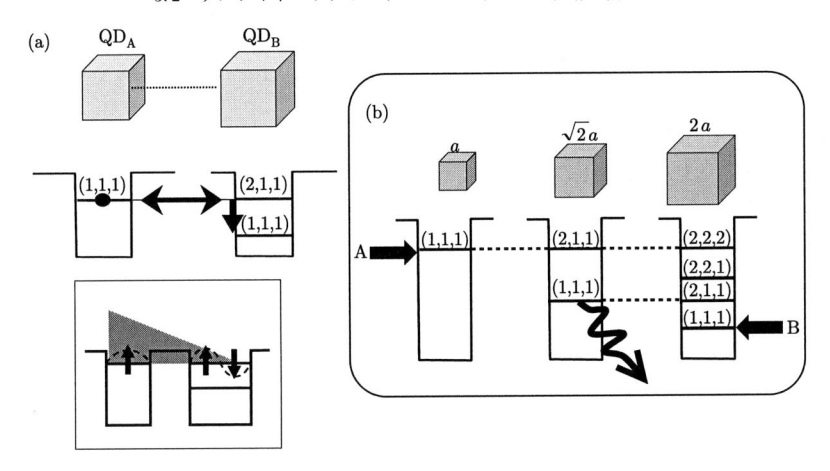

図 5.3 (a) 量子ドット間の近接場光相互作用を用いたエネルギー移動の模式図, (b) ナノフォトニックスイッチの模式図

なして励起の遷移則を導いていく．空間スケールの階層構造は前提にされない．その結果，たとえば立方型形状の量子ドットを前提にすると，偶数の量子数を含む状態との遷移は禁制 (電気双極子禁制) となる[15]．

他方で，物質近傍の局所的領域に注目すると，物質近傍での急峻な勾配を有する近接場光のために，従来の遷移の禁制則が解除される．このことに端を発して，次のようにしてエネルギー移動が可能になる．

2個の量子ドットを用いた模型を導入する．図5.3(a) に示すような一辺の長さ L が a および $\sqrt{2}a$ である立方体型の量子ドット QD_A および QD_B を考える．詳細は割愛するが，この状況では QD_A の $(1, 1, 1)$ 準位に存在する励起子は近接場光相互作用を介して QD_B の $(2, 1, 1)$ 準位へ遷移できる．QD_B では $(2, 1, 1)$ 準位の下方に $(1, 1, 1)$ 準位が存在し，上準位から下準位への緩和は量子ドット間の相互作用時間よりも相対的に速いので QD_B に移動した励起子は下準位に緩和する．このようにして QD_A から QD_B へのエネルギーの移動が実現する．

このような近接場光相互作用を介したエネルギー移動の素過程に，システムの機能から立場から接近して，下記では次の4個の項目，すなわち①状態変数の実現，②多重性，③超並列性，④セキュリティ性，を基軸に議論してみ

よう．

a. 状態変数の実現

上記のエネルギー移動を生じさせるためには，QD_A と QD_B が近接し，これらが近接場光相互作用を介して互いに関係できることが必要であり，逆に，これらの量子ドットが近接していなければ，当然，エネルギー移動は生じない．したがって，QD_A と QD_B の間の距離が仮に可変であれば，エネルギー移動に伴う信号と距離を結びつけることができる．すなわち，センサ機能が実現することになる．「近接場光相互作用の大きさ」が一種の状態変数となって，センサ機能を提供することになる．

また，QD_B の下準位 ($(1,1,1)$ 準位) が空でない場合には，QD_B の上準位から下準位への遷移が起きないため，QD_A の $(1,1,1)$ 準位から QD_B の上準位 $(2,1,1)$ 準位へ遷移した励起子は，QD_A の $(1,1,1)$ 準位との行き来を繰り返す．これは章動と呼ばれる．したがって，QD_B の下準位の状況に応じて異なる 2 つの状況が生じる．すなわち，① QD_B の下準位が空であれば QD_A から QD_B へのエネルギー移動が生じ，② QD_B の下準位が占有されていればその移動は生じない．これは，システムに「二価性」を生じさせるという極めて重要な原理であり，このことが二値論理のデータ表現の実現手段を提供する．

具体例で説明しよう．第 3 章でも議論された，3 個の量子ドットを用いたナノフォトニックスイッチは上記の二価性を基礎としている．図 5.3(b) にその様子を改めて示している．2 入力のナノフォトニックスイッチ (入力 A，B) において，最大寸法の量子ドットの基底準位が入力 B と対応づけられていて，この準位が占有されているときには，最小寸法の量子ドット (入力 A) から流入するエネルギーは，中程度の寸法の量子ドットから出力されるほかない．このことが 2 入力のナノフォトニックスイッチ (AND ゲート)[17,18] という論理機能と結びつくことになる．

b. 多 重 性

上記のように量子ドット間の近接場光相互作用が存在して，大寸法の量子ドットからの出力となるエネルギー準位が空であれば，エネルギー移動が生じる．このとき，経路中には小寸法の量子ドットが複数存在してかまわないし，また，その配列の仕方についても，近接場光相互作用が存在するという条件の

5.2 ナノフォトニックシステムⅠ—エネルギー移動を活かす—

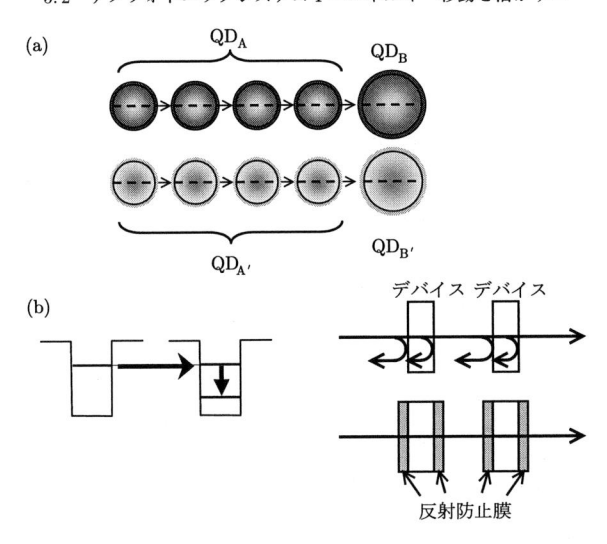

図 5.4 (a) ナノフォトニクスにおけるインターコネクションの基本原理, (b) 信号の移動の一方向性の原理の違い ((左) ナノフォトニクス, (右) 伝搬光)

範囲であれば, 乱雑であってもかまわない. また, QD_A と共鳴準位を有さない寸法の量子ドット $QD_{A'}$ に対しては, エネルギー移動は生じないし, 逆に $QD_{A'}$ と共鳴準位を有する $QD_{B'}$ が存在すれば, QD_A から QD_B へのエネルギー移動と, $QD_{A'}$ から $QD_{B'}$ へのエネルギー移動を共存させることができる (図 5.4(a)).

このような通信チャンネルの共存は, 既存の光技術における波長多重通信 (wavelength division multiplexing) と同様に, 周波数域での光の多重性を用いているが, 従来の光技術とナノフォトニクスとの違いも顕著である. まず, 前述のように経路中の量子ドットの配列は乱雑でもよく, 近接場光相互作用を介して通過していく. 伝搬光における伝搬則とは全く異なる. また, 信号の一方向性の実現原理が異なる. ナノフォトニクスでは, QD_B でのサブレベル間でのエネルギー散逸によって, QD_A から QD_B へのエネルギー移動を確定させている[19]. また, その結果として, 受け側での光周波数は送信側とは異なることになる (このような波長変換を1つの機能と位置づけることもできる). これに対して, 従来の光伝送では 5.1.3 項で議論したように一方向性に相当するのは「受け手側からの反射がない」という状況だけであり, 反射防止膜がなければ光

は発光側へと逆戻りする (図 5.4(b)). また，受光側で特定の周波数の光を抽出するには分離技術が必要になるが，伝搬光ではそれに必要な分散素子の占有体積が回折限界の存在のため特に問題として顕著になる．他方で，ナノフォトニクスでは，適当な寸法の量子ドットを当てることで周波数の選択が可能であり，このような実装方式にも，ナノフォトニクスと従来の光技術の差違が顕著に現れる．

c. 超並列システム

上記の a, b 項は近接場光相互作用を介したエネルギー移動の機能的側面のなかでも，特に原理的で基礎的な構造を示しているが，これらの組み合わせによっても新しい特徴が生まれてくる．その一例として，超並列システムをナノフォトニクスで実現することを検討しよう．

ここでは，メモリベースアーキテクチャと呼ばれる並列アーキテクチャを取り上げる[20]．このアーキテクチャは内積演算とも等価であるので，実際上極めて広範なシステム応用を包含できるほか，高集積性や低エネルギー消費などの量的な優位性も活かすことができる．

メモリベースアーキテクチャとは，与えられたシステム機能をあらかじめ定められた検索表との照合演算あるいは相関演算と対応づける方式である．図 5.5 に概略を示す．このような検索機能はコンテントアドレッサブルメモリ (content addressable memory) とも呼ばれる[21]．このような検索機能は，ネットワークの性能の律速要因 (ボトルネック) となる可能性があるため，光導波路などを用いた全光学的な技術が研究開発されている[22]．しかし全光学的手法の原理的限界の1つとして回折限界が立ちはだかっており，検索表の大規模化や複雑な機能への対応などの技術課題が存在している．

さて，データの照合演算の抽象的な構造を分析してみよう．データの照合演算とは，複数のビット (N ビット) から構成されている入力ビット列 $S = (s_1, \ldots, s_N)$ と被照合データ $D = (d_1, \ldots, d_N)$ があって，S と D がマッチしている場合に選択的に出力信号が与えられる機構であると見なそう．そうすると，この照合演算機構の実現には，より基本的な2つの重要な機構が必要とわかる．

1つ目はデータの和算 (summation) 機構である．S と D のマッチングの判定には，ビットごとの照合では不十分で，全体としてデータがマッチしている

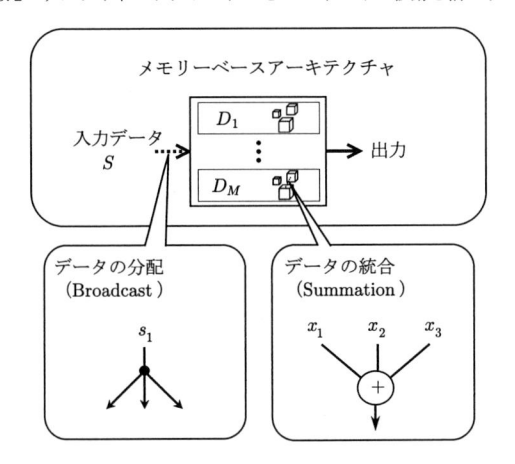

5.2 ナノフォトニックシステム I ―エネルギー移動を活かす―

図 5.5 データの照合演算を基礎とする超並列システム (メモリーベースアーキテクチャ) とその要素となる基本機構 (データの統合 (summation) と分配 (broadcast))

かどうかを判定する必要がある．したがって，$\sum x_i$ で示されるデータの和算機構が必須要素の1つになる．次に重要なポイントは，データの分配 (ブロードキャスト) である．メモリベースアーキテクチャは，検索表のなかの個々のデータのすべてに対して，同じ入力データが与えられるという特徴がある．すなわち同一のデータを多数の要素に分配する必要がある．

ところでこのようなデータの和算や分配は，従来の光技術ではレンズや光導波路を用いて実現されてきた．伝搬光の有する文字どおりの伝搬特性が，複数の入力情報の統合や分配という性質とうまく適合している．このことが，様々な光デバイスやシステム[23] の前提として活かされている．しかしシステムは回折限界に支配されシステム全体の集積化は不可能である．他方で，近接場光相互作用は文字どおり非伝搬であるので，このような非伝搬な原理を活かして，データの統合や分配を実現する必要がある．

以下ではまず，エネルギー移動を組み合わせたデータの和算方式を示す[24]．小ドットから大ドットへの一方向の励起移動を組み合わせ，図 5.6(a) に示すように大ドット (QD_C) を小ドット ($QD_1 \sim QD_3$) が取り囲む状況を構築し，小ドットに生じた信号が大ドット QD_C に集中する状況とする．これによって，小ドットへの入力信号の個数に応じて大ドットからの出力信号が異なる

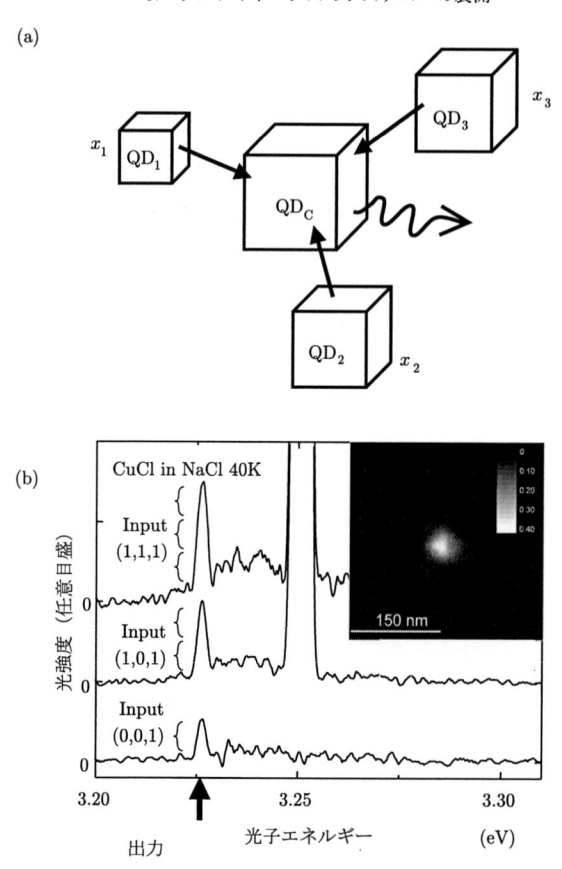

138   5. ナノフォトニクスのシステムへの展開

図 5.6 (a) ナノフォトニクスにおけるデータの統合 (summation) 機構，(b) 実証実験結果

ことになる．この原理は NaCl 中の CuCl 量子ドットにより実験的に検証されている．寸法小の量子ドット (QD_1, QD_2, QD_3) をそれぞれ異なる周波数の光 (波長 325 nm, 376 nm, 381.3 nm) で照射する．このとき量子ドットの寸法は 1 nm, 3.1 nm, 4.1 nm にそれぞれ相当する．ここで，寸法 5.9 nm に相当する波長 384 nm (光子エネルギー 3.225 eV) の光をファイバープローブで観測すると，図 5.6(b) のように出力信号のレベルは入力される信号の数に応じて異なっており，また，回折限界より小さいナノ領域でエネルギーの集中が起こっていることがわかる．すなわち和算がナノ領域で実現されている．

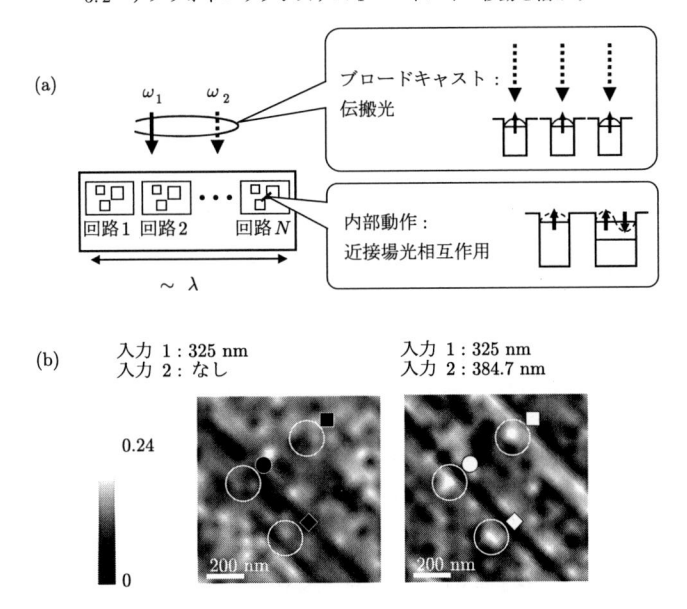

5.2 ナノフォトニックシステム I —エネルギー移動を活かす—

図 5.7 (a) ナノフォトニクスにおけるデータの分配 (broadcast) 機構, (b) 実証実験結果

このような量子ドットに基づくデータの和算方式では，エネルギーの散逸は大寸法の量子ドットにおけるサブレベル間の緩和のみであり，レンズや導波路を用いた従来の光学的手法，さらにはシリコン集積回路に基づく検索専用集積回路[25]に対して，エネルギー効率においても優れていることがわかっている[20].

次に，エネルギー移動の原理を用いたブロードキャストの方式を示す．今，図5.7(a) のように波長程度の寸法の領域内部に近接場光相互作用で動作する機能要素が並列しているとする．このとき内部の機能要素の動作は近接場光相互作用に起因するエネルギー移動に基づいており，その相互作用は伝搬光では禁制されている．ただし，量子数がすべて奇数であるエネルギー準位は伝搬光とも結合することができる．このことに着目して，データのブロードキャストに割り当てる光の周波数を適当に設定すればよい.

この方式は CuCl 量子ドットを用いた実験系で原理実験が示されている．3つの量子ドットにより構成されたスイッチの2入力 (IN1 および IN2) として，それぞれ 325 nm と 384.7 nm に割り当て，これを複数のスイッチが存在してい

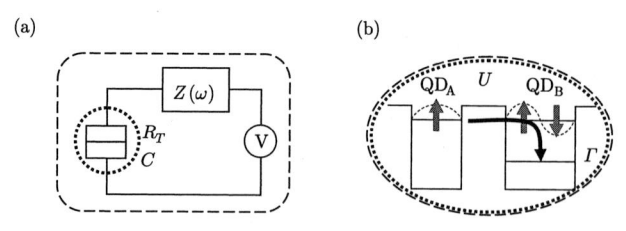

図 5.8 デバイスの安全性 (盗み見に対する耐性 (耐タンパー性)) の基本原理
点線:キーデバイスのスケール, 破線:システムのスケール. (a) 既存の電子デバイスの場合, (b) ナノフォトニクスの場合.

るサンプル面に対して一様に照射し, 出力信号である光エネルギーの空間分布を評価する. 図 5.7(b) において■, ●, ◆印でマークされた場所にスイッチが存在しているが, IN1 のみ照射したときはいずれのスイッチもオフ状態になっている (図 5.7(b) 左). これに対して IN1, IN2 の双方を照射した際にはいずれもオン状態となっている (図 5.7(b) 右). すなわち, 適当な周波数の一括照射によって複数のスイッチが制御されており, これはデータの分配 (ブロードキャスト) が実現されていることを示す[26].

d. セキュリティ性

現在の電子デバイスのセキュリティにおいて重要な問題の 1 つに, サイドチャンネル攻撃と呼ばれる攻撃に対する耐性がある (耐タンパー性と呼ばれる). これは, 電子デバイスから漏れ出ている信号, たとえば電力消費を観測するだけで, 内部の情報を盗み出すことができてしまうという問題である[27]. 電力消費を見ることで, なぜ内部動作の盗み見ができてしまうのであろうか. この問題を原理的に掘り下げてみよう.

今, 電子デバイスの例として単一電子のトンネリングに基づく図 5.8(a) のシステムを取り上げる. システムの動作のためには静電エネルギー $E_C = e^2/2C$ が熱浴のエネルギー $k_B T$ よりも大きい必要に加えて, デバイスが環境と適正に接続されることが不可欠である[28]. たとえば, 外部インピーダンス $Z(\omega)$ がインダクタンス L で与えられるとき, 電荷のゆらぎは $\langle \delta Q^2 \rangle = (e^2/4\rho)\coth(\beta\hbar\omega_S/2)$ となる. ここで $\rho = E_C/\hbar\omega_S$, $\omega_S = (LC)^{-1/2}$, $\beta = 1/k_B T$ である. したがって, 極低温下においても $\rho \gg 1$, すなわち高インピーダンス回路を外部に備えなければならない. これが, 電子デバイスにおける耐タンパー性の悪さの物理

5.2 ナノフォトニックシステム I —エネルギー移動を活かす—

的理由の1つとなる．

　ここでデバイスの動作にかかわる2つのスケールを考えてみよう．スケール I とは「キーデバイスのスケール」，スケール II は「信号輸送に必要なシステムとしてのスケール」である．前記のトンネルデバイスの例では，スケール I はトンネルデバイスと結びつけられるが，スケール II は電源と負荷を含む全系とせざるをえない (図 5.8(a))．

　では，図 5.8(b) に示されるナノフォトニクスにおけるエネルギー移動を用いるケースではどうであろうか．エネルギー移動は大寸法の量子ドット QD_B でのサブレベル緩和で確定するため，スケール I，スケール II の双方とも2個の量子ドットを含む系に収まっている．理論的には，サブレベル緩和の時定数は $\Gamma = 2\pi |g(\omega)|^2 D(\omega)$ で与えられる[29]．ここで $\hbar g(\omega)$ は周波数 ω における励起子と格子振動の結合エネルギー，$\hbar$ はプランク定数 h を 2π で割った定数，$D(\omega)$ は格子振動の状態密度である．すなわち，ナノフォトニクスにおけるエネルギー移動に対する非侵襲的攻撃とは，励起子と格子振動の結合の盗み見を要請するものであり，一般には技術的に極めて困難となる．

　また，信号の移動を確定するには QD_B におけるエネルギーの散逸が励起子と格子振動の結合エネルギー $\hbar\Gamma$ よりも大きい必要がある．ところで，単電子トンネルデバイスにおける環境条件 $\rho \gg 1$ とは，静電エネルギー E_C がエネルギー $\hbar\omega_S$ より大きい必要に対応していた．ここで，信号輸送を特徴づける一種のモードエネルギーとして $\hbar\omega_S$ と $\hbar\Gamma$ を捉えると，前者の電子デバイスではマクロな外部システムを規定する物理量 (外部インピーダンス) に応じて定まるのに対して，後者のエネルギー移動に基づくデバイスではナノ系の物理量 (フォノン) によって与えられている．この差異がデバイスの耐タンパー性の違いに対応づくことがわかる[30]．

　このように，ナノ寸法のデバイスにおいて信号輸送が生じるためには，環境と適切に結合することが必要不可欠であり，エネルギー散逸が生じる環境の空間階層が耐タンパー性というセキュリティ性と密接に結びついているとわかる．

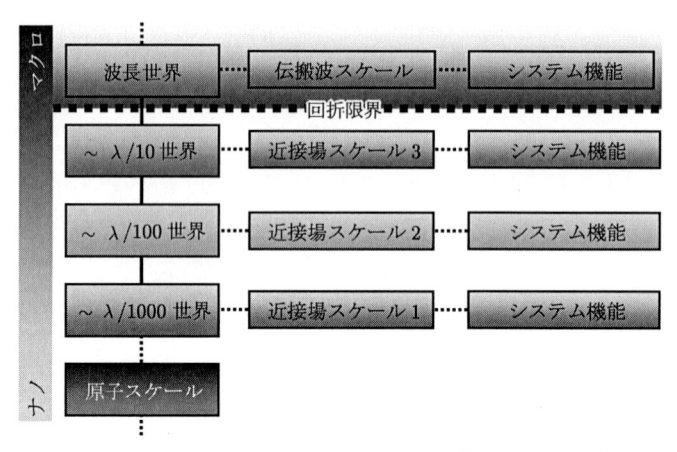

図 5.9 ナノフォトニクスの階層構造

5.3 ナノフォトニックシステム II——階層性を活かす——

近接場光相互作用は，非常に微細なナノ寸法の領域と波長以上の巨視的寸法の間に存在するメゾスコピック領域において生じる作用であり，この領域のなかでも空間の寸法に応じた複数の階層を考えることができる (図 5.9)．このような階層的な性質から導かれるシステムの機能を概観しよう．

5.3.1 近接場光と伝搬光の「区別」とシステム機能

まず，階層性に関する最も単純な特徴として，伝搬光と近接場光では相互作用のあり方が異なること，いわば両者の「区別」そのものに注目できる．5.2節で示されたエネルギー移動においても，伝搬光と近接場光の差違が活かされている．たとえば，ブロードキャストの例では，伝搬光では禁制されている遷移が，近接場光では許容されるという属性が用いられていた．これは，近接場光と伝搬光の区別を活かしているともいえる．

さらにより単純に一般の光学素子を考えてみる．従来，光学素子の光学応答とは伝搬光に対する応答であった．たとえばホログラムや回折格子であれば回折パターン，レンズや鏡などであれば反射・透過特性などである．ここで，そのような伝搬光の光学応答に影響を与えない限りにおいて，近接場光における応

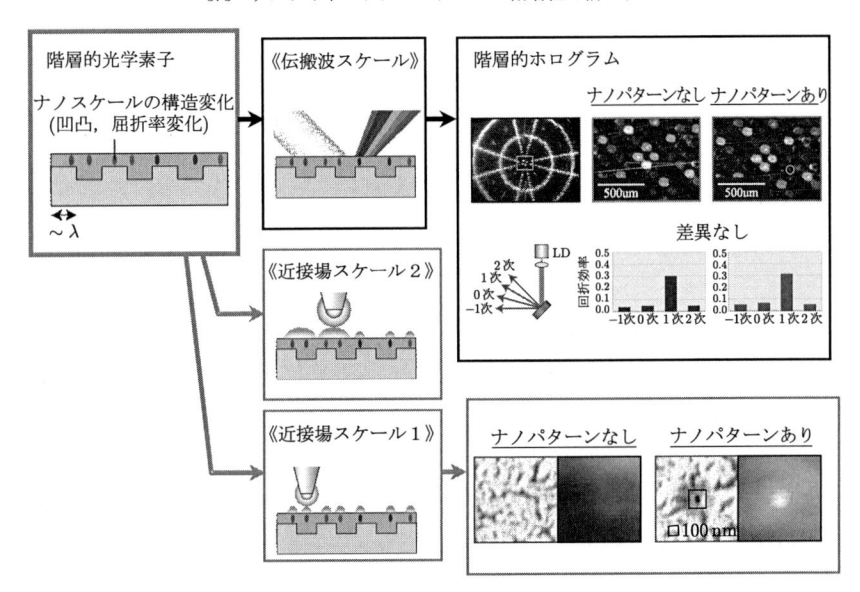

図 5.10 階層的光学素子 (口絵 11 参照)
伝搬光と近接場光の原理の差違を活かす．伝搬光に対する光学応答を維持しながら，近接場スケールにおける光学応答を独立に与える．

答を備えさせることが可能である．通常のホログラムや回折格子の表面に，近接場光によってのみ再生可能なナノ構造を形成して付加価値情報を埋め込みつつ，元の光学素子の光学的性能を維持した，いわば「階層的光学素子」，たとえば「階層的ホログラム」や「階層的回折格子」が実験的に示されている[31]．図5.10 に階層的光学素子の機能的模式図と評価実験の概要を示す．この実験例では通常のホログラムならびに回折格子に対して，金の薄膜を 40 nm 堆積し，ここに直径 100 nm 程度のナノパターンを形成した．伝搬光による光学応答，および個々のナノパターンに対応する寸法程度で生じる近接場光 (図中では「近接場寸法 1」と表示) による光学応答をそれぞれ評価した．伝搬光領域ではナノパターンの有無によらずほとんど同等の応答が得られているのに対し，近接場寸法 1 での光学応答には明瞭な差異が得られている．なお，次項でも示されるように，近接場領域で別の寸法を与えて (たとえば図 5.10 の「近接場寸法 2」)，その寸法における近接場光による光学応答を備えさせることも可能である．このように，従来の光学素子の性能をそのままに維持しつつ，ナノ領域において別の機能を組み込んだ新しい付加価値を有する素子が実現される．

5.3.2 近接場光のなかの階層性

a. 階層的システム

近接場光が支配する波長以下のスケールの内部でも複数の階層を考えることができる.ここでは手始めにメモリシステムの立場からこのような階層性の活用を考えてみよう.光メモリの記録密度は,先端の研究開発ではすでに 1 TB in^{-2} を超えており[32,33], メモリ全体の容量も極めて大規模化している.このように情報の高密度化や大容量化の進展に伴って,逆に,特定の情報の読み出しや検索は結果的にますますコストがかかるようになっている.また,セキュリティ性など,新しい機能的側面がメモリシステムにも求められはじめている.これに対応するために,一例として,論理的な階層構造をあらかじめ記録情報の全体に対して備えることは検索の高速化において極めて効果的である.たとえば,概要情報,メタデータ,タグ情報などを加えることは情報の階層化の一形態である.

ナノフォトニクスでは物理的にこのような階層性を実現できる.たとえば,相対的に疎な空間寸法において低解像度な情報あるいは概要情報を読み出し可能とし,密な空間スケールにおいて高解像度・詳細情報を再生可能とさせることができる.あるいはまたセキュリティ機能とも対応させることができ,密な空間寸法では容易には再生できない高セキュリティな情報を記録し,疎なスケールにおいては相対的に簡易にアクセス可能な利便性の高いセキュリティ性を備えるような機能性が可能になる.

さらに,このような異なる種類の情報の再生,すなわち階層的な光学応答に加えて,ナノフォトニクスの他の物理的原理もさらに導入することで,別の種類の機能を実現することもできる.たとえば,局所的なエネルギー散逸機構を応用することで,情報のトレーサビリティ機能を実現でき,これは d 項で議論する.

b. 双極子間相互作用による階層性のモデル

電気双極子相互作用に基づく簡単な物理モデルで階層性を議論してみよう[34]. まず,半径 a_A の球 A によって検出のためのプローブ系を代表させ,半径 a_B の球 B で検出対象の試料を代表させる.この 2 球の相互作用を議論しよう(図 5.11(a)).これら 2 球に対して振幅 E の光を照射すると,球 A,球 B にはそれ

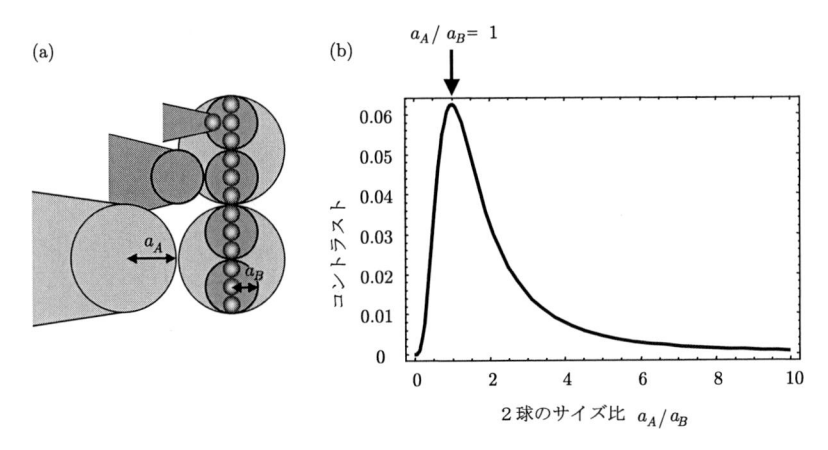

5.3 ナノフォトニックシステム II—階層性を活かす—

図 5.11 (a) 2 個のナノ粒子間の双極子相互作用の模式図. (b) 相互作用によって生じる信号のコントラストはナノ粒子の寸法が同一であるときに最大化する

ぞれ双極子モーメント $p_A = \alpha_A E$ および $p_B = \alpha_B E$ が誘起される. (α_A および α_B はそれぞれの球における感受率を示す). 次に, 球 B に誘起された双極子モーメント p_B に基づいて, 球 A に双極子モーメントの変化 $\Delta p_A = \Delta \alpha_A E$ が引き起こされる. 同様に, 球 A に誘起された双極子モーメント p_A に対応して球 B における双極子モーメントの変化 $\Delta p_B = \Delta \alpha_B E$ が生じる. このような電磁相互作用は双極子相互作用と呼ばれる. この結果, 系全体からの散乱場の大きさは,

$$I = |p_A + \Delta p_A + p_B + \Delta p_B|^2 \approx (\alpha_A + \alpha_B)^2 |E|^2 + 4\Delta\alpha(\alpha_A + \alpha_B) |E|^2 \tag{5.1}$$

で近似できる. ここで $\Delta\alpha = \Delta\alpha_B = \Delta\alpha_A$ とした. ここで, (5.1) 式の右辺第 2 項が 2 球の相対的な関係に依存して定まる信号であり, 第 1 項は一様な背景光を表す. したがって, 第 1 項に対する第 2 項の大きさが信号のコントラストに対応することになる. これを計算すると図 5.11(b) に示されるように $a_A = a_B$ のときコントラストは最大化するとわかる.

以上のような単純な相互作用モデルに基づくだけで, 以下のように階層的なメモリシステムを構築できる. 今, 回折限界以下の寸法で最大 N 個のナノ粒子が配列されるとする. このとき個々のナノ粒子と同等の寸法のプローブを用い

てこのナノ粒子を読み出せばナノ粒子の分布が解像されることになる．このとき読み出せる情報は，N 個のナノ粒子の配置に対応して潜在的には 2^N 個ある．これを第1層の情報と呼ぼう．次に，N 個のナノ粒子の全体と同等の寸法を有するプローブを用いて，このナノ粒子配列を読み出すとする．このときは，個々のナノ粒子の分布は解像できないが，ナノ粒子の全体に対応した信号，具体的にはナノ粒子の個数に対応した信号を得ることはできる．したがって，このときに得られる信号は $N+1$ とおりである．これを第2層の情報と呼ぼう．したがって，信号再生において用いるプローブ寸法を異ならせることで (図5.12(a))，読み出す情報の総数を 2^N と $N+1$ のように異ならせることができ，これを情報の階層性と結びつけることができる．たとえば，N ビットの情報の総数 2^N のうち，その半数 2^{N-1} には1の個数を過半数以上，残りの半数 2^{N-1} には1の個数を半数より小さくできるので，$N-1$ ビットの情報 (詳細情報) をナノ粒子の配列で表現して，残りの1ビット (概要情報) をナノ粒子の個数で代表させることができる．このようにして，概要情報を第2層で再生して，詳細情報を第1層で再生することが可能になる[35]．

次に同様の仕様の金のナノ粒子配列を電子ビーム露光装置などを用いて SiO_2 基板上に形成し，第2層での情報再生を実験的に検証した．図5.12(b) は個々のナノ粒子の電子顕微鏡写真 (SEM像)，図5.12(c) は開口径が 500 nm の近接場プローブを用いた照射・集光モードでのナノ粒子配列の測定結果である．光源には波長 680 nm の半導体レーザーを用いた．基板とプローブ先端間距離は 750nm に維持した．図5.12(d) のように，ナノ粒子に応じて線形に増加していることがわかる．これらの結果は階層的なメモリ再生の原理を実証している．

c. アンギュラースペクトル展開によるナノフォトニクスの階層性

一般にある現象を相対的に疎な空間スケールで観測したときには，密な空間スケールでの観測量の平均場近似が得られる．ところが，近接場光相互作用の階層性を上手に利用すると「平均化されない疎視化」が可能になる．電磁場を指数関数的に減衰するエバネッセント波を含む平面波の重ね合わせで表現するアンギュラースペクトル展開は，このような性質を明示的に取り扱うことができる[36]．図5.13(a) に概念図を示す．

平均化されない疎視化は，物質系の空間構造の疎密に対応して近接場光のし

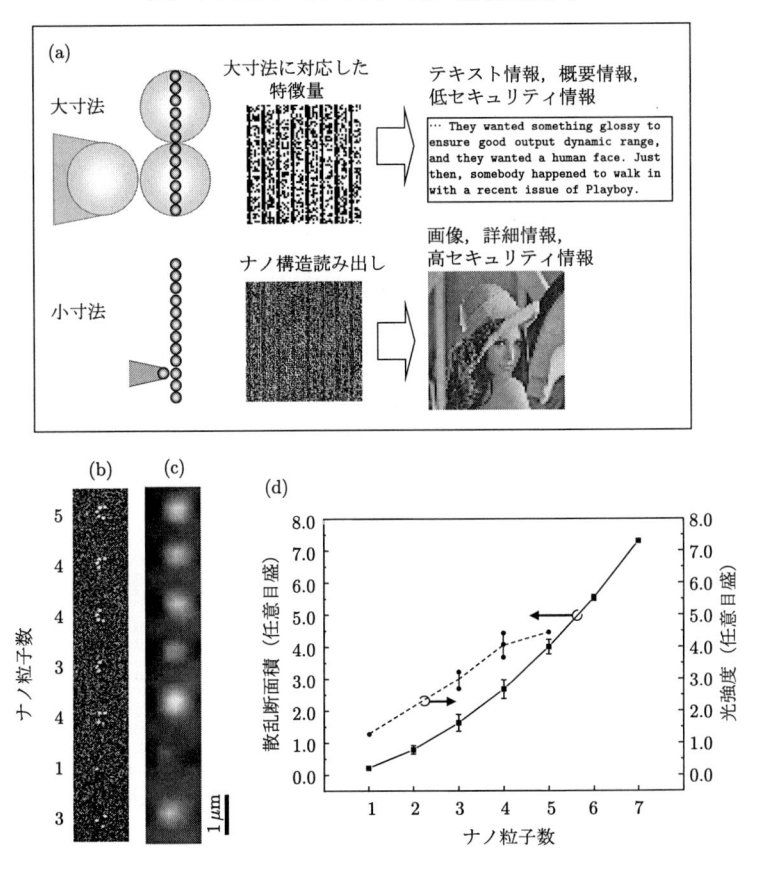

5.3 ナノフォトニックシステム II—階層性を活かす—

図 5.12 (a) 階層的なメモリシステム．スケールに応じて異なる種類の情報を読み出す．
(b, c, d) 実証実験結果

み込み長が異なるという原理的特徴に基づく．すなわち所望の階層における光学応答に寄与できるのはその階層まで到達可能なしみ込み長を有する空間構造であり，その限りにおいて，所定の階層に影響を与えない空間構造には任意性が残る．したがって密な階層の光学応答と疎な階層の光学応答を全体として任意に設定可能になる[37]．

たとえば図 5.13(b) に示される 4 個の電気双極子 ($d^{(1)} \sim d^{(4)}$) について，微細なスケール (第 1 層) での点 A_1, A_2，ならびに疎なスケール (第 2 層) での点 B に着目してみよう．まず A_1 ではそこに近接した $d^{(1)}$ および $d^{(2)}$ が支配的に

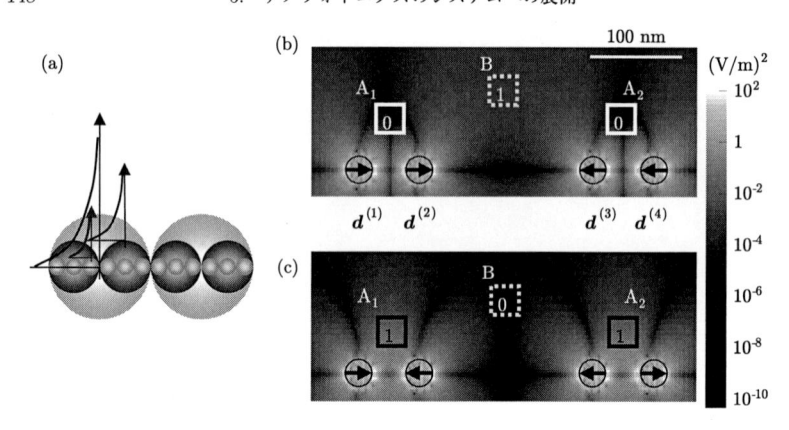

図 5.13 (a) アンギュラー・スペクトル展開の概念図と (b,c) 近接場光相互作用における平均化されない疎視化. (b) 第 1 層 (A_1, A_2) で 0, 第 2 層で 1, (c) 第 1 層で 0, 第 2 層で 1 が再生されている

影響し,この場合には A_1 では光は局在せず信号レベル 0 の再生となる.他方で,B に対しては 4 個の電気双極子とも関与できるもの,遠隔に位置するため配列の微細な構造は反映されず,B からは 4 個の電気双極子は事実上逆向きに配列された 2 個の電気双極子にしか見えない.この場合には B では光は局在することができ,信号レベル 1 の再生が実現する.

以上の例に限らず,4 個の双極子の配列を適当に設計することによって,第 1 層で信号レベル 1 としながら,第 2 層で信号レベル 0 とするなど (図 5.13(c)),任意の階層的光学応答を実現できる.これは,近接場光が有する階層性を踏まえてシステム全体の構造を設計することに他ならない.

d. 階層性が導く様々な機能

ある階層の光学応答を他の物理的効果と結びつけることで様々な機能性が生じる.たとえば,ある階層の光学応答をエネルギーの局所的散逸と結びつければ,情報読み出しの履歴を物理的に記憶する「痕跡メモリ」が実現される[38,39].すなわち情報のトレーサビリティ機能が物理的に備わる.これは情報の機密性の保証,流通の制御,プライバシー保護などのセキュリティ応用に結びつく.局所的散逸の原理は,金属ナノ構造への光照射によって生じる電場増強効果[40]や,5.2 節のエネルギー移動を用いる方法[24,41]などによって,材料に不可逆な組成変化を引き起こすことで手当てされる.

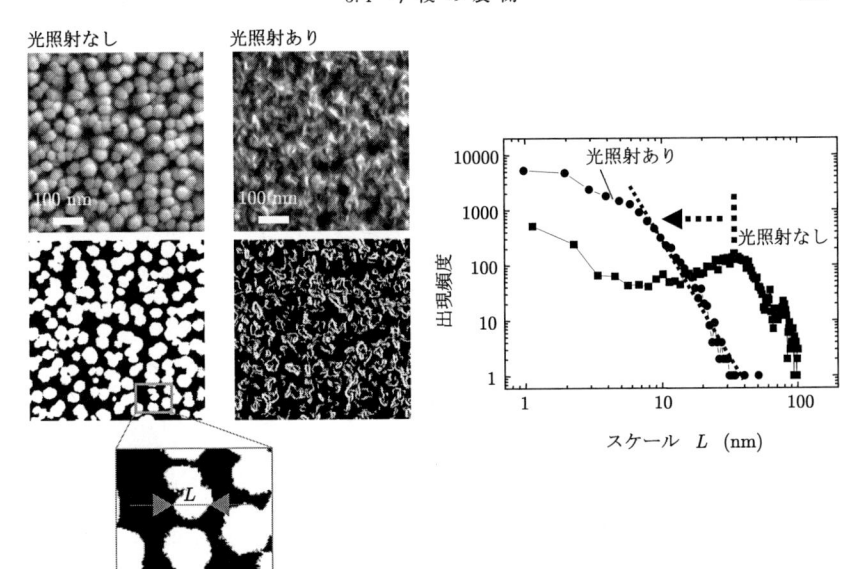

図 5.14 相対的に「大スケール」の構造の近傍に発生する近接場光を経由させ,「小スケール」の構造を生成

さらに,近接場光が生じている物質近傍の局所的な領域において選択的に物質の堆積 (あるいは解離) などの化学反応を進行させることができれば,相対的に「大きな構造」から「小さな構造」を生成することができる[42].たとえば図 5.14 の例では酸化亜鉛ナノロッドの稜線や頂点において発生する近接場光によってその近傍に亜鉛を選択的に堆積させた例である.図 5.14 のように構造の代表的な寸法が相対的に微小スケールへ移動している.また,寸法の出現頻度が巾乗則に従うことから,一種のフラクタル構造が非フラクタルな親構造から生成したともいえる.このような電子系とフォトン系の双方が (動的に) 関わり合うシステムの詳細検討[43]や,システムのアイデンティティを保障する技術[44]などへの発展が今後考えられる.

5.4 今後の展開

本章では,ナノフォトニクスに対してシステムの立場から接近して,特に近接場光相互作用に基づくエネルギー移動と階層性を取り上げて,ナノフォトニッ

クシステムの基本的機能を議論した．エネルギー移動，階層性のいずれも回折限界より小さいナノ領域で生じる性質であるので，システムの高集積性や高密度性において威力を発揮するが，ナノフォトニクスの原理を機能の立場から捉えることで，メモリベースアーキテクチャ，階層的システム，さらには，安全性，トレーサビリティ機能，ナノ構造作製技術への利用など，機能性を活かした様々な発展があることがわかる．

今後の研究開発のポイントとして，ナノ領域で生じる光と物質の特徴的な相互作用を利活用しながら，その効果をマクロなスケールに誘導することが挙げられる[45]．このポイントは，たとえば光ファイバープローブなどの一点読み出し型システムを脱して，全空間を一括して簡便に取り扱えるような，実用上の高い期待に応えることにももちろんつながるが[46,47]，それ以上に，エネルギー移動や階層性に代表されるナノフォトニクスの本質をさらに掘り下げることに他ならない．第3章で議論されているナノフォトニクスの非断熱的現象も，今後，多様なシステム応用に展開できるだろう．また，近接場領域における偏光[48]やスピンなど，新たな自由度の活用もシステムとしての重要なポイントになってくる．

ところで，人体や植物など自然界のシステムは，ナノ寸法の構成要素を含む精妙な仕組みのなかで，物質(エネルギー)と情報を巧みに織り交ぜて，動的平衡状態を維持して動作している[49]という事実がある．物質流と情報流の双方を用いるような情報システム，さらには環境と共生するシステムなど，全く新しい情報システムの概念構築に通じるような方向にむけても，今後の展開が期待される．

コラム 9　先導性の判断基準

〈忘れ得ぬ言葉〉
世間普通の人たちは難しい問題の解決にあたって，熱意と性急のあまり権威ある言葉を引用したがる．彼らは自分の理解力や洞察力のかわりに他人のものを動員できる場合には心の底から喜びを感ずる．

A. ショウペンハウェル著，斉藤忍随訳『読書について他二篇』
(岩波文庫)

5.4 今後の展開

　コラム 5 の冒頭に記したように，シンゲは論文を発表するにあたり，言い訳じみたことを書いている．しかし彼にとって幸いなことは，研究の先導性を見いだし，励ましてくれる人物がいたことである．このような人物を養成し，その人物を評価しなければ研究は「習った学問」(コラム 1 参照) の域を脱しない．

　日本でも「作った学問」で研究や教育ができてよいはずなのに，いまだ「習った学問」が多いように感じられる．外国にライバルがいることを誇り，その論文は引用するが，日本人のライバルがいるのを喜ばず，その論文は引用しないという風潮がないであろうか？　しかしもちろん研究が際立った先導性を保っている限り，その論文は他の研究者の論文にはあまり引用されないので，このあたりの判断が微妙であるが……．「日本発の技術用語を使って研究ができる分野はどれか？　問題を解決する研究者ではなく，問題を作れる研究者は誰か？」を見極められるようになりたいものだ．

　日本では論文になったら話題にされるが，むしろ大事なのは「あの人のアイデアは実現するかどうか？」ということであろう．先導的な研究とはアイデアを実現する過程である．さらに注意すべきことは，先導的に見える研究でも実はそうでない場合，すぐれた研究者はいち早くそれを見抜き，その分野には参入してこない．またその論文も引用しない．そこで関連分野の研究者は仲間内で論文を引用するといった「相互引用互助」をする場合がある．これは外国でもしばしば見られる現象である．国内外が入れ替わっても，似たようなテーマで多くの研究者が盛り上がりを見せているという状況は，すなわち流行している研究を追うことは，先導性・創造性とはかけ離れたところにある．

文　　献

1) 総務省, 情報通信白書平成 19 年版.
2) 国際半導体技術ロードマップ http://www.itrs.net/
3) 経済産業省技術戦略マップ http://www.meti.go.jp/policy/economy/gijutsu_kakushin/kenkyu_kaihatu/str-top.html
4) (財) 光産業技術振興協会光テクノロジーロードマップ http://www.oitda.or.jp/main/road-j0.html
5) 国際電気通信連合電気通信標準化部門 (ITU–T) での気候変動への取り組み http://www.itu.int/ITU-T/climatechange
6) 新世代ネットワーク推進フォーラム http://forum.nwgn.jp/
7) 米国の将来インターネット (Future Internet) に関する研究開発プロジェクト

http://www.nets-find.net/
8) 米国の実験ネットワーク http://www.geni.net/
9) 欧州の将来インターネット (Future Internet) 研究開発プロジェクト http://www.future-internet.eu/
10) N. Jefferies: "Global vision for a wireless world". Wireless World Research Forum Meeting 18, 2007.
11) 国際半導体技術ロードマップにおける新デバイス・新アーキテクチャの議論 Emerging Research Devices, International Technology Roadmap for Semiconductors, http://www.itrs.net/
12) J. Hawkins and S. Blakeslee: *On Intelligence*, Times Books (2004).
13) 一岡芳樹: フォトニック情報システム, 応用物理, vol.72, No.11, p.1357 (2003).
14) 稲葉文男・一岡芳樹 (編): 光コンピューティングの事典, 朝倉書店 (1997).
15) 大津元一・小林 潔: ナノフォトニクスの基礎, オーム社 (2006).
16) M. Ohtsu, K. Kobayashi, T. Kawazoe, T. Yatsui and M. Naruse: *Principles of Nanophotonics*, Taylor and Francis (2008).
17) T. Kawazoe, K. Kobayashi, S. Sangu and M. Ohtsu: Demonstration of a nanophotonic switching operation by optical near-field energy transfer. *Appl. Phys. Lett.*, vol.82, No.18, pp.2957–2959 (2003).
18) T. Yatsui, S. Sangu, T. Kawazoe, M. Ohtsu, S.J. An, J. Yoo and G.-C. Yi: Nanophotonic switch using ZnO nanorod double-quantum-well structures. *Appl. Phys. Lett.*, vol.90, No.22, pp.223110 1–3 (2007).
19) W. Nomura, T. Yatsui, T. Kawazoe and M. Ohtsu: The observation of dissipated optical energy transfer between CdSe quantum dots. *J. Nanophotonics*, vol.1, pp.011591 1–7 (2007).
20) M. Naruse, T. Miyazaki, T. Kawazoe, K. Kobayashi, S. Sangu, F. Kubota and M. Ohtsu: Nanophotonic computing based on optical near-field interactions between quantum dots. *IEICE Trans. Electron.*, vol.E88–C, pp.1817-1823 (2005).
21) H. Liu: Routing table compaction in ternary CAM. *IEEE Micro*, vol.22, No.1, pp.58–64 (2002).
22) A. Grunnet–Jepsen, A.E. Johnson, E.S. Maniloff, T.W. Mossberg, M.J. Munroe and J.N. Sweetser: Fibre Bragg grating based spectral encoder/decoder for lightwave CDMA. *Electron. Lett.*, vol.35, No.13, pp.1096–1097 (1999).
23) J.W. Goodman, A.R. Dias and L.M. Woody: Fully parallel, high-speed incoherent optical method for performing discrete Fourier transforms. *Opt. Lett.*, vol.2, pp.1–3 (1978).
24) M. Naruse, T. Miyazaki, F. Kubota, T. Kawazoe, K. Kobayashi, S. Sangu and M. Ohtsu: Nanometric summation architecture using optical near-field interaction between quantum dots. *Opt. Lett.*, vol.30, No.2, pp.201–203 (2005).
25) たとえば, I. Arsovski, T. Chandler and A. Sheikholeslami: A ternary content-addressable memory (TCAM) based on 4T static storage and including a currentrace sensing scheme. *IEEE J.Solid-State Circuits*, vol.38, No.1, pp.155–158 (2003).

26) M. Naruse, T. Kawazoe, S. Sangu, K. Kobayashi and M. Ohtsu: Optical interconnects based on optical far- and near-field interactions for high-density data broadcasting. *Opt. Express*, vol.14, pp.306–313 (2006).
27) たとえば, http://www.cryptography.com/resources/whitepapers/DPATechInfo.pdf
28) G.-L. Ingold and Y. V. Nazarov: Charge tunneling rates in ultrasmall junctions. in H. Grabert and M.H. Devoret(eds.): *Single Charge Tunneling*, Plenum Press, New York, pp. 21–107 (1992).
29) H.J. Carmichael: *Statistical Methods in Quantum Optics I*, Springer–Verlag, Berlin (1999).
30) M. Naruse, H. Hori, K. Kobayashi and M. Ohtsu: Tamper resistance in optical excitation transfer based on optical near-field interactions. *Opt. Lett.*, vol.32, pp.1761–1763 (2007).
31) N. Tate, W. Nomura, T. Yatsui, M. Naruse and M. Ohtsu: Hierarchical hologram based on optical near- and far-field responses. *Opt. Express*, vol.16, No.2, pp.607–612 (2008).
32) たとえば, NEDO 技術開発機構: 大容量光ストレージ技術の開発, 平成 14 年度〜平成 18 年度 http://www.nedo.go.jp/activities/portal/gaiyou/p02037/p02037.html
33) T. Nishida, T. Matsumoto, F. Akagi, H. Hieda, A. Kikitsu, K. Naito, T. Koda, N. Nishida, H. Hatano and M. Hirata: Hybrid recording on bit-patterned media using a near-field optical head. *J. Nanophotonics*, vol.1, pp.011597 1–6 (2007).
34) 大津元一・小林 潔: 近接場光の基礎, オーム社 (2003).
35) M. Naruse, T. Yatsui, W. Nomura, N. Hirose and M. Ohtsu: Hierarchy in optical near-fields and its application to memory retrieval. *Opt. Express*, vol.13, pp.9265–9271 (2005).
36) 堀 裕和・井上哲也: ナノスケールの光学—ナノ光科学の電磁気学的基礎—, オーム社 (2006).
37) M. Naruse, T. Inoue and H. Hori: Analysis and synthesis of hierarchy in optical near-field interactions at the nanoscale based on Angular Spectrum. *Jpn. J. Appl. Phys.*, vol.46, pp.6095–6103 (2007).
38) M. Naruse, T. Yatsui, T. Kawazoe, Y. Akao and M. Ohtsu: Design and simulation of a nanophotonic traceable memory using localized energy dissipation and hierarchy of optical near-field interactions. *IEEE Trans. Nanotechnology*, vol.7, No.1, 14–19 (2008).
39) M. Naruse, T. Yatsui, J. H. Kim and M. Ohtsu: Hierarchy in optical near-fields by nano-scale shape engineering and its application to traceable memory. *Appl. Phys. Express*, vol.1, No.6, pp.062004 1–3 (2008).
40) P. Mühlschlege, H.-J. Eisler, O.J.F. Martin, B. Hecht and D.W. Pohl: Resonant optical antennas. *Science*, vol.308, pp.1607–1609 (2005).
41) T. Kawazoe, K. Kobayashi and M. Ohtsu: Optical nanofountain: A biomimetic device that concentrates optical energy in a nanometric region. *Appl. Phys. Lett.*, vol.86, 103102 1–3 (2005).
42) M. Naruse, T. Yatsui, H. Hori, K. Kitamura and M. Ohtsu: Generating small-scale

structures from large-scale ones via optical near-field interactions. *Opt. Express*, vol.15, pp.11790–11797 (2007).
43) T. Yatsui, W. Nomura, M. Ohtsu, K. Hirata and Y. Tabata: "Realization of an Ultra-Flat Silica Surface with Angstrom-Scale Average Roughness Using Nanophotonic Polishing", Conference on Lasers and Electro-Optics, May 4–9, 2008, San Jose, CA, USA (paper number CMX3).
44) M. Agu: Field theoretical approach to the conservation of identity of a complex network system. *Complex Systems*, vol.16, pp.175 (2006).
45) 堀　裕和: ナノ光科学・技術の進展と今後の展望, 応用物理, vol.77, No.6, pp.631–642 (2008).
46) M. Naruse, T. Yatsui, H. Hori, M. Yasui and M. Ohtsu: Polarization in optical near- and far-field and its relation to shape and layout of nanostructures. *J. Appl. Phys.*, vol.103, No.11, pp.113525 1–8 (2008).
47) M. Naruse, K. Nishibayashi, T. Kawazoe, K. Akahane, N. Yamamoto and M. Ohtsu: Scale-dependent optical near-fields in InAs quantum dots and their application to non-pixelated memory retrieval. *Appl. Phys. Express*, vol.1, No.7, pp.072101 1–3 (2008).
48) Y. Ohdaira, T. Inoue, H. Hori and K. Kitahara: Local circular polarization observed in surface vortices of optical near-fields. *Opt. Express*, vol.16, pp.2915–2921 (2008).
49) 福岡伸一: 生物と無生物のあいだ, 講談社 (2007).

〈さらに学習するための参考書〉
1) 大津元一・小林　潔: 近接場光の基礎, オーム社 (2003).
2) 斎木敏治・戸田泰則: ナノスケールの光物性, オーム社 (2004).
3) 堀　裕和・井上哲也: ナノスケールの光学——ナノ光科学の電磁気学的基礎——, オーム社 (2006).
4) 大津元一 (編著): ナノフォトニックデバイス・加工, オーム社 (2007).

Chapter 6

将 来 展 望

6.1 基礎概念について

　本書では先端光技術としてナノフォトニクスを取り上げ紹介した．ナノフォトニクスは光科学技術のパラダイムシフトをもたらしたが，過去の多岐にわたる技術のパラダイムシフトの実現例を図 6.1 に示す．これらの例と同様，ナノフォトニクスは深く幅広い話題を包含している．特に従来の光技術で使われている伝搬光では到底不可能であった全く新しい機能や現象を引き出して使うという変革，すなわち「質的変革」が実現したことを示した．ナノフォトニクスは既存の光技術の広範な分野にとって代わる可能性を示しており，かつ質的変革を活用することにより新しい分野へ展開することができる．この点に注意し，本章では今後のナノフォトニクスの進むべき方向を概観する．そのためには従来の光技術に使われてきた光の基礎概念を見直し，関連する技術の将来，さらに産業の将来について展望する必要がある．図 6.2 に示すように基礎概念，技術，産業が連携すればさらに新しい光技術が進展し，21 世紀の社会を支える基盤技術が確立すると期待される．

　光の理論的取り扱いには，関連する現象に対応して図 1.3 に示したように，光を光線と見なす幾何光学，波動と見なす波動光学，物質中の光の振る舞いを記述する電磁光学，さらには物質と光の非線形相互作用を扱う非線形光学などがある (表 2.1 も参照)．これらは光の古典電磁気学的振る舞いを扱うので古典光学と呼ばれている．これに対し，光の量子力学的振る舞いを扱うのは量子光学である[1]．

　以上の光学理論を用いれば光が自由空間や物質中を伝搬する様子を詳細に記

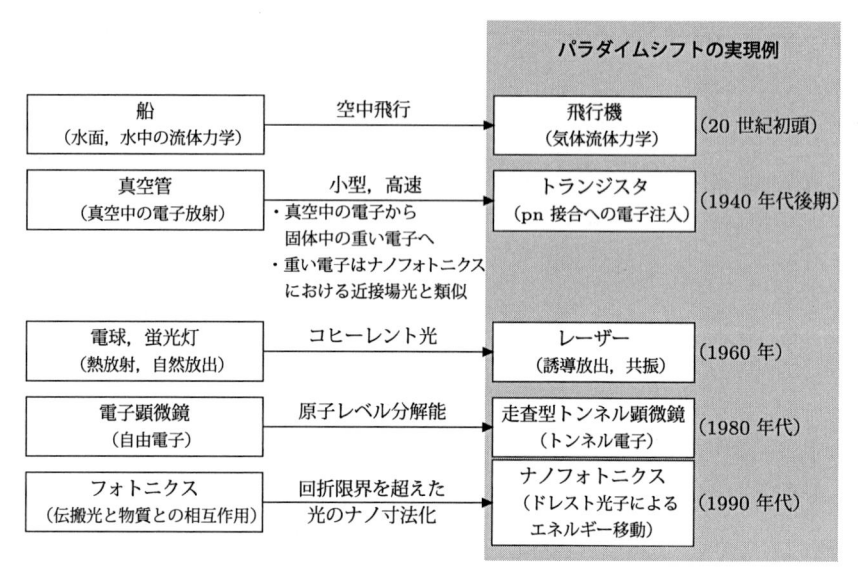

		パラダイムシフトの実現例	
船 (水面，水中の流体力学)	空中飛行 →	飛行機 (気体流体力学)	(20世紀初頭)
真空管 (真空中の電子放射)	小型，高速 ・真空中の電子から 　固体中の重い電子へ ・重い電子はナノフォトニクス 　における近接場光と類似	トランジスタ (pn接合への電子注入)	(1940年代後期)
電球，蛍光灯 (熱放射，自然放出)	コヒーレント光 →	レーザー (誘導放出，共振)	(1960年)
電子顕微鏡 (自由電子)	原子レベル分解能 →	走査型トンネル顕微鏡 (トンネル電子)	(1980年代)
フォトニクス (伝搬光と物質との相互作用)	回折限界を超えた 光のナノ寸法化	ナノフォトニクス (ドレスト光子による エネルギー移動)	(1990年代)

図 6.1　パラダイムシフトの実現例

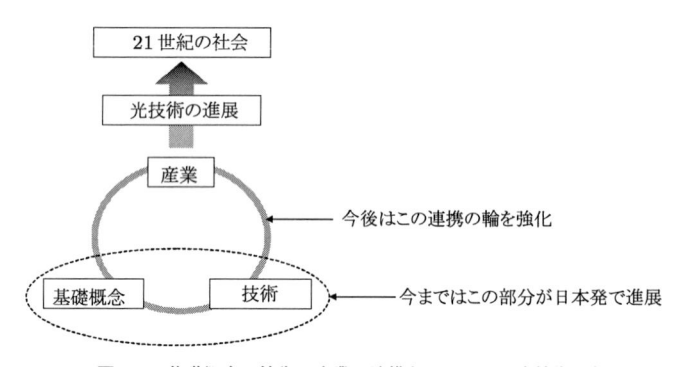

図 6.2　基礎概念，技術，産業の連携とそれによる光技術の進展

述することができる．これらと異なり，本書では「伝搬しない光」が存在することに着目し，その振る舞いを記述するために考案された概念を紹介した．伝搬しない光は自由空間ではなく，物質表面に存在する．言い換えると物質表面にエネルギーが局在した光であり，これが近接場光である．その振る舞いを波動光学による取り扱うと多くの困難が生ずる．特にナノメートル寸法の物質を局所的に励起することができるのは近接場光の際だった性質であり，これを記述するには図 1.3 に示した各種光学理論とは異なる観点に基づく取り扱いが必

要である．本書では図 1.3 に示すように光を「伝搬する」か「伝搬しない」かの違いにより光学理論を分類し，特に後者を扱った．

上記の局所的励起は伝搬光では不可能であった新しい機能や現象を発現させ，これが「質的変革」を引き起こす．このとき波動光学における回折限界を超える「量的変革」も付随する．近接場光は数百 THz で振動する電磁場に他ならないので，近接場光は伝搬光が扱う応用分野を網羅し，これまで伝搬光が担ってきた役割を近接場光で置き換えることが可能である．これに「質的変革」と「量的変革」とが加わるので，最近限界の見えてきた光応用技術のブレークスルーを与えることができる．

まずドレスト光子の交換によるナノ物質間の相互作用について，本書で説明した内容をまとめよう．従来の光技術では所望の特性を得るために材料を選択していた．しかし，ナノフォトニクスでは同じ材料を用いてもその寸法，形状，位置を調整することにより所望の特性を得ることができる．さらに，その材料では到底得られなかった新しい特性も得ることができる．これは質的変革に相当する．

エネルギー保存則について考えよう．実際のナノ寸法の系は付録 C に記したように巨視的寸法の系の中に埋もれている．このナノ系と巨視系とを合わせた全系では，もちろんエネルギー保存則が成り立つ．しかし両系の間ではエネルギーのやりとりがあるため，ナノ系のみに注目すると，そこではエネルギー保存則の破れが生ずる．それは巨視系の中において，どのようなナノ系に注目するか，すなわちナノ系の切り出し方 (図 C.1(b) の楕円で示した両系の間の境界線の引き方) に依存する．これが質的変革をもたらす根拠である．

これまでの光科学技術では図 1.4(a) に示したように光のエネルギーの流れは光源から光検出器へと向かい一方向的であった．また光により物質を励起するとき，それは光の波長以上の寸法にわたり巨視的であった．そのために光と物質は明確に分けて考えることができた．ところがナノフォトニクスではドレスト光子は 2 つの物質の間で交換されるのでその流れは双方向的である (図 1.4(b))．また光による物質励起も微視的である．このことから 1.2 節においてナノフォトニクスでは光と物質とを融合した考え方が必要であること，さらには「光・物質融合工学」と呼ぶべき新しい科学技術が発展することを示唆した．今後は

ナノメートル寸法の領域における光と物質の相互作用の素過程，エネルギー移動などの特徴を一層たくみに制御して使うことにより，さらに新しい技術が実現すると期待される．

　ナノフォトニクスをさらに発展させるためには，その原理に立ち返って考察することが必要である．原理的考察については前章までに記したが，今後の発展のために追加事項も含めて以下に列挙する．

　① ナノフォトニックデバイスは数 nm の寸法の領域で固有の信号伝達機能をもっている．これを機能させるには，複数のナノフォトニックデバイス間で信号を授受したり外部の巨視的なデバイスと信号を授受するためのデバイスが必要である．これらの信号授受には第5章で示した「階層性」を利用するのが有利である．これを利用すれば，複数の空間的分布をもつ近接場光エネルギーにそれぞれ異なる信号を担わせ，物質間距離に依存した複数の信号の授受ができる．すなわち「階層性」に基づいた信号の多重化が可能となる．

　② 近接場光に関する諸問題は，光と物質との電磁相互作用の本質を理解するという歴史的な流れの中で光の役割を捉え直す必要性を指摘している．その潮流を表6.1に示す．これらの問題はディラック (P.A.M. Dirac) による電磁場の量子化以来，ファインマン (R.P. Feynman)，ホイーラー (J.A. Wheeler)，シュウィンガー (J.S. Schwinger)，朝永振一郎らによる量子電磁力学の開拓の過程で本質的な問題の1つとして登場したが，現代になって技術が進歩したために初めて実験に着手できるようになった．その結果，ナノ寸法の物質間での近接場光相互作用が量子コヒーレンスを保つことを利用することによりデバイスの量子機能が発現し，またエネルギー移動とその後の散逸により信号が伝達された．今後はナノ寸法領域での近接場光相互作用の素過程をさらに詳しく調べ，近接場光の理論と電子系の理論とを融合してさらに新しいデバイス機能を見いだすことが望まれる．いわば自然界の基本構成要素である光と物質の科学技術を融合することが重要になる．なお，近接場光はベクトル場なので，電子の磁気・軌道相互作用に起因する外場の空間的異方性を用いても近接場光相互作用が制御可能であり，さらに新しい機能が期待できる．

　③ デバイス，加工，システムの設計には理論のみでなく，新しいシミュレーションの手法も重要である．従来は巨視的寸法からナノ寸法まで時間発展的有

6.1 基礎概念について

表 6.1 過去の光科学に関する方法論とナノフォトニクスとの接点

過去の光科学に関する方法論	ナノフォトニクスとの接点
1918 年, M.K.E.L. Planck ・エネルギー量子の発見	エネルギーは同じでも波数の異なる光がある
1933 年, P.A.M. Dirac, E. Schrödinger ・新しい形式の原子理論	光と物質とを別々に見ず,相互作用から捉える
1945 年, J.A. Wheeler, R.P. Feynman ・アドバンスト波	電磁相互作用の基本的な性質があらわに出る
1955 年, W.E. Lamb ・水素スペクトルの微細構造	電磁相互作用を通じて物質環境が光の性質を変える
1965 年, 朝永振一郎, J. S.Schwinger ・量子電気力学	巨視系の中のナノ系の取り扱い
1969 年, H. Schwarz, H.Hora ・光による電子の直接変調	直接変調を実験により確認

限要素法により対等に扱う方法[*1)]が便宜的に使われているが,この方法は有効ではない.必要なのは考えている空間の寸法ごとに近接場光の特徴を精密に再現して上記①の「階層性」などを記述し,ナノ寸法領域での光機能評価という観点に立つシミュレーションの技術である.このシミュレーション技術が開発されれば電子系の第1原理計算と光のシミュレーションとの融合が可能となり,さらにナノ寸法物質の誘電率などの光物性の理論的評価ができるようになるであろう.

④ 伝搬光を用いる従来のフォトニックデバイスによる信号伝送は多数の光子が発生する光源と,光子を消滅させる検出器との間でのエントロピーの増大によって信号の一方向性の流れを維持する.それに対しナノフォトニックデバイスでは1個～小数個の光子が伝送されるので,量子コヒーレンスを保った過程が支配的となる.したがって,方向性のある信号の流れを作る散逸の機構をどのように導入し制御するかが,信号伝送速度を決める要因となる.これらを議論するには近接場光と電子系とが融合したナノ寸法空間の量子光学理論を確立し,非平衡解放系に対する詳細な考察が必要となるであろう.

[*1)] FDTD 法と呼ばれている.なお,FDTD とは finite-difference time domain の略である.

6.2 技術と産業について

　まずナノフォトニクスに関連する技術について考えよう．開発当初は奇異な目で見られながら進展したナノフォトニクスは，光の「伝搬」対「非伝搬」，「自由空間」対「微小物質」，「自由光子」対「ドレスト光子」といった互いに対立する基本概念を生み，さらに基礎実験の成功は新しい光デバイス，光加工などの技術を進歩させ，かつ質的変革を実現した．

　これまでの技術の常識として「光は速いので通信に使う」「電子は小さいので集積回路に，さらにはコンピュータに使う」といわれてきた(図6.3)．これは「光は大きいので集積回路やコンピュータには使えない」ことを意味する．しかし薄膜中の漏れ電流などのために電子デバイスの小型化も限界を迎えつつある．一方，ナノフォトニクスは回折限界を超えて光デバイスを小型化する可能性を示し(量的変革)，さらには新規機能と現象(質的変革)を生み出した．このことはナノフォトニクスが上記の常識から逸脱した新しい光技術を生み出す可能性をもっていることを意味しており，これらは従来の伝搬光を用いていたのでは困難である．3.1節で記したようにナノフォトニックデバイスは単一光子で動作し，かつ発熱を伴うエネルギー消費が著しく小さい．これらはナノフォトニックデバイスの消費電力が少ないこと，また高密度で集積化しても各デバイス自身およびその周囲が加熱されず，安定に動作することを意味する．そうであるならば冗長性をもって多数のナノフォトニックデバイスを作っておき，必要に応じてその一部分のみを使うこともできる．これは動物の脳の機能に類似である．

　ナノフォトニクスとはドレスト光子の交換によるナノ物質間の局所的電磁相互作用を利用し，その結果を外部に取り出す技術であり，多くの可能性をもっている．またこれまでのナノフォトニクスの研究では光科学技術の方法論を開拓してきたので，その結果新しい基礎概念や基盤技術を生むことができた．したがってその応用可能分野は多岐にわたり，従来の光技術の多くがナノフォトニクスによって置き換えられるともいわれている．そのような光技術は情報通信，加工，情報記録だけではなく，表示，インターフェース，情報セキュリティ，

6.2 技術と産業について

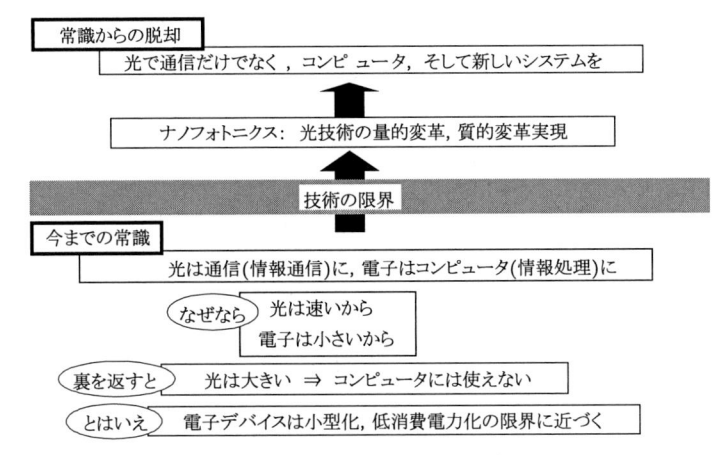

```
┌─常識からの脱却─┐
                光で通信だけでなく，コンピュータ，そして新しいシステムを
                          ↑
                ナノフォトニクス：光技術の量的変革, 質的変革実現
                          ↑
        ▓▓▓▓▓▓▓▓▓▓▓▓▓ 技術の限界 ▓▓▓▓▓▓▓▓▓▓▓▓▓
                          ▲
┌─今までの常識─┐
                光は通信(情報通信)に, 電子はコンピュータ(情報処理)に
        (なぜなら)  光は速いから
                   電子は小さいから
        (裏を返すと) 光は大きい ⇒ コンピュータには使えない
        (とはいえ)  電子デバイスは小型化, 低消費電力化の限界に近づく
```

図 6.3 技術の常識と限界の打破

さらにはバイオ，医療応用など多くの範囲をカバーすると思われる．その中には従来の光技術が不得意だったものも含まれる．すなわちナノフォトニクスは光技術の新たなフロンティアを作る．

ナノフォトニクスがカバーする分野は表 6.2 に示すように広範にわたるが，これらは現代・未来の社会生活を支える基盤システムを形成しうる．なお，表 6.2 中の光情報通信については幹線網のシステムのみではなく，むしろ 21 世紀の個人化・多様化する生活様式を支える多種の民生機器内のデータ伝送，情報セキュリティなどへの応用に適していると思われる．また，バイオテクノロジー，医用などへの応用へと発展する可能性がある．これらの応用を通じて，安心を安価に得, 価値あるものに投資できる社会 (生活の質の向上)，療養にお金をかけない社会 (健康年齢と寿命の一致), 地球を保護する社会 (環境保護), 多様な文化を尊重する社会 (多国籍化) の実現に貢献することが期待される[2]．

なお，本書で扱ったデバイス，加工，システムは互いに連携している．これらを開発する際，従来のナノテクノロジーの技術のように微小な材料を積み上げ，組み立てて大きな材料を作っていくというボトムアップ的な考え方のみでなく，図 6.4 に示すようにシステムの要求からデバイス，加工を考える，トッ

表 6.2 ナノフォトニクスがカバーする分野

分野	内容
光情報通信	高速多重システム
	ルータシステム
	ディジタル機器内データ伝送
光情報処理	フォトンコンピュータ
	情報セキュリィティ
光情報記録	ファイルメモリ (記録密度 1 Tb in^{-2} から 1 Pb in^{-2} へ．固定型のメモリへ)
	バッファメモリ
入出力インターフェース	高精細プリンタシステム
表示	高輝度・高解像度表示システム
	3次元立体画像
エネルギー，環境	高効率・広帯域光電変換素子，光触媒
バイオテクノロジー，医療	プロテインチップ，高分解能計測

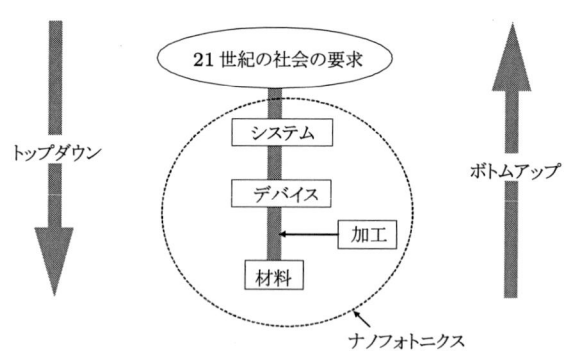

図 6.4 ナノフォトニクスによる加工，デバイス，システムの階層とトップダウン，ボトムアップ的な考え方

プダウン的な考え方も両立させることが重要である[*2]．

以上の観点からナノフォトニクスによるシステム，特に情報通信，処理，記録などの分野について展望すると，少なくとも次の4つの方向が考えられる．

① 質的変革によってもたらされたデバイスの物理的新規性，唯一性に注目し，システムの原理となる構造を示す方向：3.1節で示したデバイスを使うシステムはこの方向に沿っている．

[*2] ナノテクノロジーは微細な材料から大きなものを作っていくというボトムアップ的な技術と呼ばれている．一方，従来の加工技術は大きな材料を加工して微細な構造を作るのでトップダウン的な技術と呼ばれている．これに対し本書で用いた「トップダウン的な考え方」は取り扱う材料の大小ではなく，システム→デバイス→材料という技術の階層を意味している．

② 従来技術では到達不可能であった応用を質的変革によって可能とするシステム，特に従来のシステムを完全に排除しうる破壊的な新機軸が期待できるシステムを具体的に設定した上で展開する方向：情報セキュリティなどへの応用にはこの方向が有効である．

③ 量的変革によってもたらされるデバイスの高度集積化，低消費電力化などの性能，さらにはシリコンを材料とする従来の電子デバイス技術と共生しうることなど経済的合理性を中心に配慮しつつ展開する方向：原理的な考察はすでに進んでおり，電子デバイス間の光情報通信についても，これらのデバイスが応用できる可能性をもっている．

④ システム構造(アーキテクチャ)の立場から，様々な新しい応用を展開する方向：高信頼性，実装の容易性などの観点に立った設計が必要であるが，3.1節のデバイスでは仮想励起子ポラリトンに起因する光エネルギー移動を利用しているので，この方向に沿っている．

現在の電子技術の基礎をなすシリコンデバイスとその集積化技術は，消費電力などの深刻な技術的課題を抱えている．しかし経済性やこれまでの投資の回収まで含めて考慮すると，従来のシリコンデバイスに置き換わる技術が将来出現する可能性は低い．一方，伝搬光を利用する従来のフォトニックデバイスの微小化は回折限界のために不可能である．このような社会的・技術的な状況を考えると，従来の電子技術や光技術では絶対に到達不可能な機能を備えたデバイスが必要である．その有力な候補がナノフォトニックデバイスであり，これはシリコンデバイスと補完的な機能を備えるので情報通信をはじめ表 6.1 に示すような広い分野に対して影響を及ぼし，将来の社会を支える基盤技術となりうるであろう．

図 6.5 に示すようにここ数年国際会議などでもナノフォトニクスの研究発表の件数が急増している．諸外国でも関連する研究開発が急進展しており，たとえば通信用デバイスや通信システムは米国の軍関係の研究機関が開発に着手している．近い将来には民生用技術の開発へと移行するであろう．また欧州，東アジアでもナノフォトニクス関連の研究開発が進んでおり，日本は安穏としてはいられない．ナノフォトニクスという名前のついた研究機関，研究グループ，さらには国際会議も急増している．ナノフォトニクスがもたらす新産業とそれ

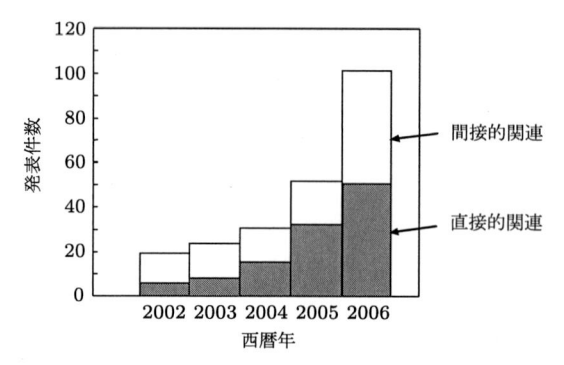

図 6.5 最近の国際会議でのナノフォトニクスの研究発表の件数
ここでは毎年 5 月に米国で開催される CLEO/QELS(Conference on Lasers and Electro-Optics/ Quantum Electronics and Laser Science) を例にとった．

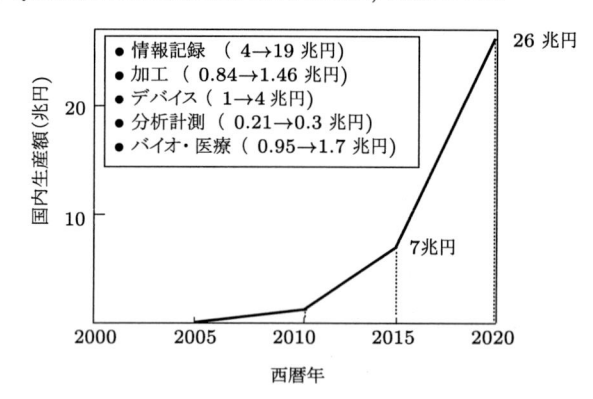

- 情報記録 （ 4→19 兆円）
- 加工 （ 0.84→1.46 兆円）
- デバイス（ 1→4 兆円）
- 分析計測（ 0.21→0.3 兆円）
- バイオ・医療（ 0.95→1.7 兆円）

図 6.6 ナノフォトニクスがもたらす新産業とそれによる新規国内生産額の推定値[3]

による新規国内生産額も推定されているが[3]，それによるとナノフォトニクス産業はいよいよ 2010 年頃から急成長すると考えられる（図 6.6）．将来のナノフォトニクスを先導するすぐれた研究者，技術者が多数現れることを期待する．

次にナノフォトニクスに関連する産業について最近のナノフォトニクスの技術開発の進展はめざましい．たとえば計測装置はすでに実用化して広く普及しており，国際標準化の活動も始まった[4]．また経済産業省と (独) 新エネルギー・産業技術総合開発機構による「近接場光による熱アシスト磁気記録システム」開発のプロジェクトが産学連携によって推進され，2007 年 3 月には 5 年間の事業を終了したが，その成果はめざましく，世界で初めて記録密度 $1\,\mathrm{Tb\,in}^{-2}$ を達成した[5]（コラム 6 参照）．引き続き産業界は技術の信頼性の強化，市場の創出

などを活発に推進し事業化のための最終調整をしている．その中には磁気ディスクの原盤の微細加工事業も含まれている．また 2006 年度には経済産業省と (独) 新エネルギー・産業技術総合開発機構により，ナノフォトニクスの原理に基づく光デバイスの開発プロジェクトが産学連携により始まった[6]．さらには 2004 年 4 月～2007 年 3 月，文部科学省により微細加工の 1 つであるリソグラフィの装置開発プロジェクトが産学連携で実施され実用化の雛形装置が実現し，現在これは公開利用に供されている[7]．以上は 1.3 節の①～③をすべて産学連携で実現した成果である．このように多くの事業が急速に進んだので，これらを調整し啓蒙活動を行うために 2005 年より非営利団体 (NPO) ナノフォトニクス工学推進機構も発足した[8]．

　ナノフォトニクスは日本産の物づくり技術と考えることができる．これを推進することは光技術の限界を超えるだけでなく 21 世紀の科学技術立国としての日本を支えるのに重要だが，それには②の末尾に記したように人材の育成が必須である．先般策定された第 3 期科学技術基本計画では「モノから人へ」と捉え，人材育成の重要性を指摘している．経済産業省と (独) 新エネルギー・産業技術総合開発機構ではこれに呼応して，ナノフォトニクスの技術開発を先導する若手中堅技術者の育成のために東京大学大学院工学系研究科電子工学専攻にて，2006 年 4 月より「ナノフォトニクスを核とした人材育成，産学連携などの総合的展開」プロジェクトを発足させた (図 6.7)[9]．
これによりナノフォトニクスの本質を理解し，研究し，使いこなす研究者，技術者が輩出することを期待したい．

　ナノフォトニクスは日本で生まれた革新技術であり，その概念と基礎研究は日本が世界を先導しているが，応用技術がいよいよ実用化段階を迎えるため，世界各国でも開発が急進展している．20 世紀から 21 世紀に移る時期には日本の経済は苦しい時代にあり，産業界では将来に投資するための技術開発を犠牲にせざるをえなかった．しかしようやく経済状態が好転した今，ナノフォトニクスによっていよいよ新しい技術開発に着手し，日本の産業力を確固たるものにしつつ，21 世紀の物，心，環境ともに豊かな社会を支えることができれば幸いである．

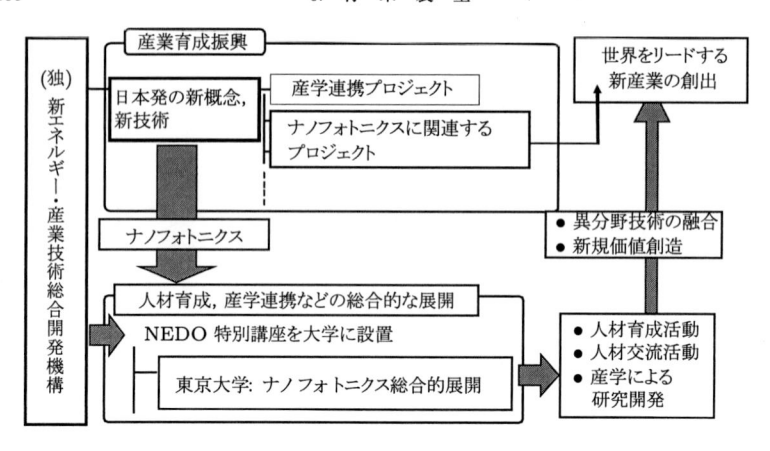

図 6.7 「ナノフォトニクスを核とした人材育成,山岳連携などの総合的展開」プロジェクトの概要[9]

コラム 10　やはり変だよあの研究

〈忘れ得ぬ言葉〉
　すぐれた記憶は弱い判断力と結びやすい.
　　　　　　　　　　モンテーニュ著,原二郎訳『エセー (一)』(岩波文庫)

●　●　●

　世界を先導していると呼ばれる研究でも,よく調べてみると意外にも外国で並行・同時に実施していたり,また外国の方が進んでいるものがある.また,実は後追いの研究であり,先導する開拓者 (これは外国の研究者) の頭の中では旬が過ぎてしまっていても (または消えてしまっていても),後続はそれに気づかず,または研究費を配分されてしまったために終了できず,まだ継続している研究などが多い.これらは先導研究ではなく,「やはり変だよあの研究」と呼ばれる.
　近年,ナノテクノロジーが流行しているので,何でもナノに結びつけようとする傾向があるように思える.また,素励起の波動現象の一部に注目して,あるいは異なる一部の側面にのみ目を向けて,ナノと量子性が両立するかのような議論がなされることがよくある.ナノと量子はそれぞれ別々の領域で有用なので,両者が両立すればさぞよかろうと思っても,それを実現する系は新しい概念で作らなければならない (ナノフォトニクスではドレスト光子,階層性といった概念でそれを構築しようとしている).研究費がないと研究ができないのはもちろんである.研究費を得るために,何でも流行りもので価値を判断する

という場合があるが，研究費を得るために信念を曲げるのは妥当ではない．

　デバイスで誤解されていることだが，電子が物質の中で動けばデバイスが働くというのは早とちりである．どんな物質の中でも，原子・分子レベルの現象が起きており，これを我々が観測する (そこから信号や情報を取り出す，制御する) インターフェースがあって初めてデバイスとして機能する．信号のほとんどは電気信号なので，電子の動きと電磁場の動きを同時に評価して，初めて信号の流れがわかる．微視的な世界では電子と電磁場を一緒に評価することは，実は極めて難しい．また情報を送受信するためにはエネルギーの散逸過程が支配的な役割をする．

　以上のことは巨視的な世界ではよくわかっているが，ナノの世界ではまだ基礎的な研究をしなくてはならないことがある．ただし，そのような点に目をつぶる風潮がある．自然界はよいことだけを与えてくれないので，この点を明らかにしないとナノテクノロジーは材料開発に終わり，新しいデバイスとシステムは実現しない．しかしこれらの点を真っ向から指摘するのがはばかられる風潮もある．この点でがんばっても，特許のような知的財産は得られず，せいぜい地味な論文が書けるだけという評価が一般的だからだろうか．これも上記の「やはり変だよあの研究」の一例であろう．

コラム 11　先駆者の苦悩と展望

〈忘れ得ぬ言葉〉

「知は力なり」．とんでもない．極めて多くの知識を身につけていても，少しも力をもっていない人もあるし，逆に，なけなしの知識しかなくても，最高の威力を揮う人もある．

　　A. ショーペンハウエル著，細谷貞雄訳『知性について』(岩波文庫)

● ● ●

　追いつけ追い越せの研究開発を行っている人は先駆者・開拓者の考えには遠く及ばない．スポーツなどにもあてはまると思うが，研究では先駆者とそれに次ぐ第 2 位の人の差は，第 2 位と第 3 位の差，第 3 位と第 4 位の差，… に比べずっと大きい (図 6.8)．いわば先駆者の考えの深さ，苦悩の大きさは群を抜いている．先駆者は絶えず異端者であるので，周囲から多くの批判を浴びる．それに耐えて打ち勝つには深く考え，その結果，今後の展望を的確につかむ．すなわち，次は何に着手するか，研究のゴールは何か，に気づいている．ある

図 6.8 先駆者とそれに続く人たちの考えの深さの比較

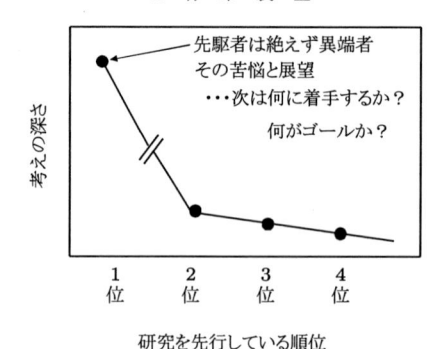

　先駆者が大きな研究成果を挙げた後，今までとは異なる研究分野 (たとえば物理からバイオテクノロジーへ) へ突如転身するのは，これはこの先駆者の展望の結果である．周囲から見ると驚きであるが，これは周囲が第 2 位以下だからである．先駆的な研究とはそのアイデアを実現する活動であって，それが成功した後には次のアイデアがすぐに必要となる．

　アインシュタインは 1905 年に特殊相対性理論，光量子説，ブラウン運動という現代科学の一大転機となる 3 つの論文を発表し，これは現代科学を開拓したが，それらの本質的な部分はまだ謎が多い．科学が大胆な仮説と精密な実証から成り立っており，アインシュタインは前者をもとにこれらの論文を発表したのであるが，後者のみが科学だと思っている人の方が多い．この誤解がコラム 1 の「習った学問」の一面を表しているのかもしれない．

　学術・技術的素養・業績はなくても，仮説をたて提言でき，議論にかつ人材が必要である．また，それらの人材による先導的研究を見いだし，評価する人物を育成・評価することも重要である．

文　　献

1) 大津元一: 現代光科学 I, 朝倉書店, p.2 (1994).
2) (財) 光産業技術振興協会 (編): 近接場光ナノ加工技術に関する調査研究報告書, (財) 光産業技術振興協会, p.3 (2004).
3) (財) 光産業技術振興協会 (編): 極限インフォニクス技術に関する調査研究報告書 (近接場光技術等の現状と将来), (財) 光産業技術振興協会, p.217 (2000).
4) 成田貴人: オプトロニクス, オプトロニクス社, p.114 (2008).
5) 大津元一 (編著): 大容量光ストレージ, オーム社 (2008).
6) http://www.nedo.go.jp/activities/portal/p06020.html

7) 黒田　亮: ナノフォトニクスの展開, ナノフォトニクス工学推進機構 (編), 大津元一 (監修), 米田出版, p.63 (2007).
8) http://www.nanophotonics.info/
9) 橋本正洋: ナノフォトニクスの展開, ナノフォトニクス工学推進機構 (編), 大津元一 (監修), 米田出版, p.1 (2007).

Appendix A

量子力学の基本事項

A.1 量子力学の要請

量子力学では考えている系の「状態」には状態関数 (波動関数とも呼ばれている) を,「物理量」には演算子を各々対応させ,「測定値」には期待値を対応させる. 以下では量子力学における状態, 物理量, 測定値の扱いに関し, 量子力学の出発点で導入されている「要請」を記す.

要請1 系の状態は, その中に含まれる粒子の座標 r, および時刻 t の関数 $\Psi(r,t)$ によって表される. これは状態関数と呼ばれ, 一般に複素数値をとり, 有限かつ一価のなめらかな (1次微分まで連続な) 関数であり, 適当な境界条件を満足している. 時刻 t において位置 r を含む微小な体積 dv の中に粒子が見いだされる確率を $P(r,t)\,dv$ と表すと

$$P(r,t) = \frac{|\Psi(r,t)|^2}{\int |\Psi(r,t)|^2 dv} \tag{A.1}$$

と書ける. この $P(r,t)$ は確率密度と呼ばれている. 粒子の存在領域が全空間である場合には, (A.1) 式右辺の分母が発散しないために

$$\Psi(\pm\infty, t) = 0 \tag{A.2}$$

でなければならない. P および Ψ が粒子の存在領域内でなめらかな一価関数であるために境界条件が課せられる.

要請2 古典論における基本的な物理量に対して, 演算子が対応する. その例を表 A.1 に示す. 任意の力学的変数 A は一般に粒子の座標 r と運動量 p, さらに時刻 t の関数 $A(r,p,t)$ であるが, これに対応する演算子は ( ) の中の位置座標 r と運動量 p を表 A.1 に従って演算子 $\hat{r}$, $\hat{p}$ に置き換えた, $\hat{A}(\hat{r},\hat{p},t)$ で与えられる.

要請3 状態関数はシュレーディンガー (Schrödinger) 方程式

$$\hat{H}\Psi = E\Psi \tag{A.3}$$

を満足しなければならない. ここで $\hat{H}$ はハミルトニアンである. 表 A.1 中に与えられているエネルギー E の演算子を用いればこの式は

表 A.1　古典力学の物理量と量子力学の演算子との対応の例

物理量		演算子
座標	x	x
	y	y
	z	z
運動量	p_x	$-i\hbar\frac{\partial}{\partial x}$
	p_y	$-i\hbar\frac{\partial}{\partial y}$
	p_z	$-i\hbar\frac{\partial}{\partial z}$
エネルギー	E	$i\hbar\frac{\partial}{\partial t}$

$$\hat{H}\Psi = i\hbar\frac{\partial \Psi}{\partial t} \tag{A.4}$$

と表される．これは時間に依存するシュレーディンガー方程式と呼ばれている．

要請 4　物理量 A に対応する演算子 $\hat{A}$ を状態関数 Ψ に作用させたとき

$$\hat{A}\Psi = a\Psi \tag{A.5}$$

が成り立つ場合，すなわち Ψ が $\hat{A}$ の固有関数であるときには，Ψ の状態で物理量 A を測定すると $\hat{A}$ の固有値 a が測定値として得られる．もし Ψ が $\hat{A}$ の固有関数でない場合には，測定値としては $\hat{A}$ の固有値 $a_1, a_2, a_3, \ldots$ のいずれか 1 つの値が得られ，その平均値が Ψ と $\hat{A}$ とを用い

$$\langle A \rangle = \frac{\int \Psi^* \hat{A} \Psi dv}{\int \Psi^* \Psi dv} \tag{A.6}$$

により与えられる．この値は期待値とも呼ばれている．ここで $*$ は複素共役を表す．もし Ψ が

$$\int |\Psi|^2 dv = 1 \tag{A.7}$$

となるように規格化されていれば，(A.6) 式は

$$\langle A \rangle = \int \Psi^* \hat{A} \Psi dv \tag{A.8}$$

となる．

A.2　定常状態

以上の 4 つの要請に基づき，考えている系についてのハミルトニアン $\hat{H}$ を求めてシュレーディンガー方程式を解き，系の状態を表す状態関数を求める．そのとき，系が定常状態にあることは量子力学で重要な役割を果たしている．以下ではこれについ

て説明する.

ハミルトニアン $\hat{H}$ が時間にあらわに依存しないとき (すなわち $\hat{H}$ の表式中に記号 t が含まれないとき),状態関数 Ψ が

$$\Psi(\bm{r},t) = \psi(\bm{r})\,T(t) \tag{A.9}$$

のように座標の関数 $\psi(\bm{r})$ と時間の関数 $T(t)$ との積で表せると仮定する.これを (A.4) 式に代入し,両辺を $\Psi(\bm{r},t)$ で割ると

$$\frac{1}{\psi}\hat{H}\psi = \frac{i\hbar}{T}\frac{\partial T}{\partial t} \tag{A.10}$$

を得る.この式の左辺は座標のみの関数,右辺は時間のみの関数なので,両者が等しいためにはその値が定数でなければならない.この定数を E とおくと,変数が分離された2つの微分方程式

$$\hat{H}\psi = E\psi \tag{A.11a}$$

$$i\hbar\frac{\partial T}{\partial t} = ET \tag{A.11b}$$

が得られる.(A.11a) 式は時間に依存しないシュレーディンガー方程式と呼ばれており,E はその固有値である.(A.11b) 式の解は

$$T = \exp\left[-i\left(\frac{E}{\hbar}\right)t\right] \tag{A.12}$$

であるから,Ψ は

$$\Psi(\bm{r},t) = \psi(\bm{r})\exp\left[-i\left(\frac{E}{\hbar}\right)t\right] \tag{A.13}$$

と表される.したがって Ψ が規格化されているとすると,確率密度は

$$|\Psi|^2 = |\psi(\bm{r})|^2 \tag{A.14}$$

となって時間に依存しない.そこで (A.13) 式の形の状態関数で表される状態が定常状態と呼ばれている.定常状態は系のハミルトニアンが時間に依存しない場合に得られ,状態関数の座標依存部分は (A.11a) 式から求められる.

A.3 演算子のエルミート性

A.3.1 内積

量子力学では,次に示すように任意の2つの状態関数 $\Psi(\bm{r},t)$ と $\Phi(\bm{r},t)$ とに関する積分を扱うことが多く,これは Ψ と Φ との内積と呼ばれている.ここではそれを

(Ψ, Φ) と表すことにする. すなわち

$$(\Psi, \Phi) = \int \Psi^* \Phi dv \tag{A.15}$$

である. 内積を用いると確率密度は $P = |\Psi|^2/(\Psi,\Psi)$, 規格化の条件は $(\Psi,\Psi) = 1$, 演算子 $\hat{A}$ の期待値は $\langle A \rangle = (\Psi, \hat{A}\Psi)/(\Psi,\Psi)$ などと表すことができる. この他に $(\Psi, \Phi) = 0$ の場合には Ψ と Φ とは直交するといわれている.

A.3.2 エルミート演算子

量子力学で扱う演算子の最も重要な性質は, 次に述べるエルミート性である. すなわち, 実際に観測の対象となりうる物理量 A(これはオブザーバブル (observable) と呼ばれる) に対応する演算子はエルミート (Hermite) 演算子である. 演算子 $\hat{A}$ がエルミート演算子であるとすると, それは任意の2つの状態関数 Ψ, Φ に対して

$$\left(\Psi, \hat{A}\Phi\right) = \left(\hat{A}\Psi, \Phi\right) \tag{A.16}$$

が成り立つ. 表 A.1 中の演算子はすべてエルミート演算子である.

A.3.3 エルミート演算子の固有値

エルミート演算子の固有値は実数である.

証明 エルミート演算子 $\hat{A}$ の規格化された固有関数を Ψ, その固有値を a とすると

$$\hat{A}\Psi = a\Psi \tag{A.17}$$

であるから

$$\left(\Psi, \hat{A}\Psi\right) = (\Psi, a\Psi) = a(\Psi,\Psi) = a \tag{A.18a}$$

$$\left(\hat{A}\Psi, \Psi\right) = (a\Psi, \Psi) = a^*(\Psi,\Psi) = a^* \tag{A.18b}$$

となるが, 両式の左辺は等しいので $a = a^*$, すなわち a は実数である.

A.3.4 エルミート共役

任意の2つの状態関数 Ψ, Φ に対して

$$\left(\Psi, \hat{A}\Phi\right) = \left(\hat{A}^\dagger \Psi, \Phi\right) \tag{A.19}$$

が成り立つとき, $\hat{A}^\dagger$ は $\hat{A}$ のエルミート共役演算子と呼ばれる. もし $\hat{A}$ がエルミート演算子であれば

$$\hat{A}^\dagger = \hat{A} \tag{A.20}$$

が成り立つ. すなわち, 自分自身に対してエルミート共役である. したがってエルミート演算子は自己共役演算子とも呼ばれている.

A.3.5 完全規格直交系

関数の集合 $\Psi_1, \Psi_2, \Psi_3, \ldots$ のうちの任意の 2 つの関数 Ψ_n, Ψ_m について

$$(\Psi_n, \Psi_m) = \delta_{nm} \tag{A.21}$$

(δ_{nm} はクロネッカーのデルタ)

が成り立つとき $\Psi_1, \Psi_2, \Psi_3, \ldots$ は規格直交関数系と呼ばれる. さらにまた, 任意の関数 Ψ が規格直交関数系 $\Psi_1, \Psi_2, \Psi_3, \ldots$ によって

$$\Psi = c_1\Psi_1 + c_2\Psi_2 + c_3\Psi_3 + \cdots = \sum_n c_n \Psi_n \tag{A.22}$$

と展開できるとき, $\Psi_1, \Psi_2, \Psi_3, \ldots$ は完全規格直交関数系と呼ばれる. このとき展開係数 c_n は Ψ_n と Ψ との内積に等しい. なぜなら

$$(\Psi_m, \Psi) = \left(\Psi_m, \sum_n c_n \Psi_n\right) = \sum_n c_n (\Psi_m, \Psi_n) = \sum_n c_n \delta_{nm} = c_m \tag{A.23}$$

となるからである.

なお, 次の定理が成り立つ. すなわち, 実際に観測の対象となりうる物理量 (オブザーバブル) に対応するエルミート演算子の 1 次独立[*1)]な固有関数は完全規格直交系をなしている.

A.3.6 交換可能性

2 つのエルミート演算子 $\hat{A}$, $\hat{B}$ が共通の固有関数をもつならば $\hat{A}$ と $\hat{B}$ は交換可能である. すなわち, 次の式で表される交換子

$$\left[\hat{A}, \hat{B}\right] \equiv \hat{A}\hat{B} - \hat{B}\hat{A} \tag{A.24}$$

は 0 である. また, この逆も成り立つ.

[*1)] 関数 $\Psi_1, \Psi_2, \Psi_3, \ldots$ があり, そのうちどれもが他の関数の 1 次結合で表せないとき, すなわち $\sum_n c_n \Psi_n = 0$ が恒等的に成り立つのが $c_1 = c_2 = c_3 = \cdots = 0$ のときのみであるとき, $\Psi_1, \Psi_2, \Psi_3, \ldots$ は 1 次独立であるといわれる.

A.4 不確定性原理

ある物理量 A を測定するとき,系の状態を表す状態関数 Ψ が,その物理量に対応する演算子 $\hat{A}$ の固有関数でなければ測定値は確定しない.そこで測定値のばらつきの大きさを,次式で定義する標準偏差 ΔA で表す.

$$\Delta A \equiv \sqrt{\langle A^2 \rangle - \langle A \rangle^2} \tag{A.25}$$

ここで,$\langle \ \rangle$ は (A.6) 式による期待値を表す.すなわち,これは物理量の測定の不確定性の大きさを表すものである.

別の物理量 B に関する標準偏差 ΔB も同様に考える.このとき,差 ΔA と ΔB との積を作り,$\hat{A}$, $\hat{B}$ がエルミート演算子であることを利用すると

$$\Delta A \cdot \Delta B \geq \frac{1}{2} \left| i \left[\hat{A}, \hat{B} \right] \right| \tag{A.26}$$

を得る.

(A.26) 式はある状態 Ψ にある系に対して,物理量 A, B を測定したときの不確定性の下限を与えるものであり,ハイゼンベルク (Heizenberg) の不確定性原理を表している.$\hat{A}$ と $\hat{B}$ とが交換可能 ($[\hat{A}, \hat{B}] = 0$) であれば (A.26) 式は

$$\Delta A \cdot \Delta B \geq 0 \tag{A.27}$$

となる.つまり $\Delta A = 0$ かつ $\Delta B = 0$ である状態が存在しうる.これは A.3.6 で示したように,演算子 $\hat{A}, \hat{B}$ が交換可能であれば共通の固有関数が存在するので,その共通の固有関数が表す状態では 2 つの物理量 A, B の測定値がそれぞれの固有値に確定することに対応している.すなわち,共通の固有関数を Φ とし,$\hat{A}\Phi = a\Phi$, $\hat{B}\Phi = b\Phi$ であれば,Φ の状態では物理量 A の測定値は a に,B の測定値は b に確定し,$\Delta A = 0$, $\Delta B = 0$ である.

例 1 次元運動をしている粒子の位置と運動量を考え,表 A.1 をもとに,それぞれ $\hat{A} = x$, $\hat{B} = \hat{p}_x = -i\hbar(\partial/\partial x)$ とすると

$$[x, \hat{p}_x] = i\hbar \tag{A.28}$$

だから

$$\Delta x \cdot \Delta p_x \geq \frac{\hbar}{2} \tag{A.29}$$

となる.

A.5　運動の恒量

ある物理量の期待値 $\langle A \rangle$ が系の状態 (状態関数) によらず，また時間に依存せず，常に

$$\frac{d\langle A \rangle}{dt} = 0 \tag{A.30}$$

が成り立つとき，物理量 A は運動の恒量と呼ばれる．これは古典力学でのエネルギー保存則や，運動量保存則におけるエネルギー，運動量にそれぞれ相当している．

運動の恒量とは，対応する演算子 $\hat{A}$ が系のハミルトニアン $\hat{H}$ と交換可能であるような物理量である．演算子 $\hat{H}$ はそれ自身と交換可能であるから，力学的エネルギーの総量を表すハミルトニアンがあらわに時間に依存しない限り，それは運動の恒量である．このことはエネルギー保存則が量子力学でも成り立つことを意味している．

A.6　状態関数の偶奇性

(A.11a) 式の固有関数と固有値は一般に多数ある．その中で n 番目の固有値 E_n に対応する固有関数 $\psi_n(\boldsymbol{r})$ に関し，n の値によって $\psi_n(\boldsymbol{r})$ が偶関数または奇関数になる性質を偶奇性 (パリティ：parity) という．偶奇性はポテンシャルエネルギー演算子 $\hat{U}(\boldsymbol{r})$ が原点 $\hat{r} = 0$ に対して対称，すなわち偶関数であることに由来している．

証明　まず仮定より

$$\hat{U}(\boldsymbol{r}) = \hat{U}(-\boldsymbol{r}) \tag{A.31}$$

である．ここで，粒子の運動を表すハミルトニアン $\hat{H}$ は運動エネルギー演算子 ($\hat{p}^2/2m = -(\hbar^2/2m)\nabla^2$．ただし ∇^2 はラプラシアン) とポテンシャルエネルギー演算子 $\hat{U}(\boldsymbol{r})$ との和で与えられるので (A.11a) 式は

$$\left[-\frac{\hbar^2}{2m}\nabla^2 + \hat{U}(\boldsymbol{r}) \right] \psi(\boldsymbol{r}) = E\psi(\boldsymbol{r}) \tag{A.32}$$

と書ける．この式で，座標を原点に対して反転させると $\boldsymbol{r}$ は $-\boldsymbol{r}$ となり，一方 ∇^2 と $\hat{U}(\boldsymbol{r})$ の符号は変わらないので

$$\left[-\frac{\hbar^2}{2m}\nabla^2 + \hat{U}(\boldsymbol{r}) \right] \psi(-\boldsymbol{r}) = E\psi(-\boldsymbol{r}) \tag{A.33}$$

を得る．この式は $\psi(-\boldsymbol{r})$ も固有値 E に対応する固有関数であることを示している．そうであるならば，今，エネルギー固有関数に縮退がない場合 (すなわち，1 つのエ

ネルギー固有値に対応する固有関数が 1 つしかない場合) を考えると $\psi(\boldsymbol{r})$ と $\psi(-\boldsymbol{r})$ とは同じ状態を表すので，一方は他方の定数倍でなければならない．すなわち，比例係数を K として

$$\psi(-\boldsymbol{r}) = K\psi(\boldsymbol{r}) \tag{A.34}$$

が成り立つ．この式でと $\boldsymbol{r}$ の代わりに $-\boldsymbol{r}$ とおき，その後もう一度この式を用いると

$$\psi(\boldsymbol{r}) = K\psi(-\boldsymbol{r}) = K^2\psi(\boldsymbol{r}) \tag{A.35}$$

となるので，$K^2 = 1$，すなわち $K = \pm 1$ となる．$K = 1$ の場合，$\psi(\boldsymbol{r})$ は偶関数であり，偶のパリティをもつといわれる．$K = -1$ の場合，$\psi(\boldsymbol{r})$ は奇関数であり，奇のパリティをもつといわれる．

A.7 状態関数の展開係数

(A.4) 式のシュレーディンガー方程式において，外部との相互作用がないとき，この場合のハミルトニアン $\hat{H}_0$ に対応する (A.13) 式のようなエネルギー固有関数 $\Psi_n(\boldsymbol{r},t) = \psi_n(\boldsymbol{r})\exp(-2\pi i\nu_n t)$ (ここで $\nu_n = E_n/h$) は A.3.5 項で示したように完全規格直交関数系をなすから，一般の状態関数は (A.22) 式にならい

$$\Psi(\boldsymbol{r},t) = \sum_n c_n \psi_n(\boldsymbol{r})\exp(-2\pi i\nu_n t) \tag{A.36}$$

と展開することができる．

次に，相互作用が生じハミルトニアン $\hat{H}$ が $\hat{H}_0$ および相互作用ハミルトニアン $\hat{V}$ との和で表される場合を考える．このときシュレーディンガー方程式は

$$\left(\hat{H}_0 + \hat{V}\right)\Psi = i\hbar\frac{\partial \Psi}{\partial t} \tag{A.37}$$

となる．この式に (B.36) 式を代入した後，両辺に左から Ψ^* を掛けて体積積分し，$\psi_n(\boldsymbol{r})$ に関する規格直交性 (すなわち (A.21) 式) を使うと

$$\frac{dc_n}{dt} = -\frac{i}{\hbar}\sum_m c_m(t) V_{nm} \exp\left[i2\pi(\nu_n - \nu_m)t\right] \tag{A.38a}$$

ただし

$$V_{nm} = \int \psi_n^*(\boldsymbol{r})\hat{V}\psi_m(\boldsymbol{r})\,dv \tag{A.38b}$$

を得る．$\hat{V}$ の具体的な形がわかれば (A.38) 式より状態関数 $\Psi(\boldsymbol{r},t)$ の時間変化がわかる．

A.8　具体例1　井戸型ポテンシャル中の粒子の振る舞い

各辺の長さが d_x, d_y, d_z である直方体の空洞の内部に質量 m の粒子が閉じ込められ，壁で弾性反射されるものとする．このような粒子に対するポテンシャルは無限に深い3次元井戸型ポテンシャル

$$V(x, y, z) = \begin{cases} 0 & (0 \le x \le d_x, 0 \le y \le d_y, 0 \le z \le d_z) \\ \infty & (\text{上記以外}) \end{cases} \quad (A.39)$$

が対応する．

ポテンシャルが時間に依存しないので系は定常状態である．この場合の粒子のエネルギーを E とすると，状態関数は (A.13) 式の形で表され，空間依存部分の状態関数 $\psi(x, y, z)$ は，時間に依存しないシュレーディンガー方程式，

$$-\frac{\hbar^2}{2m}\left(\frac{d^2\psi}{dx^2} + \frac{d^2\psi}{dy^2} + \frac{d^2\psi}{dz^2}\right) + V(x, y, z)\psi = E\psi \quad (A.40)$$

を満たす．ここで解として

$$\psi(x, y, z) = \psi_x(x)\psi_y(y)\psi_z(z) \quad (A.41)$$

のように各変数の関数の積の形をしていると仮定して (A.40) 式に代入し，両辺を $\psi_x\psi_y\psi_z$ で割って変形すると

$$\left[\frac{1}{\psi_x}\left\{-\frac{\hbar^2}{2m}\frac{d^2\psi_x}{dx^2} + V(x)\psi_x\right\} - E_x\right] + \left[\frac{1}{\psi_y}\left\{-\frac{\hbar^2}{2m}\frac{d^2\psi_y}{dy^2} + V(y)\psi_y\right\} - E_y\right]$$
$$+ \left[\frac{1}{\psi_z}\left\{-\frac{\hbar^2}{2m}\frac{d^2\psi_z}{dz^2} + V(z)\psi_z\right\} - E_z\right] = 0 \quad (A.42)$$

を得る．ただしポテンシャルを

$$V(x, y, z) = V(x) + V(y) + V(z) \quad (A.43a)$$

$$V(u) = \begin{cases} 0 & (0 \le u \le d_u)\,(u = x, y, z) \\ \infty & (\text{上記以外}) \end{cases} \quad (A.43b)$$

と分解し，エネルギーを次のように表した．

$$E = E_x + E_y + E_z \quad (A.44)$$

(A.42) 式の各項は，各々 x, y, z のみの関数であるから，(A.42) 式が恒等的に成り立

つためには,

$$-\frac{\hbar^2}{2m}\frac{d^2\psi_x}{dx^2} + V(x)\psi_x = E_x\psi_x \tag{A.45a}$$

$$-\frac{\hbar^2}{2m}\frac{d^2\psi_y}{dy^2} + V(y)\psi_y = E_y\psi_y \tag{A.45b}$$

$$-\frac{\hbar^2}{2m}\frac{d^2\psi_z}{dz^2} + V(z)\psi_z = E_z\psi_z \tag{A.45c}$$

でなければならない. すなわち, 各変数 x, y, z に関して, 1次元井戸型ポテンシャルを表す式になる.

ここでは (A.45a) 式を解いてみよう. $x < 0, x > d_x$ では $V(x) = \infty$ なので, $\psi_x = 0$ である. $0 \leq x \leq d_x$ では $V(x) = 0$ なので (A.45a) 式は

$$-\frac{\hbar^2}{2m}\frac{d^2\psi_x}{dx^2} = E_x\psi_x \tag{A.46}$$

となる. これを境界条件 $\psi_x(0) = \psi_x(d_x) = 0$ のもとで解くと

$$\psi_x = \sqrt{\frac{2}{d_x}}\sin\left(\frac{\pi n_x x}{dx}\right) \quad (n_x = 1, 2, 3, \ldots) \tag{A.47a}$$

となる. これは (A.7) 式のように規格化されている. また, エネルギー固有値は

$$E_x = \frac{\pi^2\hbar^2}{2md_x^2}n_x^2 \tag{A.47b}$$

となる. 状態関数 ψ_x, エネルギー固有値 E_x はともに n_x によって決まる. この n_x は量子数と呼ばれている. また (A.47a) 式によると n_x が奇数のとき, ψ_x の x 依存性はポテンシャル井戸の中心 $x = d_x/2$ の左右で対称であり, 偶関数である. 一方 n_x が偶数のとき, ψ_x は奇関数である. このように, 量子数によって偶奇性が定まっている. さらに, $x < 0, x > d_x$ では ψ_x の値は 0 であるから, 粒子はポテンシャル井戸の中に完全に閉じ込められている. これは 2 つの壁で完全弾性反射しながらその間を往復運動している古典的粒子の運動に対応している.

なお, ポテンシャル井戸の高さが無限大でない場合には ψ_x の値は壁面 ($x = 0, d_x$) では 0 にならず, また壁の外側でもわずかに有限の値をもつ. それは $\exp(-\beta x)$ なる関数で表され, ポテンシャル井戸から遠ざかるにつれて減衰する. ここで粒子のポテンシャルエネルギーを E, ポテンシャル井戸の深さを V_0 とすると $\beta = \sqrt{2m(V_0 - E)}/\hbar$ である. このように ψ_x の値がポテンシャ井戸の外にしみ出している場合, もう 1 つのポテンシャル井戸が近くにあると, ψ_x の値はその中にもしみ出すようになる. いわば, 有限の高さのポテンシャル井戸に閉じ込められていた粒子が, そこからしみ出し,

もう 1 つのポテンシャル井戸に飛び込む現象が起こる．これはトンネル効果と呼ばれている．その例として，半導体の pn 接合での電子のトンネル効果およびそれを利用したトンネルダイオード，金属プローブと金属試料との間の電子のトンネル効果およびそれを利用した走査型トンネル顕微鏡 (STM: scanning tunneling microscope) などがある．

(A.46)〜(A.47b) 式までの添え字 x を y, z に変えれば各々(A.45b),(A.45c) 式について解くことができる．その結果，(A.41) 式の状態関数と (A.46) 式のエネルギー固有値は 3 つの量子数 n_x, n_y, n_z で決められ

$$\psi_{n_x,n_y,n_z} = \sqrt{\frac{8}{d_x d_y d_z}} \sin\left(\frac{\pi n_x x}{d_x}\right) \sin\left(\frac{\pi n_y y}{d_y}\right) \sin\left(\frac{\pi n_z z}{d_z}\right) \tag{A.48a}$$

$$E_{n_x,n_y,n_z} = \frac{\pi^2 \hbar^2}{2m}\left[\left(\frac{n_x}{d_x}\right)^2 + \left(\frac{n_y}{d_y}\right)^2 + \left(\frac{n_z}{d_z}\right)^2\right] \tag{A.48b}$$

$$(n_x, n_y, n_z = 1, 2, 3, \ldots)$$

と表される．

特に $d_x = d_y = d_x (\equiv d)$ なる立方体の井戸型ポテンシャルの場合，(A.48a), (A.48b) 式は各々

$$\psi_{n_x,n_y,n_z} = \sqrt{\frac{8}{d^3}} \sin\left(\frac{\pi n_x x}{d}\right) \sin\left(\frac{\pi n_y y}{d}\right) \sin\left(\frac{\pi n_z z}{d}\right) \tag{A.49a}$$

$$E_{n_x,n_y,n_z} = \frac{\pi^2 \hbar^2}{2md^2}\left(n_x{}^2 + n_y{}^2 + n_z{}^2\right) \tag{A.49b}$$

となる．

A.9　具体例 2　光の量子化

真空中で光が z 軸方向の長さ L の共振器の中に閉じ込められており，x 軸方向に直線偏光する周波数 ν，波数 k の定在波になっている場合を考える．ここで $L = \pi m/k$ である (m は整数)．そのとき，電場ベクトル $\boldsymbol{E}(z,t)$ を x, y, z 座標成分に分けて表すと $(E_x, 0, 0)$ であるが，特に $E_x(z,t)$ を

$$E_x(z,t) = q(t)\sqrt{\frac{2(2\pi\nu)^2 M}{\varepsilon_0 V}} \sin kz \tag{A.50}$$

の形に書くことにする．ここで $q(t)$ は時間依存の関数である．これは周波数 ν で振動している正弦波の場合には $\sin 2\pi\nu t$ となるが，ここではより一般的な場合を考えたい

ために関数 $q(t)$ とした．ε_0 は真空誘電率である．V は共振器の体積であり，共振器壁面の面積を A とすると $V = AL$ である．M は今後現れる式の形を簡潔にするために導入した定数で，質量の次元をもつ．電場が (A.50) 式で与えられるとき，マクスウェル方程式によると磁場ベクトル H の成分は $(0, H_y, 0)$ となることがわかり，かつ

$$H_y = \frac{dq}{dt}\frac{\varepsilon_0}{k}\sqrt{\frac{2(2\pi\nu)^2 M}{\varepsilon_0 V}}\cos kz \tag{A.51}$$

と表される．

この光のもつ古典的エネルギーは，単位体積あたりのエネルギー密度を体積 V にわたり積分すれば求められる．すなわち光のハミルトニアンは

$$H = \int_V \left(\frac{\varepsilon_0}{2}E_x{}^2 + \frac{\mu_0}{2}H_y{}^2\right)dv = \frac{A}{2}\int_0^L (\varepsilon_0 E_x{}^2 + \mu_0 H_y{}^2)dz \tag{A.52}$$

となる．ここで μ_0 は真空透磁率である．これに (A.50),(A.51) 式を代入して積分を計算すると

$$H = \frac{M}{2}(2\pi\nu)^2 q^2 + \frac{p^2}{2M} \tag{A.53}$$

を得る．ここで

$$p \equiv M\frac{dq}{dt} \tag{A.54}$$

と定義している．

(A.54) 式は力学においてよく知られている質量 M，共振周波数 ν，位置 $q(t)$，運動量 $p(t)$ の 1 次元調和振動子のハミルトニアン H と同形であることがわかる．したがって，量子力学における調和振動子の量子化と同一の手続きにより光を量子化できる．すなわち q, p を次の交換関係を満たす量子力学的演算子 $\hat{q}, \hat{p}$ と見なす．

$$[\hat{q}, \hat{p}] \equiv \hat{q}\hat{p} - \hat{p}\hat{q} = i\hbar \tag{A.55}$$

ただし [ ] は (A.24) 式で定義された交換子である．ここで次のように新しい演算子 $\hat{a}, \hat{a}^\dagger$ を定義する[*2]．

[*2] 演算子 $\hat{a}, \hat{a}^\dagger$ は付録 A.3.2 項で定義されたエルミート演算子ではないことに注意されたい．ところで運動量演算子 $\hat{p} = -i\hbar(\partial/\partial q)$ はエルミート演算子であるので $\hat{a}$ と $\hat{a}^\dagger$ とは互いにエルミート共役演算子である (付録 A.3.4 項参照)．すなわち，光の状態を表す任意の 2 つの状態関数 Ψ, Φ に対して

$$\int_V \Psi^* \hat{a}\Phi dv = \int_V (\hat{a}^\dagger \Psi)^* \Phi dv \tag{1}$$

$$\int_V \Psi^* \hat{a}^\dagger \Phi dv = \int_V (\hat{a}\Psi)^* \Phi dv \tag{2}$$

が成り立つ．

A.9 具体例2 光の量子化

$$\hat{a} \equiv \frac{1}{\sqrt{2Mh\nu}} \left(2\pi M\nu \hat{q} + i\hat{p}\right) \tag{A.56a}$$

$$\hat{a}^\dagger \equiv \frac{1}{\sqrt{2Mh\nu}} \left(2\pi M\nu \hat{q} - i\hat{p}\right) \tag{A.56b}$$

(A.55) 式の交換関係から

$$\left[\hat{a}, \hat{a}^\dagger\right] = 1 \tag{A.57a}$$

$$[\hat{a}, \hat{a}] = \left[\hat{a}^\dagger, \hat{a}^\dagger\right] = 0 \tag{A.57b}$$

である．

(A.56a), (A.56b) 式を用いると演算子 $\hat{q}, \hat{p}$ は

$$\hat{q} = \sqrt{\frac{\hbar}{4\pi M\nu}} \left(\hat{a} + \hat{a}^\dagger\right) \tag{A.58}$$

$$\hat{p} = -i\sqrt{\frac{Mh\nu}{2}} \left(\hat{a} - \hat{a}^\dagger\right) \tag{A.59}$$

と表される．これを (A.53) 式に代入するとハミルトニアンは

$$\hat{H} = h\nu \left(\hat{a}^\dagger \hat{a} + \frac{1}{2}\right) \tag{A.60}$$

と書け，これはエルミート演算子である．また (A.60) 式より

$$\left[\hat{H}, \hat{a}\right] = -h\nu \hat{a} \tag{A.61}$$

$$\left[\hat{H}, \hat{a}^\dagger\right] = h\nu \hat{a}^\dagger \tag{A.62}$$

であることがわかる．また，電場，磁場ベクトルの成分は (A.50), (A.51) 式により

$$\hat{E}_x(z,t) = E_{x0} \left(\hat{a} + \hat{a}^\dagger\right) \sin kz \tag{A.63}$$

$$\hat{H}_y(z,t) = -\frac{i}{\eta_0} E_{x0} \left(\hat{a} - \hat{a}^\dagger\right) \cos kz \tag{A.64}$$

なるエルミート演算子により表される．ただし，η_0 は真空のインピーダンス $\sqrt{\mu_0/\varepsilon_0}$ であり，また

$$E_{x0} \equiv \sqrt{\frac{h\nu}{\varepsilon_0 V}} \tag{A.65}$$

である．

ここで今後の議論のために，エネルギー固有関数 Φ_n，固有値 E_n を与えるような固有値方程式

$$\hat{H}\Phi_n = E_n\Phi_n \tag{A.66}$$

を解く．ところで (A.61) 式を使うと

$$\hat{H}\hat{a}\Phi_n = \left(\hat{a}\hat{H} - h\nu\hat{a}\right)\Phi_n = (E_n - h\nu)\hat{a}\Phi_n \tag{A.67}$$

となる．この式より $\hat{a}\Phi_n$ も，やはりエネルギー固有関数であり，その固有値は $E_n - h\nu$ であることがわかる．さらにこの式より演算子 $\hat{a}$ はエネルギーを $h\nu$ だけ下げる作用をすることがわかるので，消滅演算子 (annihilation operator) と呼ばれる．一方，(A.62) 式を使うと

$$\hat{H}\hat{a}^\dagger\Phi_n = \left(\hat{a}^\dagger\hat{H} + h\nu\hat{a}^\dagger\right)\Phi_n = (E_n + h\nu)\hat{a}^\dagger\Phi_n \tag{A.68}$$

となり，演算子 $\hat{a}^\dagger$ はエネルギーを $h\nu$ だけ上げる作用をすることがわかるので，生成演算子 (creation operator) と呼ばれる．

ところで，次に示すように E_n のうち最小のものは正の値をとることがわかる．すなわち最小の固有値を E_0 とし，これに対する固有関数を Φ_0 とすると，(A.67) 式に示される消滅演算子の性質と Φ_0 の定義により

$$a\Phi_0 = 0 \tag{A.69}$$

となる．したがって (A.60) 式より

$$\hat{H}\Phi_0 = \frac{h\nu}{2}\Phi_0 \tag{A.70}$$

となり，これより

$$E_0 = \frac{h\nu}{2} \tag{A.71}$$

であるから，E_0 は正の値である．

ところで (A.62), (A.70) 式を用いると

$$\hat{H}\hat{a}^\dagger\Phi_0 = \left(h\nu\hat{a}^\dagger + \hat{a}^\dagger\hat{H}\right)\Phi_0 = h\nu\left(1 + \frac{1}{2}\right)\hat{a}^\dagger\Phi_0 \tag{A.72}$$

となる．さらに，これを n 回繰り返すと

$$\hat{H}\left(\hat{a}^\dagger\right)^n\Phi_0 = h\nu\left(n + \frac{1}{2}\right)\left(\hat{a}^\dagger\right)^n\Phi_0 \tag{A.73}$$

となる．したがって，この式中の $\left(\hat{a}^\dagger\right)^n\Phi_0$ なる状態は固有関数 Φ_n に対応し，固有値は

$$E_n = h\nu\left(n + \frac{1}{2}\right) \tag{A.74}$$

であることがわかる．この式は，共振器の中の空間にエネルギー単位 $h\nu$ の光の量子が n 個存在することを表している．このように，エネルギー $h\nu$ をもつ光の量子は光子 (photon) と呼ばれている．Φ_n は n 個の光子が存在する状態を表すので，光子数状態と呼ばれる．さらに (A.60), (A.66), (A.74) 式を使うと

$$\hat{a}^\dagger \hat{a} \Phi_n = n\Phi_n \tag{A.75}$$

が得られる．左辺の演算子 $\hat{a}^\dagger \hat{a}$ は光子数演算子と呼ばれる．

A.10　具体例 3　励起子ポラリトン

2.1.2 節の脚注 5 に記したように，光が物質に入射すると励起子と光子とが互いに生成，消滅を繰り返す．この状態は励起子ポラリトンと呼ばれている．すなわち励起子ポラリトンとは光と励起子の混合状態である．これはあたかも 2 つの調和振動子を結合させて，新たな 2 つの周波数をもつ振動を起こさせることと類似である．これを光と物質との相互作用の観点から，量子力学の具体例の 1 つとして考えてみる[1]．

励起子ポラリトンのハミルトニアンは光，励起子，および両者の相互作用のハミルトニアンの和によって与えられ，

$$\hat{H} = h\nu \hat{a}^\dagger \hat{a} + h\theta \hat{b}^\dagger \hat{b} + hD(\hat{a} + \hat{a}^\dagger)(\hat{b}^\dagger + \hat{b}) \tag{A.76}$$

と表される．ここで $h\nu$ は光子の固有エネルギー ((A.60), (A.74) 式参照．ただし定数 $h/2$ は略した)，$\hat{a}^\dagger, \hat{a}$ は各々光子の生成，消滅演算子である．また $h\theta$ は励起子の固有エネルギー，$\hat{b}^\dagger, \hat{b}$ は励起子の生成，消滅演算子である．さらに hD は光子と励起子の相互作用エネルギーを表す．ここで右辺第 3 項を展開するとき，$\hat{a}^\dagger \hat{b}^\dagger, \hat{a}\hat{b}$ のように光子と励起子が同時に生成，消滅することを表す項を削除すると

$$\hat{H} = h\left(\nu \hat{a}^\dagger \hat{a} + \theta \hat{b}^\dagger \hat{b}\right) + hD\left(\hat{b}^\dagger \hat{a} + \hat{a}^\dagger \hat{b}\right) \tag{A.77}$$

となる．2 種類の励起子ポラリトンを考え，その生成，消滅演算子 $\hat{\xi}_1^\dagger, \hat{\xi}_1, \hat{\xi}_2^\dagger, \hat{\xi}_2$ を用いてこのハミルトニアンが

$$\hat{H} = h\left(\Omega_1 \hat{\xi}_1^\dagger \hat{\xi}_1 + \Omega_2 \hat{\xi}_2^\dagger \hat{\xi}_2\right) \tag{A.78}$$

と表されると仮定する．この式右辺の $h\Omega_1, h\Omega_2$ 各項は 2 種類の励起子ポラリトンの固有エネルギーである．

(A.77) 式から (A.78) 式を導出するために行列 $A = \begin{bmatrix} \theta & D \\ D & \theta \end{bmatrix}$ を用いる．このと

き (A.77) 式は

$$\hat{H} = h \begin{bmatrix} \hat{b}^\dagger & \hat{a}^\dagger \end{bmatrix} A \begin{bmatrix} \hat{b} \\ \hat{a} \end{bmatrix} \tag{A.79}$$

と表される．ここでユニタリ行列 $U = \begin{bmatrix} u_{11} & u_{12} \\ u_{21} & u_{22} \end{bmatrix}$ を用いてユニタリ変換

$$\begin{bmatrix} \hat{b} \\ \hat{a} \end{bmatrix} = U \begin{bmatrix} \hat{\xi}_1 \\ \hat{\xi}_2 \end{bmatrix} \tag{A.80}$$

を施す．ここでユニタリ行列の性質 $U^\dagger = U^{-1}$ を使うと (A.80) 式より

$$\begin{bmatrix} \hat{b}^\dagger & \hat{a}^\dagger \end{bmatrix} = \begin{bmatrix} \hat{\xi}_1^\dagger & \hat{\xi}_2^\dagger \end{bmatrix} U^{-1} \tag{A.81}$$

を得る．(A.80), (A.81) 式を (A.79) 式に代入すると

$$\hat{H} = h \begin{bmatrix} \hat{\xi}_1^\dagger & \hat{\xi}_2^\dagger \end{bmatrix} U^{-1} A U \begin{bmatrix} \hat{\xi}_1 \\ \hat{\xi}_2 \end{bmatrix} \tag{A.82}$$

となる．一方，(A.78) 式は

$$\hat{H} = h \begin{bmatrix} \hat{\xi}_1^\dagger & \hat{\xi}_2^\dagger \end{bmatrix} \begin{bmatrix} \Omega_1 & 0 \\ 0 & \Omega_2 \end{bmatrix} \begin{bmatrix} \hat{\xi}_1 \\ \hat{\xi}_2 \end{bmatrix} \tag{A.83}$$

と書けるので，両式を比べると

$$U^{-1} A U = \begin{bmatrix} \Omega_1 & 0 \\ 0 & \Omega_2 \end{bmatrix} \tag{A.84}$$

となる．この式の両辺に左から U を掛けると

$$A U = U \begin{bmatrix} \Omega_1 & 0 \\ 0 & \Omega_2 \end{bmatrix} \tag{A.85}$$

となるので，これを整理すると

$$\begin{bmatrix} \theta - \Omega_1 & 0 \\ 0 & \theta - \Omega_2 \end{bmatrix} \begin{bmatrix} u_{1j} \\ u_{2j} \end{bmatrix} = 0 \quad (j = 1, 2) \tag{A.86}$$

を得る．ここで U はユニタリ行列なので $u_{1j}{}^2 + u_{2j}{}^2 = 1$ であることを用いると (A.86) 式より

A.10 具体例3 励起子ポラリトン

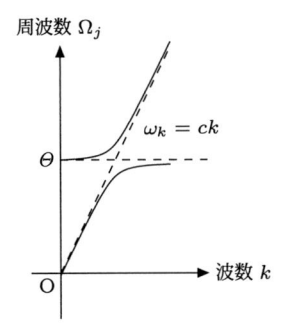

図 A.1 励起子ポラリトンの分散関係

$$u_{1j} = \frac{1}{\sqrt{1 + \left(\frac{\theta - \Omega_j}{D}\right)^2}} \tag{A.87a}$$

$$u_{2j} = -\frac{\left(\frac{\theta - \Omega_j}{D}\right)}{\sqrt{1 + \left(\frac{\theta - \Omega_j}{D}\right)^2}} \tag{A.87b}$$

$$(j = 1, 2)$$

を得る．このようにして (A.80) 式の行列 U が一意に決まったので (A.78) 式の仮定が証明された．

ここで，(A.86) 式左辺の $\begin{bmatrix} u_{1j} \\ u_{2j} \end{bmatrix}$ は恒等的には 0 とならないので，その前にある係数行列の行列式が 0 でなければならないことから

$$h\Omega_j = h\left[\frac{\theta + \nu}{2} \pm \frac{\sqrt{(\theta - \nu)^2 + 4D^2}}{2}\right] \tag{A.88}$$

$$(j = 1, 2)$$

を得る．光の波数 k と周波数 ν との間には $\nu = ck/2\pi$ なる関係があることを利用し (c は真空中での光の速度)，この式から波数 k と周波数 Ω_j との関係を図示すると図 A.1 を得る．ただし励起子の固有周波数 θ は一定値 Θ とした．この図は波数 k(∼ 運動量 $hk/2\pi$) とエネルギー $h\Omega_j$ との関係を表すので分散関係と呼ばれている．

A.11 行列を用いた計算法

A.11.1 演算子の行列表示

量子力学にはこれまでに記したように物理量を演算子で置き換え，その固有値方程式を解く方法のほか，物理量に行列を対応させて解く方法がある．本節ではこの行列による計算法を示す．

1つの演算子 $\hat{A}$ を定義するには，それを任意の関数 Ψ に作用させたときに作り出される関数 $\hat{A}\Psi$ がどのようなものであるかを示せばよい．ところで任意の関数は (A.22) 式で示されるように完全直交関数系の1次結合で与えられ，また演算子は線形であるから

$$\hat{A}\Psi = c_1\hat{A}\Psi_1 + c_2\hat{A}\Psi_2 + c_3\hat{A}\Psi_3 + \cdots = \sum_i c_i\hat{A}\Psi_i \tag{A.89}$$

である．右辺の $\hat{A}\Psi_1, \hat{A}\Psi_2, \ldots$ のうちの任意の1つ，$\hat{A}\Psi_n$ が定められるためには，これを

$$\hat{A}\Psi_n = \sum_m A_{mn}\Psi_m \tag{A.90}$$

と線形結合した係数 $A_{mn}(m,n=1,2,3,\ldots)$ がわかればよい．それゆえ，m,n のすべての組み合わせに対する A_{mn} によって演算子 $\hat{A}$ が定められる．この A_{mn} 全体を

$$A = \begin{bmatrix} A_{11} & A_{12} & A_{13} & \cdots \\ A_{21} & A_{22} & A_{23} & \cdots \\ A_{31} & A_{32} & A_{33} & \cdots \\ \vdots & \vdots & \vdots & \ddots \end{bmatrix} \tag{A.91}$$

のように配列したものを演算子 $\hat{A}$ の行列表示，あるいは簡単に行列という．

個々の A_{mn} は行列の m 行 n 列要素と呼ばれ，$A_{mn} = (A)_{mn}$ と表す．行列を作るときに用いる完全直交関数系 $\Psi_1, \Psi_2, \Psi_3, \ldots$ は行列の基礎系と呼ばれる．基礎系を構成する関数は無限個存在するから，演算子行列は無限次元の正方行列である．

行列を考える場合には，普通，基礎系として規格化されているものを用いる．すると (A.90) 式から

$$A_{mn} = \int \Psi_m^* \hat{A}\Psi_n dv = \left(\Psi_m, \hat{A}\Psi_n\right) \tag{A.92}$$

を得る．つまり，行列要素 A_{mn} は $\hat{A}$ を Ψ_m と Ψ_n とではさんだ形の内積で与えられる．

もし $\hat{A}$ がエルミート演算子であるなら

$$\left(\Psi_m, \hat{A}\Psi_n\right) = \left(\Psi_n, \hat{A}\Psi_m\right)^* \tag{A.93}$$

であるから，次の式が成り立つ．

$$A_{mn} = A_{nm}^* \tag{A.94}$$

すなわち，エルミート演算子の行列はエルミート行列である．

行列 A に対して m 行 n 列が A_{nm}^* であるような行列を A のエルミート共役行列といい，$A^\dagger$ で表す．すなわち

$$A^\dagger = \begin{bmatrix} A_{11}^* & A_{21}^* & A_{31}^* & \cdots \\ A_{12}^* & A_{22}^* & A_{32}^* & \cdots \\ A_{13}^* & A_{23}^* & A_{33}^* & \cdots \\ \vdots & \vdots & \vdots & \ddots \end{bmatrix} \tag{A.95}$$

$$\left(A^\dagger\right)_{mn} = (A)_{nm}^*$$

である．$\hat{A}$ がエルミート演算子であれば行列 A は行列 $A^\dagger$ と等しい．

A.11.2 状態のベクトル表示

任意の状態関数 Ψ は，完全規格直交関数系 $\Psi_1, \Psi_2, \Psi_3, \ldots$ によって (A.22) 式のように展開される．この係数 $c_1, c_2, c_3, \ldots$ が与えられれば Ψ が定まるので，Ψ に対して

$$\Psi \Leftrightarrow |\Psi\rangle = \begin{bmatrix} c_1 \\ c_2 \\ c_3 \\ \vdots \end{bmatrix} \tag{A.96}$$

のように n 行 1 列（この場合は $n = \infty$）の行列，すなわち縦ベクトルを対応させる．これを，$\Psi_1, \Psi_2, \Psi_3, \ldots$ を基礎系とした状態関数のベクトル表示という．$|\Psi\rangle$ はケット (ket)，またはケット・ベクトルと呼ばれる．

一方，Ψ の複素共役 Ψ^* には (A.96) 式の行列のエルミート共役行列，すなわち横ベクトルを次のように対応させる．

$$\Psi^* \Leftrightarrow \langle\Psi| = \begin{bmatrix} c_1^* & c_2^* & c_3^* & \cdots \end{bmatrix} \tag{A.97}$$

$\langle\Psi|$ は 1 行 n 列（ただし $n = \infty$）の行列でありブラ (bra)，またはブラ・ベクトルと

呼ばれる. ブラとケットは括弧 (bracket) を 2 つに分けたものである[*3].

さて，別の状態関数 $\Phi = \sum_i d_i \Psi_i$ のベクトル表示

$$\Phi \Leftrightarrow |\Phi\rangle = \begin{bmatrix} d_1 \\ d_2 \\ d_3 \\ \vdots \end{bmatrix} \tag{A.98}$$

$$\Phi^* \Leftrightarrow \langle\Phi| = \begin{bmatrix} d_1^* & d_2^* & d_3^* & \cdots \end{bmatrix} \tag{A.99}$$

を考える. 行列 (A.99) 式と行列 (A.96) 式のかけ算を $\langle\Phi|\Psi\rangle$ で表すと，

$$\langle\Phi|\Psi\rangle = d_1^* c_1 + d_2^* c_2 + d_3^* c_3 + \cdots \tag{A.100}$$

となる. これは Φ と Ψ との内積 $\left(\sum_i d_i \Psi_i, \sum_i c_i \Psi_i\right)$ に等しいので

$$\int \Phi^* \Psi dv = (\Phi, \Psi) = \langle\Phi|\Psi\rangle \tag{A.101}$$

である.

$\Psi_1, \Psi_2, \Psi_3, \ldots$ を基礎系とした $\Psi_1, \Psi_2, \Psi_3, \ldots$ 自体のベクトル表示は

$$\Psi_1 \Leftrightarrow |1\rangle = \begin{bmatrix} 1 \\ 0 \\ 0 \\ \vdots \\ \vdots \end{bmatrix}, \Psi_2 \Leftrightarrow |2\rangle = \begin{bmatrix} 0 \\ 1 \\ 0 \\ \vdots \end{bmatrix}, \cdots, \Psi_i \Leftrightarrow |i\rangle = \begin{bmatrix} 0 \\ 0 \\ \vdots \\ 1 \\ \vdots \end{bmatrix} \tag{A.102}$$

$\uparrow$
i 行目が「1」

$$\begin{aligned} \Psi_1^* &\Leftrightarrow \langle 1| = \begin{bmatrix} 1 & 0 & 0 & \cdots & \cdots \end{bmatrix} \\ \Psi_2^* &\Leftrightarrow \langle 2| = \begin{bmatrix} 0 & 1 & 0 & \cdots & \cdots \end{bmatrix} \\ &\vdots \\ \Psi_i^* &\Leftrightarrow \langle i| = \begin{bmatrix} 0 & 0 & \cdots & 1 & \cdots \end{bmatrix} \\ &\qquad\qquad\qquad\quad \uparrow \\ &\qquad\qquad i \text{ 列目が「1」} \end{aligned} \tag{A.103}$$

[*3] ただしその際 bracket の綴りの中の c は欠落している.

である.ただし,$|\Psi_i\rangle$ を $|i\rangle$,$\langle\Psi_i|$ を $\langle i|$ と略記した.すると (A.21) 式に示した $\Psi_1, \Psi_2, \Psi_3, \ldots$ の規格直交性は次の式で表される.

$$\langle i|j\rangle = \delta_{ij} \tag{A.104}$$

また,(A.23) 式の展開係数 c_m は

$$c_m = \langle \Psi_m | \Psi \rangle \tag{A.105}$$

で与えられる.

次にブラ $\langle i|$,演算子 $\hat{A}$,ケット $|j\rangle$ の 3 つの行列の積で表すと

$$\langle i|\hat{A}|j\rangle = \begin{bmatrix} 0 & 0 & \cdots & 1 & \cdots \end{bmatrix} \begin{bmatrix} A_{11} & A_{12} & A_{13} & \cdots & \cdots \\ A_{21} & A_{22} & A_{23} & \cdots & \cdots \\ A_{31} & A_{32} & A_{33} & \cdots & \cdots \\ \vdots & \vdots & \vdots & \ddots & \vdots \\ \vdots & \vdots & \vdots & \cdots & \ddots \end{bmatrix} \begin{bmatrix} 0 \\ 0 \\ \vdots \\ 1 \\ \vdots \end{bmatrix}$$

$$= \begin{bmatrix} 0 & 0 & \cdots & 1 & \cdots \end{bmatrix} \begin{bmatrix} A_{1j} \\ A_{2j} \\ A_{3j} \\ \vdots \\ \vdots \end{bmatrix} = A_{ij} \tag{A.106}$$

すなわち,行列 A の i 行 j 列要素が得られる.つまり,$\langle i|\hat{A}|j\rangle$ は Ψ_i と $\hat{A}\Psi_j$ との内積に等しく

$$\langle i|\hat{A}|j\rangle = \left(\Psi_i, \hat{A}\Psi_j\right) \tag{A.107}$$

であることがわかる.また,(A.6) 式で与えられる期待値は

$$\langle A \rangle = \frac{\langle \Psi|\hat{A}|\Psi\rangle}{\langle \Psi|\Psi\rangle} \tag{A.108}$$

と表される.

もし,基礎系 $\Psi_1, \Psi_2, \Psi_3, \ldots$ が $\hat{A}$ の固有関数で,各々の固有値が $a_1, a_2, a_3, \ldots$ であれば,次のとおりである.

$$\hat{A}|j\rangle = a_j|j\rangle \tag{A.109}$$

文　　献

1) 大津元一・小林　潔: 近接場光の基礎, オーム社, p.206 (2003).

Appendix B

電気双極子の作る電場

電磁気学の基礎であるマクスウェル (Maxwell) 方程式によると，周波数 ν で振動する電気双極子モーメント $\boldsymbol{p}$ がその周囲の真空中の空間に作る電場は

$$\boldsymbol{E} = \frac{k^3}{4\pi\varepsilon_0}\left[(\boldsymbol{n}\times\boldsymbol{p})\times\boldsymbol{n}\left(\frac{1}{kr}\right) + \{3\boldsymbol{n}\,(\boldsymbol{n}\cdot\boldsymbol{p}) - \boldsymbol{p}\}\left\{\frac{i}{(kr)^2} + \frac{1}{(kr)^3}\right\}\right]$$
$$\cdot \exp\left[i(2\pi\nu t - kr)\right] \tag{B.1}$$

である[1]．ここで ε_0 は真空誘電率，$\boldsymbol{r}$ は $\boldsymbol{p}$ を基準とした位置ベクトル，$\boldsymbol{n}$ はベクトル $\boldsymbol{r}$ の方向に沿った単位ベクトル，k は波数である．

この式の右辺の第 1, 2, 3 項は各々 $(kr)^{-1}, (k)^{-2}, (kr)^{-3}$ に比例している．$kr \ll 1$ のときはこの 3 つの項の中で第 3 項の $(kr)^{-3}$ が最大となるので，第 3 項は $\boldsymbol{p}$ に近接した領域の電場成分を表していることがわかる．一方 $kr \gg 1$ のときは第 1 項の $(kr)^{-1}$ が最大となるので，第 1 項は $\boldsymbol{p}$ の遠方の領域の電場成分を表している．この式で表される電場の特徴について考えるために xyz 座標軸を使い，$\boldsymbol{p}$ は y 軸方向を向き，原点にあるものとする．このとき電場は y 軸の周りに回転対称のはずであるから，簡単のために xy 面内での電場の特徴を考える．そして $\boldsymbol{r}$ は xy 面内にあり，x 軸から角度 θ の方向にあるとする．すなわち，$\boldsymbol{p} = (0, p, 0)$, $\boldsymbol{r} = r(\cos\theta, \sin\theta, 0)$ である．

まず (B.1) 式において，$\boldsymbol{p}$ に近接した領域の電場成分を表す第 3 項のベクトルは $3\boldsymbol{n}(\boldsymbol{n}\cdot\boldsymbol{p}) - \boldsymbol{p} = p(3\cos\theta\sin\theta, 3\sin^2\theta - 1, 0)$ と表される．したがってその絶対値は $p\sqrt{3\sin^2\theta + 1}$ なので，これを θ に対して xy 面内で極座標表示すると図 B.1(a) のようになる．また，方位角は $\tan^{-1}\left[(1 - 3\cos 2\theta)/3\sin 2\theta\right]$ となるので，ベクトル $3\boldsymbol{n}(\boldsymbol{n}\cdot\boldsymbol{p}) - \boldsymbol{p}$ の向きを表す矢印を xy 面内の半径 r の円周上に表示すると図 B.1(b) のようになる．ところで電気力線とは，空間の位置での接線の方向がその位置での電場の方向に一致するような曲線である．また，各位置を通る電気力線の数の密度がその位置での電場の大きさを表す．以上のことに注意して図 B.1(a),(b) をもとに電気力線を描くと図 B.1(c) のようになる．

次に (B.1) 式において，$\boldsymbol{p}$ の遠方の領域の電場成分を表す項のベクトルは $(\boldsymbol{n}\times\boldsymbol{p})\times\boldsymbol{n} = p(-\sin\theta\cos\theta, \cos^2\theta, 0)$ と表される．したがってその絶対値は $p\cos\theta$，方位角は

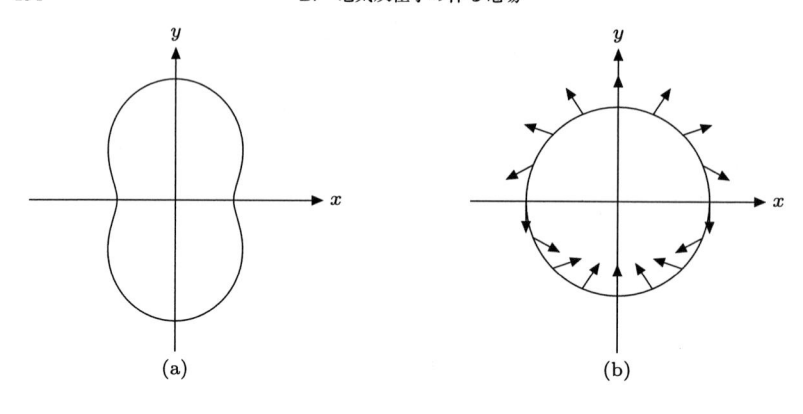

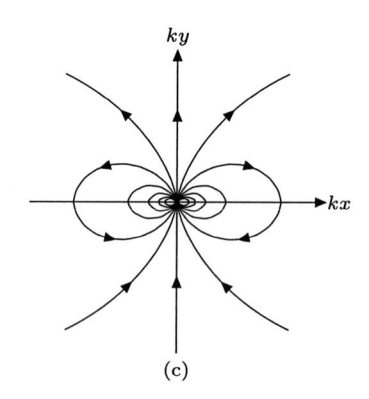

図 B.1 電気双極子モーメント p がその周囲の空間の近接した領域 ($kr \ll 1$) に作る電場．p は原点にあり，y 軸方向を向いているものとする．(a) ベクトル $3n(n \cdot p) - p$ の絶対値．(b) ベクトル $3n(n \cdot p) - p$ の方向．図中の矢印の方向が各々の位置におけるこのベクトルの方向を，さらにその長さが (a) にも示した絶対値を表す．(c) 電気力線．横軸，縦軸は各々 kx, ky で示している．

$\theta - \pi/2$ となる．これらを xy 面内で極座標表示すると図 B.2(a) のようになる．また，このベクトルの向きを表す矢印を xy 面内の半径 r の円周上に表示すると図 B.2(b) を得る．

最後に (B.1) 式の右辺全項を使って電気力線を描くと図 B.3 を得る．これは原点付近では図 B.1(c) と同様に $\pm x$ 軸方向に広がった蝶の羽の形をしており，その外側は勾玉型の閉曲線になっている．これは前者が非伝搬の近接場光，後者が伝搬する遠隔場光になっていることを意味している．なお，図 B.1(c) では y 軸上で y 軸方向に向いた電

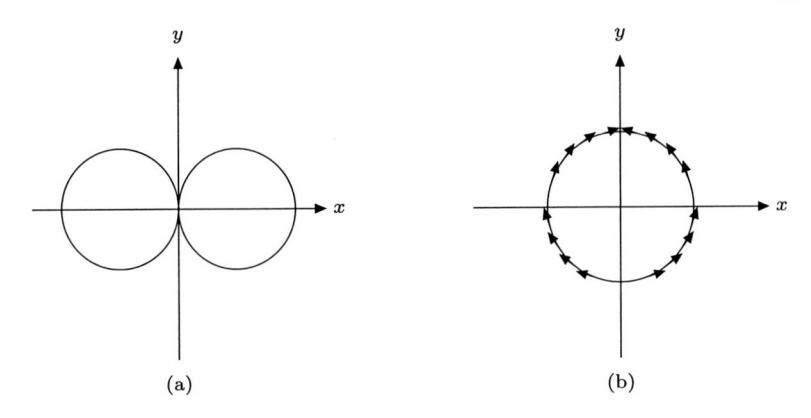

図 **B.2** 電気双極子モーメント p がその周囲の空間の遠方の領域 ($kr \gg 1$) に作る電場 p の位置と方向は図 B.1 と同じ. (a) ベクトル $(n \times p) \times n$ の絶対値. (b) ベクトル $(n \times p) \times n$ の方向. 図中の矢印の意味は図 B.1(b) と同じ.

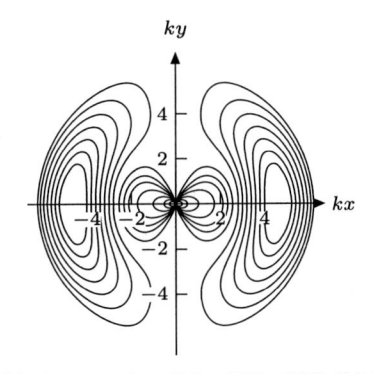

図 **B.3** 電気双極子モーメント p がその周囲の空間に作る電場の電気力線
横軸, 縦軸は各々 kx, ky で示している.

気力線があるが, 図 B.3 ではそれがない. これは (B.1) 式右辺第 1 項の $(n \times p) \times n$ は n と p とが互いに平行のとき 0 になることに起因する. 別の考え方によれば, この項は p の遠方領域の電場を表しており, y 軸方向に沿って遠方から電気双極子を見込むとそれを構成する正負の電荷が重なってうち消し合い, 電荷がないように見えることに起因する.

B. 電気双極子の作る電場

文　　献

1) J.D. Jackson: *Classical Electrodtynamics*, Second edition, J. Wiley and Sons, New York, p.395 (1962).

Appendix C

湯川関数の導出

　ナノ物質からなる系を考える場合，光と物質を同時に考えることによって (すなわち励起子ポラリトンとして考えることによって) 系の特徴を適切に記述できる場合がある．そのためには物質とともに電磁場も量子力学的に扱う．特に第 2 章の図 2.2 にある 2 つのナノ物質と近接場光からなる微小な「ナノ系」は，実際には図 C.1(a) のように巨視的寸法をもつ基板と入射光 (さらには散乱光も) のような電磁場 (これも巨視的寸法をもつ) からなる「巨視系」に囲まれているので，その理論的取り扱いが複雑になる．しかしここではナノ系のみを考えたいので巨視系の振る舞いを詳細に議論する必要はない．そこで，多体問題でよく知られた「繰り込み (renormalization)」の考え方を使う[1]．すなわち図 C.1(b) に示すように巨視系を励起子ポラリトンと考え，この影響を 2 つのナノ物質間の電磁的相互作用の大きさの中に取り込む．

　近接場光の理論を構築する目的は 2 つのナノ物質の間の相互作用の機構について知ることである．さらに，従来の光科学技術で使われてきた伝搬光と物質との相互作用において，「自由空間中の孤立系」という仮定を取り去ったとき，従来の結果がどのように変更されるかということを知ることが重要である．このような要求に答えるのが「繰り込み」の考え方である．以下では射影演算子 (projection operator) を用いた定式化を行うが，その結果近接場光を表す式として湯川関数が導出される[2〜4]．

　2 つのナノ物質と近接場光からなる微小なナノ系は巨視系に囲まれて電磁気的相互作用をしている．このナノ系を副系 (n) と呼ぶことにする．一方，これらを取り囲む巨視系を副系 (M) と呼ぶ．本来ならば副系 (n)，副系 (M) のすべての振る舞いを理論にもりこむべきであるが，これは複雑である．一方，ここでは副系 (n) の振る舞いにのみ興味があるので，すべての振る舞いを記述しても意味がない．そこで「繰り込み」の考え方を使う．すなわち副系 (n) のみを考え，巨視的な副系 (M) の影響は副系 (n) の中の 2 つのナノ物質間の電磁的相互作用の大きさを修正することにより取り込む．ここで副系 (n)，(M) 中の各物質の状態を表す状態関数について考えよう．まず副系 (n) にはナノ物質 1, 2 があるが，これらが単独に孤立して存在するときのエネルギー固有関数を各々 $|1\rangle, |2\rangle$ と表す[*1]．さらにこれらの関数が基底状態か励起状態か

[*1]　$|1\rangle, |2\rangle$ は付録 A.11.2 で記したケット (ket)，また (C.2)式中の $\langle\phi_a|, \langle\phi_b|$ はブラ (bra) である．

図 C.1 (a) の説明図

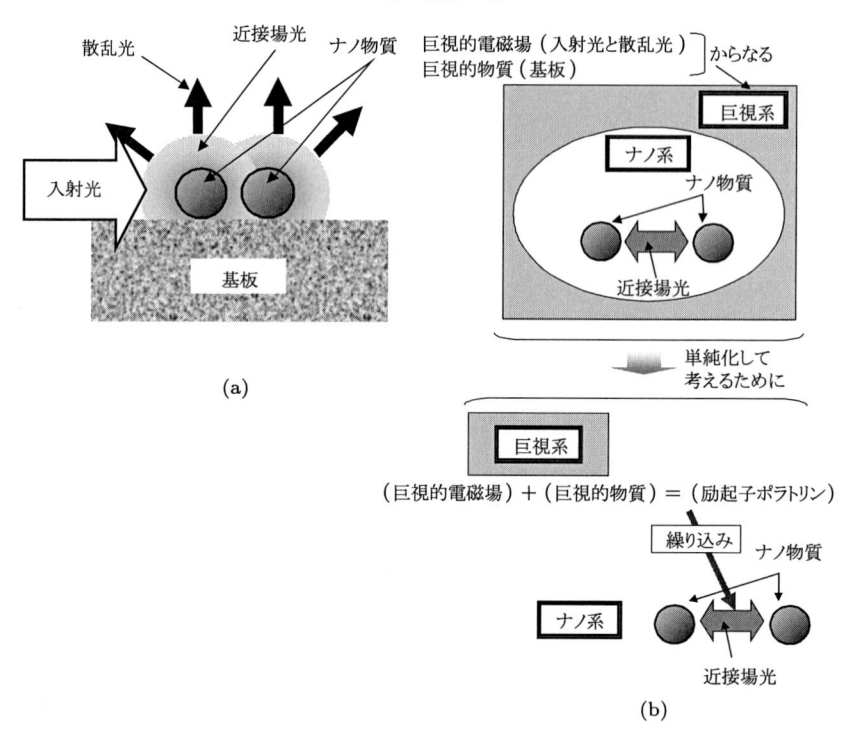

図 C.1 巨視系に囲まれたナノ系
(a) 実際の系. (b) 繰り込みの考え方.

を区別するときには添え字 g,e を付ける. 一方, 副系 (M) は物質と電磁場とからなる量子系である励起子ポラリトンの状態関数 $m_{(M)}$ により表す ($m_{(M)}$ は量子数).

さて, 興味の対象は副系 (n) なので, 2 つの状態関数 $|\phi_a\rangle = |1_e\rangle|2_g\rangle|0_{(M)}\rangle$(ナノ物質 1 が励起状態, ナノ物質 2 が基底状態にある), $|\phi_b\rangle = |1_g\rangle|2_e\rangle|0_{(M)}\rangle$(ナノ物質 1 が基底状態, ナノ物質 2 が励起状態にある) を取り上げ, これらが張る空間 (P 空間と呼ぶ) を考える. 両状態とも励起子ポラリトンで記述される副系 (M) は基底状態 $|0_{(M)}\rangle$ であるとする. 以後は考察の対象となる系の状態を表す状態関数 $|\psi\rangle$ をすべて P 空間の中で議論する. この方法は射影演算子法と呼ばれる.

2 つのナノ物質の間の電磁的相互作用 (すなわち電気双極子と電場との相互作用) を量子力学的ハミルトニアンで表すと

$$\hat{V} = -\frac{1}{\varepsilon_0}\left[\hat{\boldsymbol{p}}_1 \cdot \hat{\boldsymbol{D}}(\boldsymbol{r}_1) + \hat{\boldsymbol{p}}_2 \cdot \hat{\boldsymbol{D}}(\boldsymbol{r}_2)\right] \quad (\text{C.1})$$

となる. ここで右辺の ε_0 は真空誘電率, { } 内の第 1 項中の r_1 はナノ物質 1 の位置

座標を表すベクトル, $\hat{\boldsymbol{p}}_1$ はナノ物質 1 に誘起される電気双極子の量子力学的演算子, $\hat{D}(\boldsymbol{r}_1)$ は電束密度の量子力学的演算子である. 一方, 右辺第 2 項については以上の記号の添え字 1 が 2 に代わっており,「ナノ物質 1」を「ナノ物質 2」に読み替えればよい. $\hat{D}(\boldsymbol{r})$ は副系 (M) 中の入射光の光子の消滅演算子 $\hat{a}_\lambda(\boldsymbol{k})$, 生成演算子 $\hat{a}_\lambda^\dagger(\boldsymbol{k})$ を用いて記述されるが[*2], ここで入射光は副系 (M) を経て副系 (n) の 2 つのナノ物質を励起するので励起子ポラリトンとなっている. そこで $\hat{a}_\lambda(\boldsymbol{k}), \hat{a}_\lambda^\dagger(\boldsymbol{k})$ を励起子ポラリトンの消滅演算子 $\hat{\xi}(\boldsymbol{k})$, 生成演算子 $\hat{\xi}^\dagger(\boldsymbol{k})$ で置き換える.

ここで P 空間を構成する 2 つの関数 $|\phi_a\rangle, |\phi_b\rangle$ を用いて射影演算子 $\hat{P}$ を

$$\hat{P} = |\phi_a\rangle\langle\phi_a| + |\phi_b\rangle\langle\phi_b| \tag{C.2}$$

により定義する. さらに演算子 $\hat{J}$ を

$$\hat{J} = \frac{\left(1 - \hat{P}\right)\hat{V}\hat{P}}{E_P^0 - E_Q^0} \tag{C.3}$$

により定義する. この式中, E_P^0, E_Q^0 は各々 P, Q 空間でのエネルギー固有値である. なお, Q 空間とは P 空間の補空間を意味する. (C.1) 式の $\hat{V}$ に対し, 射影演算子 $\hat{P}$ を作用させ, さらに演算子 $\hat{J}$ を用いると P 空間で有効な相互作用演算子 $\hat{V}_{\text{eff}}$ として

$$\hat{V}_{\text{eff}} = \left(\hat{P}\hat{J}^\dagger\hat{J}\hat{P}\right)^{-\frac{1}{2}} \left(\hat{P}\hat{J}^\dagger\hat{V}\hat{J}\hat{P}\right) \left(\hat{P}\hat{J}^\dagger\hat{J}\hat{P}\right)^{-\frac{1}{2}} \tag{C.4}$$

が得られる. 以上のように射影演算子を用いて $\hat{V}$ から $\hat{V}_{\text{eff}}$ を求める方法は射影演算子法と呼ばれている.

相互作用の大きさを求めるために, P 空間において相互作用前の始状態関数は $|\phi_a\rangle$, 相互作用後の終状態関数は $|\phi_b\rangle$ であるとする. このとき 2 つのナノ物質間の相互作用の大きさは $V_{\text{eff}}(a \to b) = \langle\phi_b|\hat{V}_{\text{eff}}|\phi_a\rangle$ となる. ここで 2 つのナノ物質のエネルギー固有値として, 寸法が各々幅 a_1, a_2 の無限に深いポテンシャル井戸中の電子のエネルギー固有値を求めると, 各々

$$\hbar\Omega_0(1) = \frac{3\hbar^2}{2m_{e1}}\left(\frac{\pi}{a_1}\right)^2 \tag{C.5a}$$

$$\hbar\Omega_0(2) = \frac{3\hbar^2}{2m_{e2}}\left(\frac{\pi}{a_2}\right)^2 \tag{C.5b}$$

となる. ここで $\hbar$ はプランクの定数 h を 2π で割ったもの, m_{e1}, m_{e2} は 2 つのナノ物質中の電子の有効質量である. さらに励起子ポラリトンのエネルギーと運動量との

[*2] 光子の消滅演算子, 生成演算子については付録 A.9 参照.

C. 湯川関数の導出

(図: 2つのナノ物質間でのエネルギーのやりとり)

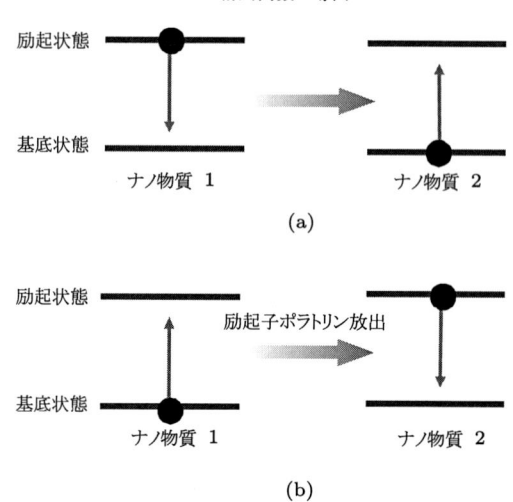

図 C.2 2 つのナノ物質の間でのエネルギーのやりとり
(a) (C.6) 式右辺第 1 項に相当. (b) 第 2 項に相当.

間の関係を表す分散関係 $\hbar\Omega(k) = \hbar\Omega + (\hbar k)^2/2m_\mathrm{p}$ 中の励起子ポラリトンの有効質量 m_p を用いると

$$V_\mathrm{eff}(a \to b) \propto \frac{\exp(i\pi\mu_1 r/a_1)}{r} + \frac{\exp(-\pi\mu_2 r/a_2)}{r} \tag{C.6}$$

となる. ただし r は 2 つのナノ物質の間の距離 $|\mathbf{r}_1 - \mathbf{r}_2|$, また $\mu_1 = \sqrt{3m_\mathrm{p}/m_\mathrm{e1}}$, $\mu_2 = \sqrt{3m_\mathrm{p}/m_\mathrm{e2}}$ である. (C.6) 式右辺第 1 項の exp の肩には虚数単位 i があるので, これは伝搬光に対応する. すなわち遠方に伝搬する散乱光である. この項は励起状態にあるナノ物質 1 が励起子ポラリトンのエネルギー量子 $\hbar\Omega(k)$ を放出する過程を表す (図 C.2(a)). 一方第 2 項は湯川関数であり, r の増加とともに急激に減少する. 分子の指数関数の値が $r = 0$ のときの e^{-1} になるときの r の値をしみ出し長と定義すると, それは $a_2/\pi\mu_2$ であること, つまりナノ物質 2 の寸法程度であることがわかる. すなわちナノ物質の寸法と同程度の空間分布をもつ光が存在することを意味している. これが近接場光であり, あたかもナノ物質を核とした「雲」のようにナノ物質の周りに局在した光である. さらにこの項は基底状態のナノ物質 2 が励起子ポラリトンを放出する過程を表す (図 C.2(b)).

以上の議論と同様に今度は始状態関数が $|\phi_b\rangle$, 終状態関数が $|\phi_a\rangle$ であるとすると, 相互作用の大きさ $V_\mathrm{eff}(b \to a)$ は (C.6) 式の添え字 1 と 2 とを入れ替えたものとなる. したがってすべての可能性を考えるために $V_\mathrm{eff}(a \to b)$ と $V_\mathrm{eff}(b \to a)$ とを合わせると, 相互作用の大きさは次のようになる.

$$V_{\text{eff}} = V_{\text{eff}}(a \to b) + V_{\text{eff}}(b \to a)$$
$$\propto \frac{\exp\left(i\pi\mu_1 r/a_1\right)}{r} + \frac{\exp\left(-\pi\mu_2 r/a_2\right)}{r} + \frac{\exp\left(i\pi\mu_2 r/a_2\right)}{r} + \frac{\exp\left(-\pi\mu_1 r/a_1\right)}{r} \tag{C.7}$$

この式の右辺の第 1 項,第 3 項は各々ナノ物質 1, 2 から遠方に伝搬していく散乱光を表す.一方,第 2 項はナノ物質 2 の大きさに応じた空間分布をもつ近接場光を表し,第 4 項はナノ物質 1 の大きさに応じた空間分布をもつ近接場光を表している.

(C.7) 式右辺の第 2, 4 項より,一般に半径 a の球の中の各位置 $\boldsymbol{r}_a$ にこのような相互作用の源があると考えられる.したがってこの球全体で源の総和をとることにより球の外部の任意の位置 $\boldsymbol{r}$ における近接場光を表すスカラーポテンシャル

$$\phi(\boldsymbol{r}) \propto \int_{\text{sphere}} \frac{\exp(-\mu|\boldsymbol{r}-\boldsymbol{r}_a|)}{|\boldsymbol{r}-\boldsymbol{r}_a|} d^3 r_a \tag{C.8}$$

が求められる.ここで $\mu = \sqrt{3}\pi m_\text{p}/m_{e(a)} a$ であり,$m_{e(a)}$ は球の中の電子の有効質量である.(C.8) 式の積分を実行すると

$$\phi(\boldsymbol{r}) \propto \frac{2\pi}{\mu^3}\left[(1+\mu a)\frac{\exp\{-\mu(r+a)\}}{r} - (1-\mu a)\frac{\exp\{-\mu(r-a)\}}{r}\right] \tag{C.9}$$
$$(\text{ただし } r > a)$$

となり,やはり湯川関数で表されることがわかる.そしてそのしみ出し長は $1/\mu$ であること,すなわち球の寸法程度であることがわかる.

以上をまとめると,巨視的な副系 (M) の効果を繰り込んだとき,微小な副系 (n) において物質励起の衣をまとった光子 (dressed photon:ドレスト光子.質量をもった仮想光子) を交換して働く相互作用の主要部は湯川関数で表されることがわかる.

以上のモデルでは,有限の相互作用範囲すなわち有限の有効質量をもつドレスト光子の交換によって 2 つのナノ物質の間に近接場光相互作用が生じ,それは湯川関数で記述されることを意味している.これは時間とエネルギーとに関するハイゼンベルクの不確定性原理から,観測にかかる時間に比べて十分短い時間の間では図 C.2(b) のようにエネルギー保存則を満たさない過程が生じてもよいことに対応する.ドレスト光子とはこのような過程で発生する量子である.

有効質量 m_{eff}(上記の μ を使うと $\hbar\mu/c$ に相当する) をもつドレスト光子は次のようなクライン・ゴードン (Klein–Gordon) 方程式

$$\left[\nabla^2 - \left(\frac{m_{\text{eff}}c}{\hbar}\right)^2\right]\phi(r) = 0 \tag{C.10}$$

を満たし,その解がよく知られた湯川関数

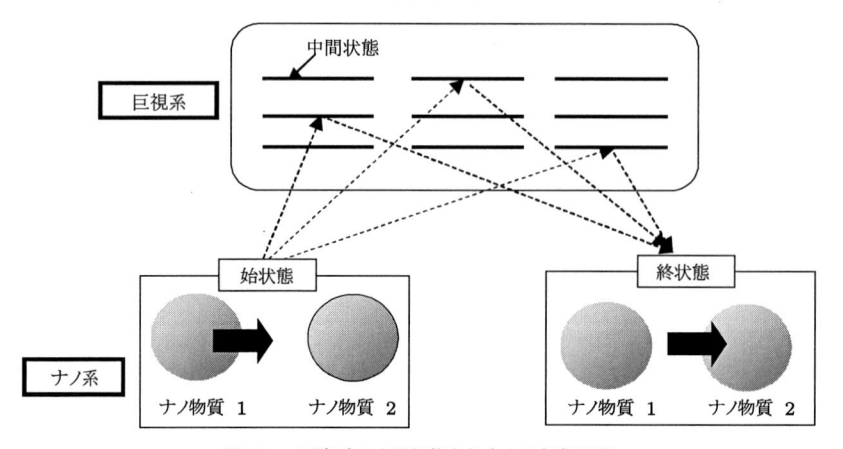

図 C.3 巨資系の中間状態を経由する仮想遷移

$$\phi(r) = \frac{\exp\left[-\left(m_{\mathrm{eff}}c/\hbar\right)r\right]}{r} \tag{C.11}$$

である．ここで c は真空中の光速度である．(C.11) 式で表される電磁場は，入射光 (その角周波数 ω) と物質との電磁相互作用を表すヘルムホルツ (Helmholtz) 方程式 (電場ベクトル $\boldsymbol{E}(\boldsymbol{r},\omega)$ に関する)

$$\left[\nabla^2 + \left(\frac{\omega}{c}\right)^2\right]\boldsymbol{E}(\boldsymbol{r},\omega) = -\frac{1}{\varepsilon_0}\left(\frac{\omega}{c}\right)^2 \boldsymbol{P}(\boldsymbol{r},\omega) \tag{C.12}$$

に多体効果の結果誘起される分極 $\boldsymbol{P}(\boldsymbol{r},\omega)$ を繰り込むことによりクライン・ゴードン方程式を満たすような場に変換されたものと考えることができる．

　以上のような「繰り込み」の考え方を使った結果，ナノ系は周囲の巨視系とは孤立しているように単純化して考えられるという利点がある．ここで 2 つのナノ物質の間でドレスト光子の交換により相互作用が始まると図 C.3 に示すように始状態から終状態に至る経路として，巨視系のいろいろなエネルギー状態 (中間状態と呼ばれている) へ仮想遷移し，そこから終状態へとさらに仮想遷移する．仮想遷移というのは実際のエネルギー移動の伴わない量子力学的遷移，言い換えると仮想光子を媒介とする遷移である．現代物理学では始状態と終状態が確定 (観測) 可能な状態であれば，その中間は仮想遷移が許されることが知られている．このとき，始状態から終状態へと変化する確率は仮想遷移を含むすべての遷移経路 (始状態から終状態に至る) を通る確率の合計となる．その結果，上記の始状態から終状態に導く源となる 2 つのナノ物質の電磁的相互作用の大きさは (C.6) 式右辺の第 2 項で表される[1]．

　さて図 C.3 の巨視系のあらゆる中間状態を考慮すると，それらへの仮想遷移の経路によっては 2 つのナノ物質間でのエネルギーのやりとりに多様性が生まれる．まず

第1は従来の光技術においてよく知られたエネルギー保存則を満たす相互作用であり，(C.6) 式右辺の第1項および図 C.2(a) に相当する．一方，別の経路ではエネルギー保存則を満たさないことも可能で，これは第2項および図 C.2(b) によって表される[*3]．ただしいずれの場合もドレスト光子の交換による仮想遷移であり，エネルギーの移動は確定していないことに注意されたい．なぜなら，このような仮想遷移は量子力学特有の現象であり，エネルギー ΔE と時間 Δt との間の不確定性原理 $\Delta E \Delta t \geq \hbar/2$ を満たすような短い時間 Δt においてのみ可能になるからである．そして，この仮想遷移を含めることにより局所的な場，すなわち近接場光が自動的に導出される．
　ナノフォトニクスの本質は，以上のような特殊な現象を引き起こすために，ナノ系と巨視系との境界線 (図 C.1(b) の上図中の楕円) をどこに引くかということが重要になる技術である．たとえば図 C.1(a) の2つのナノ物質の寸法を基板に対してどのくらい小さくするか，また基板のどの位置に乗せるか，といった微細加工技術が必要であることを意味する．本書の第3章や第4章の中で示す微細加工はそのために必要な技術である．

文　　献

1) 大津元一・小林　潔: 近接場光の基礎, オーム社, p.131 (2003).
2) K. Kobayashi and M. Ohtsu: *J. Microscopy*, vol.194, p.249 (1999).
3) K. Kobayashi, S. Sangu, H. Ito and M. Ohtsu: *Phys. Rev. A*, vol.63, 013806 (2001).
4) K. Kobayashi, S. Sangu and M. Ohtsu: *Progress in Nano Electro-Optics* I (ed. by M. Ohtsu), Springer-Verlag, Berlin, p.119 (2002).

[*3] 「エネルギーの保存則を満たさない」のならば，余分なエネルギーはどこから来，不足のエネルギーはどこへ消えたのであろうか．この疑問に答えるために，ここではナノ系のエネルギーの保存について考えていることに注意されたい．すなわち，ここではナノ系は巨視系とは孤立しているように単純化して考えている．したがって上記のエネルギーの過不足分は実際には巨視的系から補充されている．つまりナノ系と巨視系全体ではエネルギー保存則は成り立っているので何の不思議もないが，ナノ系のみを考えるとエネルギー保存則を満たさないような現象が起こっている．

索 引

欧 文

AFM 像　114
AND ゲート　50

Co/Pd 系　77

DA 変換器　53
DRAM　8
DVD　7, 79

GaN　55

HDD　7, 77

InAs　55

LAN　7

Mie 散乱理論　109
MOCVD 法　65

NAND ゲート　51
NOR ゲート　51
NOT ゲート　50, 55, 74

optical nano-fountain　54
OR ゲート　51

VAD 法　38

X 線　71, 74

ZnO　55

あ 行

亜鉛　59
アーキテクチャ　129
アスペクト比　67
アトムフォトニクス　41
アナログ信号　53
アンギュラースペクトル展開　146
アンテナ系　28

位相　16
1 次独立　175
1 重項状態　31
一方向 (性)　131, 157
井戸型ポテンシャル　179
インダクタンス　140
インターフェース　43
インピーダンス
　真空の——　183

ウルツ鉱　90
運動の恒量　177
運動量　187

エッチング　56, 66
エネルギー移動　20, 45, 53, 132
　非可逆な——　27
エネルギー効率　139
エネルギー準位　22, 45
エネルギー保存則　157, 177
エバネッセント波　146
エルミート演算子　174

エルミート共役　175
エルミート共役演算子　174
エルミート共役行列　189
エルミート行列　189
エルミート性　174
演算子　171
演算子行列　188
塩素ラジカル　118
エントロピー　159

オブザーバブル　174

か行

開口　9
開口数　9, 54
回折　9, 16
回折限界　4, 16, 32, 54, 56, 59, 62, 66, 82, 136
回折格子　74, 142
回折効率　74
階層構造　130, 133
階層性　130, 142, 144, 146, 158
階層的回折格子　143
階層的光学素子　143
階層的ホログラム　143
外部インピーダンス　140
解離　30, 31
解離エネルギー　59, 63
解離率　65
確率密度　171
加工速度　66
可視光　1, 63
仮想光子　21, 201
仮想遷移　202
仮想ポラリトン　21
仮想励起子・フォノン・ポラリトン　34
仮想励起子・フォノン・ポラリトンモデル　64
仮想励起子ポラリトン　21, 23, 29, 47
下層レジスト　67
活性層　9
価電子帯　25

環境条件　141
干渉　3
完全規格直交関数系　175
完備集合　51
緩和　31, 45, 139
緩和過程　31

機械化学方式　118
規格化　172
規格直交関数系　175
奇関数　177
技術ロードマップ　80, 130
期待値　171, 172
基底状態　31
軌道　31
吸収　27
吸収端波長　119
共振器　181
共鳴　25, 45, 53
共鳴効果　60, 106
共鳴周波数　110
共鳴寸法　110
共鳴相互作用　56
共鳴波長　111
行列　188
　——の基礎系　188
行列式　187
行列表示　188
極座標表示　194
巨視系　20, 197
記録密度　7, 77
記録容量　79
禁制　133
近接場光　6, 15, 200
近接場光アシスト磁気記録　77
近接場光エッチング　118
近接場光化学気相堆積法　99
近接場光学　39
近接場光共鳴散乱　107
近接場光相互作用　21, 24, 45, 46, 105, 116, 132
金属触媒　94

… 索　引

偶関数　177
偶奇性　177
屈折率　17
クライン・ゴードン方程式　201
繰り込み　197
クリーン度　69
クーロン力　31

結晶性　87
結像
　　——のぼけ　9
ケット・ベクトル　189
原子　59
原子核　24, 30
原子間力顕微鏡　114
減衰時間　47
研磨剤　118
研磨パット　118

光学応答　147
光学活性　65
光学許容　27
光学禁制　10, 25, 26, 28, 29, 45
光学不活性　11, 65
交換可能　175
交換関係　182
交換子　175
光子　2, 15, 185
格子振動　141
光子数状態　185
紅色光合成細菌　28
合成石英　118
光線光学　4
高速緩和　53
光導波路　9
古典光学　4
固有関数　172
痕跡メモリ　148
コンテントアドレッサブルメモリ　136
コントラスト　72, 145

さ　行

再結合　91
サイドチャンネル攻撃　140
サファイア基板　59
サブレベル緩和　141
散逸　27, 139
産学連携プロジェクト　77
3重項状態　31
酸素欠陥　90
3年4倍則　122
散乱　16
散乱光　200
散乱光強度　107, 110
散乱損失　117
残留応力　92

ジエチル亜鉛　59, 94
紫外光　1, 31, 59
時間発展的有限要素法　158
磁気記録　7, 77, 79
磁区　77
自己共役演算子　175
自己組織化　77, 114
始状態関数　199
システムアーキテクチャ　129
磁性微粒子　77
質的変革　10, 56, 65, 71, 80, 155, 157
「実」励起子ポラリトン　29
磁場ベクトル　182
しみ出し長　16, 21, 24
射影演算子(法)　197–199
周期　1
集光器　54
自由光子　5
終状態関数　199
自由振動　78
充填効果　46, 50
周波数　1, 181
出力端子　53
シュレーディンガー方程式　171
順序論理演算　49

省エネルギー化　76
照合演算　136
上層レジスト　67
状態　171
状態関数　171
状態変数　134
状態密度　141
冗長性　80, 160
焦点面　9
章動　47, 53
消費電力　48
障壁層　94
情報
　——の検索　144
情報記録　6
　固定型——　80
情報セキュリティ　81
情報通信　6
情報通信技術　127
消滅演算子　184
神経細胞　2
信号　145
振動エネルギー準位　33
振動準位　64

水銀ランプ　67
垂直偏光　114
スイッチング時間　47
スカラーポテンシャル　201
ステップアンドリピート法　68
スパッタリング　113
スピン　31, 150
スライドヘッド　78
寸法依存　60
寸法制御性　114
寸法精度　60

正孔　29
生成演算子　184
静電的相互作用　29
性能指数　47
成膜　66

赤外光　1
セキュリティ性　144
遷移則　133
線形結合　188
センサ機能　134

相関演算　136
双極子モーメント　145
相互作用演算子　199
相互作用ハミルトニアン　178
走査型トンネル顕微鏡　181
双方向(性)　5, 24, 157
速度　2
　光の——　187
束縛励起子　91
素励起　29

た　行

耐性　140
堆積　56, 59
堆積速度　64, 106
耐タンパー性　140
第2高調波発生　74
耐熱性　102
多重化　158
多重性　135
多重露光　72
立ち上がり時間　46
立ち下がり時間　47
脱離効果　113, 115
単結晶　98
断熱過程　59
端部効果　114

遅延ゲート　53
中間子　24
中間状態　202
中性子　24
中性ドナー　91
チューニングフォーク　100
(超放射型)超短光パルス発生器　53
超並列システム　136

索　引

調和振動子　182
直接遷移　64
直交　174

定常状態　173
デジタル信号　53
電荷　16
展開係数　175
電気親和力　31
電気双極子　16, 24, 106
電気双極子禁制　133
電気双極子相互作用　29, 144
電気双極子モーメント　193
電気力線　16, 193
電源　51
電子　15, 29
電子顕微鏡　38
電子遷移　30
電子ビーム　71
電子ビーム描画装置　71, 79
電束密度　199
伝導帯　25
電場　193
電場ベクトル　181
伝搬光　4

透光性　102
トップダウン　127, 161
ドライエッチング法　67
トレーサビリティ　144
ドレスト光子　5, 15, 20, 157, 201
　——の交換　20
ドレスト光子モデル　64
トンネル効果　15, 24, 181
トンネルデバイス　141

な　行

内積　136, 173
ナノ系　20, 197
ナノテクノロジー　11, 87
ナノフォトニクス　6
ナノフォトニック加工　56

ナノフォトニックスイッチ　45
ナノフォトニックデバイス　43, 87
ナノロッド　94

二価性　134
2重露光法　74
二値論理　134
入力端子　53

熱アシスト磁気記録　77
熱エネルギー　33, 94
熱膨張係数　92
熱揺らぎ効果　77
熱浴　140

脳型情報処理パラダイム　130
脳の機能　80, 160

は　行

背景光　145
白色光干渉計　119
バクテリオクロロフィル　28
波数　193
波長　1
波長多重通信　135
波長変換　135
発光　27, 62
発光寿命　23, 55
発光スペクトル　90
発散角　9
発生効率　78
発熱　48
バッファメモリ　53
波動関数　25, 171
波動光学　4
波動性　15
波動説　3
バネモデル　32
ハミルトニアン　171
パラダイムシフト　155
パリティ　177
パワー　19

209

索引

反電場係数　110
半導体レーザー　9
反応中心　29

光CVD　31, 59
光エレクトロニクス　4
光化学気相堆積法　31, 59, 87
光吸収過程　30
光スイッチ　44
光ディスクメモリ　6
光デバイス　8
光伝送
　——の実装方式　136
光ファイバー　7
　——のコア　10
光ファイバー通信　7
光・物質融合工学　5, 23, 157
光リソグラフィ　8, 66
光量子説　3
非共鳴　50, 108
微細加工　6, 56
　金型の——　79
被照合データ　136
非侵襲的攻撃　141
ビスアセチルアセトナト亜鉛　65
非断熱過程　11, 33, 62, 69
非断熱的光化学反応　32
ピット　6, 77
非伝搬　137
非粘着性　102
非平衡解放系　159
標準偏差　176
表面保護薄膜　68

ファイバープローブ　32, 60
フィルター　74
フェルスター場　106, 107
フォトニクス　4
フォトマスク　66
フォトルミネッセンス　62
フォトレジスト　8, 66
フォトンコンピュータ　49

フォノン　33
不確定性　176
不確定性原理　176, 201, 203
不活性　72
複製　72
複素共役　172
物質励起の衣をまとった光子　5, 15, 20, 201
フッ素樹脂コート　101
フラクタル構造　149
プラズマ　67
プラズモン　82
プラズモン波動　82
ブラ・ベクトル　189
プランクの定数　2
ブレークスルー　157
ブロードバンド環境　127
分解効率　88
分解能　9, 60
分極　32
分極率　107, 110
分散関係　187
分子　30
分子ビームエピタキシー法　74, 88
分配　137

平均場近似　146
平行偏光　114
平面波　146
並列アーキテクチャ　136
ベクトル場　158
ベクトル表示　189
ヘルムホルツ方程式　202
偏光　113, 150

補空間　199
母結晶　24
保磁力　77
ポテンシャルエネルギー　31
ボトムアップ　127, 161
ポラリトン　21
ホログラム　142

ま行

マクスウェル方程式　182, 193

メゾスコピック領域　142
メモリベースアーキテクチャ　136

や行

有機金属 CVD 法　65
有限差分時間領域法　114
有効質量　21, 22, 24, 199
有効相互作用　21
誘電率
　真空の——　182, 193
湯川関数　21, 24, 47, 197, 200
ユニタリ行列　186
ユニタリ変換　186

陽子　24
横分解能　119

ら行

律速要因　136
粒子性　15
粒子説　3
量子井戸構造　94
量子化　22

量子光学　4
量子構造　94
量子コヒーレンス　158
量子数　22, 33, 180
量子ドット　21, 55
量子箱　21
量的変革　10, 32, 56, 59, 80, 157

励起　21, 133
励起エネルギー　6, 59, 63
励起子　21, 22, 29, 46, 91, 185
励起子結合エネルギー　87
励起子寿命　47
励起子ポラリトン　185, 197
励起状態　31
レーザー　3
レーザー光アシスト MOVPE 法　95
レーザー損傷閾値　117
レジスト　71

露光　66
六方晶　96
論理ゲート　50

わ行

和算方式　137

著者略歴

大津元一（おおつもといち）
- 1950 年　神奈川県に生まれる
- 1978 年　東京工業大学大学院理工学研究科博士課程修了
- 現　在　東京大学大学院工学系研究科教授・ナノフォトニクス研究センター長　工学博士

成瀬　誠（なるせまこと）
- 1971 年　東京都に生まれる
- 1999 年　東京大学大学院工学系研究科博士課程修了
- 現　在　(独)情報通信研究機構新世代ネットワーク研究センター主任研究員　博士（工学）

八井　崇（やついたかし）
- 1972 年　東京都に生まれる
- 2000 年　東京工業大学大学院総合理工学研究科博士課程修了
- 現　在　東京大学大学院工学系研究科准教授　博士（工学）

先端光技術シリーズ 3
先端光技術入門
―ナノフォトニクスに挑戦しよう―

定価はカバーに表示

2009 年 4 月 5 日　初版第 1 刷
2013 年 10 月 25 日　第 2 刷

著　者	大　津　元　一
	成　瀬　　　誠
	八　井　　　崇
発行者	朝　倉　邦　造
発行所	株式会社　朝倉書店

東京都新宿区新小川町 6-29
郵便番号　162-8707
電　話　03(3260)0141
FAX　03(3260)0180
http://www.asakura.co.jp

〈検印省略〉

© 2009 〈無断複写・転載を禁ず〉

中央印刷・渡辺製本

ISBN 978-4-254-21503-8　C 3350　　Printed in Japan

JCOPY　〈(社)出版者著作権管理機構　委託出版物〉

本書の無断複写は著作権法上での例外を除き禁じられています。複写される場合は、そのつど事前に、(社) 出版者著作権管理機構 (電話 03-3513-6969, FAX 03-3513-6979, e-mail: info@jcopy.or.jp) の許諾を得てください。

| 好評の事典・辞典・ハンドブック |

物理データ事典	日本物理学会 編 B5判 600頁
現代物理学ハンドブック	鈴木増雄ほか 訳 A5判 448頁
物理学大事典	鈴木増雄ほか 編 B5判 896頁
統計物理学ハンドブック	鈴木増雄ほか 訳 A5判 608頁
素粒子物理学ハンドブック	山田作衛ほか 編 A5判 688頁
超伝導ハンドブック	福山秀敏ほか 編 A5判 328頁
化学測定の事典	梅澤喜夫 編 A5判 352頁
炭素の事典	伊与田正彦ほか 編 A5判 660頁
元素大百科事典	渡辺 正 監訳 B5判 712頁
ガラスの百科事典	作花済夫ほか 編 A5判 696頁
セラミックスの事典	山村 博ほか 監修 A5判 496頁
高分子分析ハンドブック	高分子分析研究懇談会 編 B5判 1268頁
エネルギーの事典	日本エネルギー学会 編 B5判 768頁
モータの事典	曽根 悟ほか 編 B5判 520頁
電子物性・材料の事典	森泉豊栄ほか 編 A5判 696頁
電子材料ハンドブック	木村忠正ほか 編 B5判 1012頁
計算力学ハンドブック	矢川元基ほか 編 B5判 680頁
コンクリート工学ハンドブック	小柳 治ほか 編 B5判 1536頁
測量工学ハンドブック	村井俊治 編 B5判 544頁
建築設備ハンドブック	紀谷文樹ほか 編 B5判 948頁
建築大百科事典	長澤 泰ほか 編 B5判 720頁

価格・概要等は小社ホームページをご覧ください.